"十三五"职业教育系列教材

城市生活垃圾焚烧及发电技术（第二版）

主编　周菊华

编写　刘　晓　俞　玲　李　伟

主审　曹艳华

中国电力出版社

CHINA ELECTRIC POWER PRESS

内 容 提 要

城市生活垃圾清洁焚烧是垃圾处理的发展趋势之一，本书结合城市生活垃圾焚烧厂的设备、系统和技术特点组织编写。

全书共九章，主要内容包括：国内外垃圾处理概况、垃圾焚烧技术、垃圾的清洁焚烧及热利用、流化床焚烧炉、垃圾填埋气体发电、生活垃圾焚烧排放及控制、垃圾焚烧废水处理、焚烧灰渣及恶臭物质处理、除尘器。为了加强对所学知识的理解，每章后均有复习思考题。

本书可作为高职高专热能与发电工程类、新能源发电工程类相关专业教材，也可供环境卫生管理部门、生活垃圾焚烧厂建设和运行单位工程技术人员参考，还可作为垃圾焚烧发电厂职工的技术培训和技能鉴定用书。

图书在版编目（CIP）数据

城市生活垃圾焚烧及发电技术/周菊华主编. —2 版 . —北京：中国电力出版社，2019.10（2025.1 重印）

"十三五"职业教育规划教材

ISBN 978 - 7 - 5198 - 3948 - 2

Ⅰ.①城… Ⅱ.①周… Ⅲ.①城市－垃圾焚化－高等职业教育－教材②城市－垃圾发电－高等职业教育－教材 Ⅳ.①X799.305

中国版本图书馆 CIP 数据核字（2019）第 251106 号

出版发行：中国电力出版社
地　　址：北京市东城区北京站西街 19 号（邮政编码 100005）
网　　址：http://www.cepp.sgcc.com.cn
责任编辑：吴玉贤（010－63412540）
责任校对：黄　蓓
装帧设计：赵姗姗
责任印制：吴　迪

印　　刷：北京锦鸿盛世印刷科技有限公司
版　　次：2014 年 6 月第一版　2019 年 10 月第二版
印　　次：2025 年 1 月北京第五次印刷
开　　本：787 毫米×1092 毫米　16 开本
印　　张：14.25
字　　数：343 千字
定　　价：48.00 元

前 言

扫一扫

拓展资源

为认真贯彻落实《国家职业教育改革实施方案》（职教 20 条）精神，着力推动职业教育"三教"（教师、教材、教法）改革，本书坚持突出职教特色、产教融合的原则，遵循技术技能人才成长规律，知识传授与技术技能培养并重，充分体现"精讲多练、够用、适用、能用、会用"的原则，主动服务于分类施教、因材施教的需要。

本书从工程实际出发，紧密联系生产实际，力求体现新技术、新工艺和新方法的应用，充分体现作业安全、工匠精神及团队合作能力的培养，不但适合于高等职业技术学院热能与发电工程类专业在校学生学习的需要，也可作为相关专业领域技能型培训学员的培训教材和自学用书。

本书着眼于垃圾焚烧处理技术的历史、特点、现状和发展，重点论述了不同垃圾焚烧炉的工作原理、垃圾填埋气体发电过程、生活垃圾焚烧炉污染物排放及控制技术、城市生活垃圾焚烧净化系统等内容。介绍了我国大中城市垃圾处理的现状和重庆同兴垃圾焚烧发电厂BOT 方式和翰蓝环境南海固废处理环保产业园的实践项目。我国生活垃圾焚烧技术的研究和应用正处在高速发展阶段，项目模式和处理技术发展和变革较快，本书编写时尽可能反映国内垃圾焚烧厂现阶段实际情况、国内外垃圾焚烧设备的主流技术和最新成果。

全书共九章，主要介绍了焚烧厂的构成、焚烧发电技术、填埋气体发生技术、烟气净化系统、废水废渣处理系统，并以翰蓝环保垃圾焚烧发电厂、哈尔滨垃圾焚烧发电厂为例介绍了主要的设计技术。

本书由武汉电力职业技术学院周菊华主编，刘晓、俞玲、瀚蓝（厦门）固废处理有限公司李伟参编。其中刘晓编写了第一、六、七章及第八章的一部分，周菊华编写第二、四、五章，俞玲编写第三章的一部分、第九章，李伟编写第三、八章的企业项目案例，周菊华负责本书的统稿工作。本书由广西电力职业技术学院曹艳华教授主审，主审老师提出了很多详细而具体的建议和意见，在此表示衷心的感谢。

本书在编写过程中，得到武汉电力职业技术学院及相关院校的老师和企业如翰蓝环境固废处理有限公司、光大城乡再生能源（钟祥）有限公司、武汉深能环保新沟垃圾发电有限公司、盈峰科技仙桃市生活垃圾焚烧发电厂等的支持和帮助，在此一并表示衷心的感谢。

限于编者水平，书中疏漏之处在所难免，恳切希望广大读者批评指正。

编 者
2019 年 10 月

第一版前言

本书着眼于垃圾焚烧处理技术的历史、特点、现状和发展,重点论述了各种垃圾焚烧炉的工作原理、垃圾填埋气体发电过程、生活垃圾焚烧炉污染物排放及控制技术、城市生活垃圾焚烧净化系统等内容。介绍了我国大中城市垃圾处理的现状和重庆同兴垃圾焚烧发电厂BOT方式的实践项目。我国生活垃圾焚烧技术的研究和应用正处在发展过程中,设备更新和发展较快,本书编写时尽可能反映国内垃圾焚烧厂现阶段实际情况、国内外垃圾焚烧设备的主流技术和最新成果。

本书体现了职业教育的性质、任务和培养目标;符合职业教育的课程教学基本要求以及有关岗位资格和技术等级要求;符合职业教育的特点和规律,具有鲜明的职业特色;符合国家有关部门颁发的技术质量标准;适应培养高层次应用型、技能型人才的需要。

全书共九章,主要介绍了焚烧厂的构成、焚烧发电技术、填埋气体发生技术、烟气净化系统、废水废渣处理系统,并以创冠环保垃圾焚烧发电厂、哈尔滨垃圾焚烧发电厂为例介绍了主要的设计技术。

武汉电力职业技术学院周菊华担任本书主编,并编写第一~第六章和第九章,武汉电力职业技术学院刘晓编写了第七、八章,周菊华负责本书的统稿工作。本书由广西电力职业技术学院曹艳华教授主审,主审老师提出了很多详细而具体的建议和意见,在此表示衷心的感谢。武汉电力职业技术学院动力系多位老师的帮助和支持,使本书增色不少。

由于条件限制,部分设备资料不够齐全,加之编者水平所限,书中难免有疏漏之处,如发现问题,请联系编者邮箱:1792890194@qq.com。

编 者
2014 年 5 月

目 录

第 一 章

国内外垃圾处理概况

　　固体废弃物是人类社会在生产、流通和消费过程中产生的不具有原使用价值而被抛弃的固态或准固态物质。固体废弃物有多种分类方法，其中较常用的是按来源分类，如工业废弃物、矿业废弃物、城市生活废弃物、农业废弃物、医疗废弃物和放射性废弃物等。城市生活废弃物又称为城市生活垃圾，是指人们在日常生活中或为日常生活提供服务的活动中产生的固体废物，以及法律、行政法规规定视为城市生活垃圾的固体废物。生活垃圾主要包括民生日常垃圾、集市贸易和商业垃圾、公共场所垃圾、街道清扫垃圾及企事业单位垃圾等，其主要成分包括厨余物、废纸、废塑料、废织物、废金属、玻璃、陶瓷碎片、灰渣、家用家具、庭园废物等。

　　生活垃圾是人类生活的必然产物，有人存在，就有垃圾产生。随着人类文明的进步和人口的增长，生活垃圾的产生量不断增加，垃圾的成分随着物质生活的丰富而日趋复杂，有害成分也日渐增多。垃圾问题已经给人类生活带来越来越大的影响，关注垃圾问题，对垃圾进行有效的无害化和减量化处理是非常必要的。

第一节　垃圾产量与成分

一、国外发达国家生活垃圾产生量与成分

1. 国外发达国家生活垃圾产生量

　　早期城市规模小，城市垃圾产量低、成分简单，容易被环境消纳、生活垃圾对环境危害不明显。自工业革命以后，城市人口和城市数量迅速增加，垃圾产量大大增加，随着人们生活方式的改变，垃圾的成分越来越复杂，产生了较为严重的环境问题。

　　垃圾泛滥首先在发达国家出现并引起重视。20 世纪 60 年代到 80 年代是发达国家城市生活垃圾高速增长期。1996 年，美国生活垃圾产生量为 20 966 万 t，德国的生活垃圾产生量为 2500 万 t，日本的生活垃圾产生量为 5115 万 t。近几年，由于加强了废弃物管理和回收利用，城市生活垃圾的产量增长较慢，甚至出现了负增长。

2. 国外发达国家生活垃圾特性

　　城市生活垃圾的组成很复杂，其组成成分受到自然环境、经济发展水平、居民生活水平、城市规模、居民生活习惯等因素的影响，主要包括：纸与纸板、玻璃、金属、塑料、织物、木料和其他。工业发达国家城市生活垃圾特点如下：

　　(1) 有机物多、无机物少；

　　(2) 纸类含量较高，平均高达 34%；

　　(3) 含水率较低，平均为 28%；

　　(4) 发热量较高，均高于 7000kJ/kg，平均为 8727kJ/kg。

二、中国生活垃圾产生量及特性

1. 中国生活垃圾产生量

目前，我国每年产生的垃圾已高达 2.5 亿 t，占世界总量的 1/4。随着城市化进程的加快，在相当长一段时间内，还将以 8%～10% 的速度增长（部分城市如上海已达到 15%～20%），超过欧美城市垃圾 6%～10% 的增长率。城市生活垃圾累积堆存量已达 70 亿 t，近 2/3 比例的城市被垃圾带所包围，垃圾存放占地累计达 75 万余亩，1/4 的城市无合适场所堆放垃圾。

据估计，全国每年因垃圾造成的损失高达 300 亿元。以上海市为例，上海市日产生活垃圾总量达 2.59 万 t，500 多个垃圾临时堆放点占地几千亩，每年仅运送处理这些垃圾就要耗去全市财政支出 6.8 亿元。

2. 中国生活垃圾的特性

城市生活垃圾成分非常复杂，按物理组成可分为纸、橡胶、塑料、金属等 18 类。我国城市生活垃圾一般分为有机物（厨余垃圾、果皮等）、无机物（包括灰土、渣、陶瓷、砂石等）、纸、塑料、布、木、竹、玻璃、金属九类，其中后七类是可回收废物。

城市生活垃圾中有机物占总量的 60%，无机物约占 40%，其中，废纸、塑料、玻璃、金属、织物等可回收物约占总量的 20%，如图 1-1 所示。根据目前中国城市生活垃圾的状况可知，垃圾在焚烧时作为燃料的特点是：多成分、多形态、水分多、挥发分高、发热量低、固定碳低。我国城市的垃圾在产量迅速增加的同时，垃圾的构成及特性也发生了很大的变化。

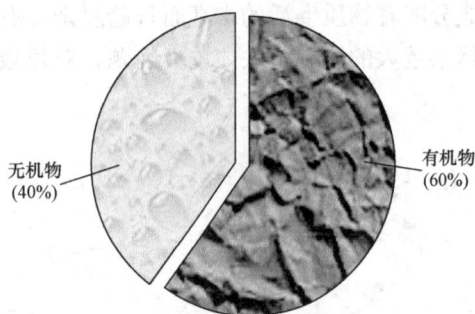

图 1-1　中国城市生活垃圾的构成及特性

（1）多成分、多形态。由于我国城市生活垃圾没有进行分类收集，进入垃圾处理场的包括厨余垃圾、灰、渣土、砂石、塑料、橡胶、纸张、金属等，部分城市生活垃圾还混有工业垃圾（包括电子垃圾）和建筑垃圾。同时，垃圾物理形态也较为复杂，有块状、粉末状、条状、带状等不同的几何形状，还有干与湿、硬与软等不同物理状态。

（2）水分多、挥发分高。受生活水平和生活习惯的影响，我国城市生活垃圾的水分含量较高，平均达到 50% 左右。另外，垃圾挥发分较高，达 17%～30%。垃圾的发热量主要来源于挥发分，这是垃圾在焚烧时与固体化石燃料显著不同的。

（3）发热量和固定碳低。我国城市生活垃圾的发热量较低，一般为 4180kJ/kg 左右。垃圾中固定碳含量较低，平均为 3.32%。

（4）垃圾中的可燃物增多，可利用价值增大。随着城市燃气化率的不断普及，城市生活垃圾中的有机物含量及垃圾的发热量将进一步增加。

居民生活水平和消费结构的改变不仅影响城市垃圾的产量，也影响着城市垃圾的成分。尤其是近十年来，随着改革开放的进一步深化，居民收入不断增加，人民的生活水平不断提高，包装产品的消费，以及废纸、塑料、玻璃、金属、织物等可回收物的消费不断增加。

包装废物的快速增长，是城市生活垃圾增长的重要原因之一。实际上，垃圾中的废纸、金属、玻璃、塑料等绝大部分是使用后废弃的包装物。随着包装业的快速发展，商品包装形式越来越繁多，包装物的种类和数量增加很快，过分包装和豪华包装的产品比比皆是，这在大城市尤为突出。一次性的商品被广泛用于宾馆和餐饮业。一次性的商品完成消费后就作为废弃物，成为垃圾，大大增加了垃圾的产量。目前我国包装品废弃物约占城市家庭生活垃圾的10%以上，而其体积要构成家庭垃圾的30%以上。

总之，我国城市生活垃圾构成变化趋势有：①有机物增加；②可燃物增多；③可回收利用物增加；④可利用价值增大。

第二节　生活垃圾的处理方法

一、历史和迁变

1. 生活垃圾大规模的有效管理

20世纪中期，开始对生活垃圾进行大规模的有效管理，主要措施如下：

（1）填埋设计改进。选择填埋场地时，必须注意是否对地下水（饮用水的来源）造成污染。此外，增加了对防渗系统设计的重视。

（2）建造了大量堆肥厂以利用混合垃圾生产堆肥（然而，在20世纪70年代，由于垃圾中塑料成分的增加，大多数堆肥厂关闭）。

（3）建造了多座的"第一代垃圾焚烧厂"。

2. 垃圾对环境的影响

20世纪末期，生活垃圾对环境的影响逐渐增大，主要表现在以下几方面：

（1）有关的填埋场设计建设的立法规定及相应的排放标准越来越严，使填埋处理更复杂、更昂贵。随着公众环保意识不断加强，新填埋场的建设面临更严峻的形势。

（2）许多新的焚烧设备在建造时必须考虑到烟气和污水的综合处理。现有的焚烧厂都安装了烟气净化和污水处理系统。

（3）城市生活垃圾管理着眼于环境方面实现可持续发展。可持续生产的核心是对每一种产品的产品设计、材料选择、生产工艺、生产设施、市场利用、废物产生和处置等都要考虑到环境保护，都要符合可持续发展的要求。可持续消费的定义：提供服务以及相关的产品以满足人类的基本需求，提高生活质量，同时使自然资源和有毒材料的使用量最少，使服务或产品的生命周期中所产生的废物和污染物最少，从而不危及后代的需求。

可见，城市生活垃圾管理的理念已发生了转变，不再侧重于"如何更好地处理不断增长的垃圾"，而是转向"通过源头减量、分类收集和回收利用来减少垃圾量"，这一可持续性的生活垃圾管理工作的实施，今天仍然在进行。

20世纪90年代初期，由于垃圾管理和处理成本的不断增加，城市生活垃圾管理与处理不但要高度重视环保方面的问题，还要考虑经济方面的问题。为了降低垃圾处理成本，对垃圾处理设备运行和维护情况进行了彻底清查和改进。另外，就是尝试实行生活垃圾管理的私有化。

二、垃圾处理的原则、目标与方法

（一）垃圾处理的原则

对于固体废弃物，总的处理原则是无害化、减量化和资源化。但对不同的固体废弃物具体处理的原则有所不同。生活垃圾对环境的影响不同于建筑垃圾、燃煤锅炉灰渣等污染性较小的固体废弃物，又不同于医疗垃圾等危害性很强的固体废弃物，它的危害性介于两者之间。

1. 无害化

对生活垃圾而言，无害化有两方面含义：一是确保生活垃圾在收集、运输及处理过程中不会通过空气、水体和食品损害人们的健康，包括病菌和垃圾中的有毒有害成分不进入人体；二是确保生活垃圾收集、运输、处理尤其是终极处置后不会对环境造成超过其自净能力的污染。简而言之，无害化要求不对人体和环境造成有害影响。

2. 减量化

生活垃圾减量化，主要内容是"减容化"，即通过工程处理使容积减小。但生活垃圾的密度较小，为 $0.3\sim0.5t/m^3$，生活垃圾质量的减少，是以无害化和资源化为前提的，如垃圾分选并回收部分有用成分，则被分离的有用成分不再是垃圾了，剩下的垃圾变少了。又如，垃圾焚烧剩下的灰渣质量明显小于原始垃圾量。由于垃圾焚烧减容化程度很高，一般以减容率（即焚烧后剩余的固体灰渣与焚烧前入炉垃圾的质量之比）来表示，对于达到国家有关标准的焚烧炉而言，通常以灰渣热灼减率来表示焚烧的充分性，而不是以减容率表示的。因为垃圾成分中灰分不易测定且随时变化，因此，减容率不直观且不是一个恒量。而热灼减率则以灰渣在高温（$600\pm25℃$）、长时间（3h）条件下减少的质量占原始灰渣质量的百分比，这个量可以较为直接、客观地反映焚烧的充分性。

3. 资源化

废弃物的资源化是通过一定的工艺措施，从废弃物中回收对人类的生产、生活有使用价值的能量。生活垃圾资源化手段大致有三类：一是通过分类收集和分选回收其中纸制品、人工高聚物、金属等；二是通过生物质制肥；三是通过热处置回收热量进行供热、制冷或发电。我国生活垃圾没有分类收集，成分复杂，可利用的物质并不多且不易有效分离，因此资源利用率并不高，也缺乏经济效益。

废弃物的资源化除了受热力学定律和物质迁移过程的客观规律的支配外，还受到生产方式、经济规律的支配。例如生活垃圾发电成本远远高于火力发电的成本，倘若没有政策性支持，垃圾发电在成本上绝对无法与火力发电竞争。

总之，对生活垃圾的处理要求按照无害化、减容化和资源化的原则进行，其中无害化是首要而基本的，在无害化前提下尽可能对垃圾进行减容减量，并在一定条件下利用垃圾中的可利用资源。

（二）垃圾处理的目标

垃圾处理要达到两个目标：一是技术性的，即人类可持续发展的基本要求；二是经济性的，即要求在满足对环境影响尽可能小的前提下，选择一个成本最低的处理工艺。

1. 垃圾处理对环境的影响最小化

无论什么处理方法，都不是完美的，不可能对环境没有任何影响，只有影响大小之区别，这是对各种垃圾处理方法和工艺评价时首先要明确的。事实上，人类的任何生产活动，都不可避免地产生废弃物，消纳生活垃圾的过程也不例外，也必然会产生三废（废水、废渣、废气），这些三废也必然对环境有或多或少的影响。垃圾处理的目标是消纳垃圾，减少环境污染，因此，需对垃圾整个处理技术、工艺、设备及管理进行综合考虑，真正实现无害化处理。

2. 垃圾处理的成本最小化

任何工艺过程都需进行成本核算以求经济最优化。既不能过分强调经济性，也不能一概否定国产技术与设备，过分强调全套装备进口，造成初投资过高，缺乏经济性使系统难以长期有效运行，结果建成后只能降档运行，达不到先进设备原设计性能。因此，原则上应该满足无害化条件，即在环境影响最小化的前提下，对处理成本进行优化。

三、成熟的垃圾处理方法

从世界范围看，目前比较成熟的城市生活垃圾处理方法主要有：卫生填埋、堆肥和焚烧。

1. 卫生填埋处理技术

所谓卫生填埋，就是能对渗沥液和填埋气体进行控制的填埋方式。

作为城市生活垃圾的最终处置手段，卫生填埋是应用最早、最为广泛的垃圾处理手段。卫生填埋是从传统的垃圾堆填发展起来的，是对垃圾渗沥液和填埋气体进行控制的垃圾填埋方式，通常先要进行防渗处理，在填埋场底部采用人工衬层，四周采用防渗幕墙并使之与天然隔水层相连接，使填埋场底下形成一个独立的水系，渗沥液一般通过管道收集后直接处理。垃圾填埋场产生的气体则经过预先埋置好的管道进行收集，收集后的气体可以焚烧或者经过净化处理作为能源回收。1998 年，杭州天子岭生活垃圾填埋场利用外资，引进技术，建起了我国第一个填埋气体发电厂，同年底，广州大田山填埋场建设了国内第二个填埋气体发电厂，两个填埋气体发电厂都由法国 ONYX 公司负责建设与营运。此后，南京、鞍山、马鞍山等城市相继建立了垃圾填埋气发电厂。这些项目的实施，为我国填埋场填埋气体的开发利用奠定了基础。

卫生填埋技术成熟，操作管理简单，投资和运行费用相对较低，是目前世界上多数国家的主要垃圾处理方法。但这种垃圾处理方式的缺点是垃圾减量减容效果差，需占用大量土地资源，填埋物受到地理和水文地质条件限制多，场址选择较困难。渗沥液治理难度大，处理中不易达到预期目标。渗沥液很容易对地下水和土质造成污染；另外，垃圾填埋场产生沼气的收集、处理难度也较大。垃圾填埋的处理方法不适合人口密集、土地资源紧缺的国家和地区。国外正在逐步减少垃圾直接填埋量，尤其是欧共体各国，已强调垃圾填埋只能是最终处置手段，而且只能是无机物垃圾，有机物含量大于 5% 的垃圾不能进入填埋场。

2. 堆肥处理技术

垃圾堆肥是利用微生物、有控制地促进城市生活垃圾中可降解有机物转化为稳定的腐殖质的生化过程。按生物发酵方式不同，堆肥处理可分为厌氧堆肥和好氧堆肥；按垃圾所处的状态不同，可分为静态堆肥和动态堆肥；按发酵设备形式不同，可分为封闭式堆肥和敞开式堆肥。目前较好的堆肥方式是动态高温堆肥。

我国城市生活垃圾堆肥处理面临的主要问题是：过分追求机械化，而堆肥专用机械不过关，造成运行不可靠、堆肥成本高；混合收集的垃圾生产的堆肥，产品质量低，不便用于农田生产，农民更倾向于使用肥效高、见效快的化肥，严重影响了堆肥市场。

静态好氧发酵堆肥技术机械化程度低，实用性强，工艺简单，投资少，操作简单，运行费用低。但因堆肥质量不高，堆肥筛上物未得到处理，臭气污水等二次污染对周围的环境影响较大，其应用也受到一定的限制。

因此，降低堆肥成本、提高堆肥产品质量，开辟市场渠道是解决堆肥处理发展的关键因素，但归根到底必须实现有机垃圾的分类收集。

3. 垃圾焚烧发电技术

垃圾焚烧发电就是把垃圾收集后，通过特殊的焚烧锅炉燃烧，再通过汽轮发电机组发电。高温焚烧后的垃圾能较彻底地清除有害物质，焚烧后的残渣只有原来容积的 10%～30%，延长了填埋场的使用寿命，缓解了土地资源的紧张状况。

城市垃圾中的二次能源如果能充分资源化并用于发电，还可以节省其他能源，如煤炭。按我国目前垃圾年产量 2.5 亿 t 计，以平均低位发热量 3762kJ/kg 折算，相当于 3214 万 t 标准煤。根据"十二五"期间规划，若 35% 的生活垃圾用于焚烧发电，年发电量可达 262 亿 kW·h，资源潜力巨大，经济效益可观。

垃圾发电在西方发达国家已有上百年的发展历史。20 世纪 70 年代，德国率先进行垃圾发电。随后，法、英、美、日等国家也积极开展了这方面的研发利用。目前，全球垃圾发电厂已达 3000 余座，最大单机容量超过 100MW。其中德国 78 座，美国近 400 座，日本土地资源紧缺，更是不遗余力组织力量，解决技术问题，并通过发行股票债券等方式融资投建垃圾电厂，焚烧率已超过 70%。

受资金和技术的限制，我国垃圾发电起步较晚，最早的垃圾发电厂直到 1988 年才投入运行。由于垃圾发电兼具经济和环境效益，国家自"十五"期间开始鼓励其发展。近几年我国垃圾发电发展尤为迅速，每年呈现成倍增长态势。

目前，世界新建的垃圾焚烧设施中超过一半都在中国，国内已有近 30 个省、市和自治区的城市建成了垃圾发电厂，70% 以上的焚烧厂集中在东部地区。2010 年 10 月，亚洲最大的垃圾发电项目在上海正式并网，预计满负荷生产后将每年向上海电网输送约 1.1 亿 kW·h"绿色电力"，可解决 10 万户左右居民的日常用电。到 2015 年，我国垃圾焚烧发电厂还将增加 384 座，届时焚烧能力可达 31 万 t/日。

垃圾焚烧处理与其他处置方法相比具有以下独特的优点：

（1）能够使垃圾的无害化处理更为彻底。经过 700～900℃ 的高温焚烧处理，垃圾中除重金属以外的有害成分充分分解，细菌、病毒能被彻底消灭，各种恶臭气体得到高温分解，尤其是对于可燃性致癌物、病毒性污染物、剧毒有机物几乎是唯一有效的处理方法。

（2）垃圾减量化效果明显。城市生活垃圾中含有大量的可燃物质，焚烧处理可以使城市垃圾的体积减少 90% 左右，质量减少 80%～85%。焚烧处理是目前所有垃圾处理方式中最有效的减量化手段。

（3）可实现垃圾的资源化利用。垃圾焚烧产生的热量可以回收利用，用于供热或发电，焚烧产生的灰渣可作为生产水泥的原材料或者用于制砖。

（4）对环境的影响小。现代垃圾焚烧技术进一步强化了对垃圾焚烧产生的有害气体处理工艺，能够减少垃圾焚烧产生有害气体的排放，垃圾渗沥液可以喷入炉膛内进行高温分解，不会出现污染地下水的情况。

（5）能够节省大量的土地。焚烧厂占地面积小，建设一座处理能力为 1000t/d 的生活垃圾焚烧厂，只需占地 100 亩，按运行 25 年计算，共可处理垃圾 832 万 t，而且可以在靠近市区的地方建厂，缩短垃圾的运输距离。

（6）全国城市每年因垃圾造成的损失近 300 亿元（运输费、处理费等），而将其综合利用却能创造 2500 亿元以上的效益。

鉴于上述原因，垃圾焚烧处理及综合利用是实现垃圾处理的无害化、资源化、减量化最为有效的手段，具有良好的环境效益和社会效益。

技术比较成熟的生活垃圾焚烧炉主要包括机械炉排炉、流化床焚烧炉、热解焚烧炉、回转窑焚烧炉四类。1988 年，深圳市引进日本三菱重工株式会社 2 台 150t/d 垃圾焚烧系统，成为我国第一座现代化大型焚烧厂。1996 年，又在原有基础上完成了 3 号炉国产化工程，设备国产化水平达到 80% 以上，在技术性能方面达到或超过了原引进设备的水平，为我国大型垃圾焚烧设备国产化打下了基础。

目前比较有代表性的生活垃圾发电厂有：深圳 450t/d 清水河垃圾焚烧发电厂、上海 1000t/d 御桥垃圾焚烧发电厂、上海 1000t/d 江桥垃圾焚烧发电厂、宁波 1000t/d 垃圾焚烧发电厂和温州临江 675t/d 垃圾焚烧发电厂等。

截至 2010 年底，我国建成并投入使用的填埋气体发电厂有 35 座，发电装机容量超过 80MW。填埋气体利用方式主要是直接燃烧发电。2011 年底，我国建成和在建的垃圾焚烧发电厂总数超过 160 座，而"十二五"期间规划的垃圾焚烧发电厂超过 200 座。预计到 2015 年，垃圾焚烧发电厂的数目可能增加 2 到 3 倍。

垃圾发电之所以发展较慢，主要是受一些技术或工艺问题的制约，其中包括发电时燃烧产生的剧毒废气长期得不到有效解决。日本推广一种超级垃圾发电技术，采用新型气熔炉，将炉温升到 500℃，发电效率也由过去的 10% 提高到 25% 左右，有毒废气排放量降到 0.5% 以内，低于国际规定标准。当然，现在垃圾发电的成本仍然比传统的火力发电高。专家认为，随着垃圾回收、处理、运输、综合利用等各环节技术的不断发展，工艺日益科学先进，垃圾发电方式很有可能会成为最经济的发电技术之一。从长远效益和综合指标看，将优于传统的电力生产。中国的垃圾发电刚刚起步，但前景乐观。

据了解，目前我国垃圾处理方式以填埋、焚烧和堆肥为主，其中填埋占比近一半，焚烧占比约为 12%，堆肥不到 10%，此外，仍有 30% 的生活垃圾未能处理，如图 1-2 所示。垃圾发电率不到 10%，

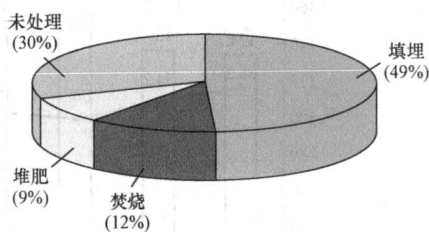

图 1-2 垃圾处理方式

相当于每年白白浪费 2800MW 的电力装机容量，被丢弃的"可再生垃圾"价值高达 2500 亿元。

第三节 生活垃圾的处理技术水平现状

一、我国垃圾无害化处理的状况

2009 年，全国城市生活垃圾无害化处理率为 71%，提前一年完成"十一五"规划目标，但城市垃圾无害化处理还存在很多问题。

（1）设施不够，运行管理不善，填埋渗沥液没有收集和净化处理，导致地表水和地下水源污染。

（2）简易堆放的垃圾污染空气，易引起沼气爆炸，威胁公众安全。

（3）垃圾清运、收集、运输管理不足，垃圾流失严重。

（4）白色污染严重。白色污染是人们对难降解的塑料垃圾（多指塑料袋）污染环境现象的一种形象称谓。它是指用聚苯乙烯、聚丙烯、聚氯乙烯等高分子化合物制成的各类生活塑料制品使用后被弃置成为固体废物，由于随意乱丢乱扔，难以降解处理，造成城市环境严重污染的现象。

近年来，由于中央财政和各级地方政府纷纷加大固定资产投资力度，城镇垃圾处理设施建设加速，我国垃圾发电技术逐渐成熟，设备国产化进程不断加快。发展环保节能的洁净能源已经成为大势所趋，我国垃圾发电行业迎来历史性发展机遇，卫生填埋场的数量和处理能力都在增长中。

二、垃圾处理的基本概况

1. 卫生填埋状况

从近 10 年来，我国城市垃圾处理所发生的变化可以看出，城市垃圾取得的成绩和进步是明显的，特别是先进的垃圾处理技术逐步得到应用。在近几年建设的许多填埋场中，为提高填埋场的防渗水平，采用高密度聚乙烯膜作为防渗材料；由于填埋的卫生技术标准不断提高，填埋场的投资费用和运行成本也不断提高，因而新垃圾填埋场有向大型化发展的趋势，并普遍采用垃圾压实，提高填埋场使用寿命。一些城市如杭州、广州、深圳等地的填埋场开始对填埋气体进行回收利用。图 1-3 所示为 2001—2009 年全国城市垃圾清运量及处理率。图 1-4 所示为 2000—2009 年城市生活垃圾处理场（厂）统计。图 1-5 所示为 2000—2009 年城市生活垃圾处理率统计。

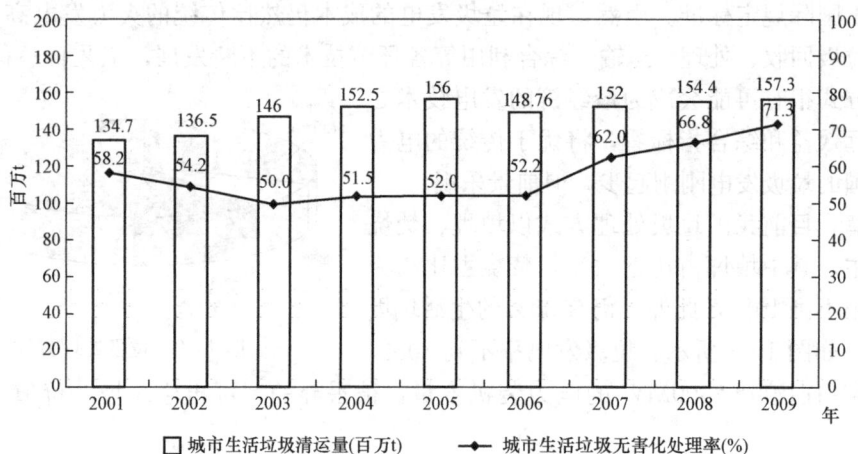

图 1-3　2001—2009 年全国城市垃圾清运量及处理率

2. 堆肥状况

堆肥处理是我国城市垃圾处理使用最早也是在早期阶段使用最多的方式。大部分垃圾堆肥处理场采用敞开式静态堆肥。"七五"和"八五"期间，我国相继开展了机械化程度较高的动态高温堆肥研究和开发，并取得了积极成果。20 世纪 90 年代中期先后建成的动态堆肥场典型工程有常州市环境卫生综合厂和北京南宫堆肥厂。

2010 年，城市生活垃圾堆肥处理呈现停滞甚至萎缩的状态。一些采用分选处理的堆肥场以综合处理场的名义存在，但其处理效果却难以达到预计要求。可生物降解有机垃圾单独收集是实现资源化利用的前提条件，这条经验正在被实践证实。

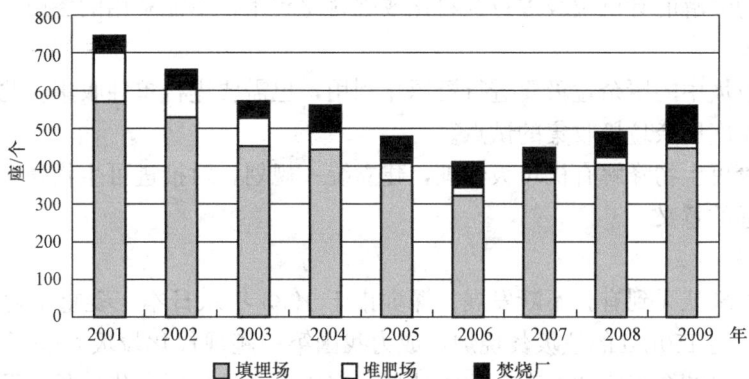

图 1-4　2000—2009 年城市生活垃圾处理场（厂）统计

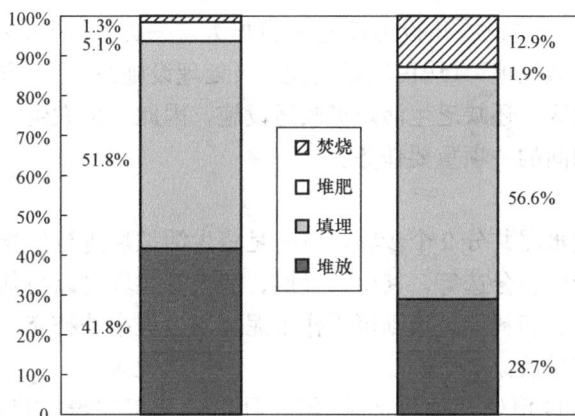

图 1-5　2000—2009 年城市生活垃圾处理率统计

3. 可降解有机垃圾

可生物降解有机垃圾即通常说的可腐烂有机物，可生物降解有机垃圾主要有城市污水处理厂污泥、饭店餐饮单位产生的餐厨垃圾以及粪便等；随着垃圾分类管理的深入和推进，家庭厨余垃圾、过期食品类垃圾、园林绿化垃圾等也将越来越多地得到单独收集，可生物降解有机垃圾资源化利用量将大幅度增加。

我国的餐厨垃圾处理目前还处于摸索阶段，管理模式与立法手段还不健全。多数已经建成运行的规模化餐厨垃圾处理场都面临"进料"不足的现状。解决餐厨垃圾的收集与运输问题作为"进料"的关键因素，需要建设完善的管理模式或以立法手段确立下来。餐饮单位是餐厨垃圾的源头，也是责任主体，如何让餐厨垃圾处理的责任包括处理成本分担在餐饮单位上，使餐饮单位成为餐厨垃圾减量化、资源化的积极参与者，这就需要探索科学合理的管理模式。目前要把控制餐厨垃圾水分作为首要管理目标。餐厨垃圾中水含量高达 85％以上，无论是进行饲料化处理，还是肥料化处理，这样的物流是不经济的，也是难以持续的。1t水通过下水道进入污水处理厂的处理成本在 1 元左右，而通过垃圾收运处理则要 100 元甚至200 元以上，因此餐厨垃圾的水分控制要从源头努力。在餐饮单位设置脱水设备，可以使餐厨垃圾量在现有的基础上减少 2/3 以上。对于大、中城市，脱水后的餐厨垃圾可根据条件，结合其他可生物降解的有机垃圾进行饲料化或肥料化利用，不能利用的餐厨垃圾进入生活垃圾处理设施处置。

家庭生活垃圾中的厨余垃圾要进行资源化利用，也需要进行单独收集。北京、广州等城市已经开展了家庭厨余垃圾收集的试点。

因此，统筹可生物降解有机垃圾管理，建立统一规划，对推进可生物降解有机垃圾利用具有现实和长远的意义。

4. 焚烧状况

垃圾焚烧处理从无到有，不断发展。深圳市于 1985 年从日本三菱重工业公司成套引进两台日处理能力为 150t/d 的垃圾焚烧炉，成为我国第一座现代化垃圾焚烧厂。1994 年底开始扩建的三号炉，结合国家"八五"攻关计划，完成了 3 号炉国产化工程，设备国产化率达到 80％以上，在技术性能方面达到或超过了原引进设备的水平，为我国大型垃圾焚烧设备国产化打下了基础。

2011 年，生活垃圾处理设施建设力度进一步加大。一方面，许多城市，特别是经济发达的城市面对的是"有钱没地"（居民反对建设垃圾处理设施）；另一方面，一些经济不发达的地区（如部分村镇地区）还缺乏生活垃圾收运设施，因此，加大生活垃圾处理设施建设力度将成为"十二五"期间的一项重要任务。

5. 垃圾制水泥

将生活垃圾转化成水泥共分 9 个步骤，首先是将生活垃圾进行生物干化处理，吸干垃圾中的水分，然后进行粉碎、分选等，其中，金属、渣土等垃圾可以与其他生料混合，成为生产水泥的原料，而纸张、塑料等垃圾则可用作水泥烧制过程中的补充燃料，整个处理过程基本实现废渣和废水的零排放。

武汉陈家冲生活垃圾预处理项目 2012 年 3 月正式开工建设。建成后，预计每天可将 1200 多吨生活垃圾转化成水泥。将生活垃圾转化成水泥是一项全新的生活垃圾处理方式，该项目总投资 1.7 亿元，占地近 50 亩。

6. 存在的问题及垃圾发电展望

当然，我们也清醒地认识到，垃圾处理的投入与垃圾处理的需求相比明显不足，垃圾处理的水平还很低，从总体上讲，城市生活垃圾处理还处于由堆放到焚烧处理的发展阶段。

"十二五"期间我国将在垃圾处理上的投资高达 2600 亿元，其中收运转运约投资 360 亿元，存量治理约 200 亿元，餐厨垃圾约 90 亿元，垃圾分类约 200 亿元，监管约 50 亿元。预计"十二五"期间，全国将新增垃圾处理能力约 40 万 t/d，新增投资约 1400 亿元，此外还将产生续建追加投资约 300 亿元。

垃圾焚烧发电厂的服务期限一般为 25 年左右，这意味着它的稳定收益期将长达 25 年。垃圾焚烧发电厂的收益稳定、运营成本低廉并享有一定的税收优惠政策，能给投资者带来稳定高额的回报。垃圾处理费的全面开征与上调将成趋势，垃圾发电行业广阔的投资前景已经吸引了大批民间资本和国际资本参与其中。预计"十二五"期间，我国垃圾发电行业将进一步发展壮大，有望成为清洁电力的重要组成部分。

三、国外部分国家垃圾的处理政策

1. 强调城市生活垃圾的源削减

（1）源削减：从废物的产生源头进行预防或避免不必要的废物产生，减少废物的产生量。

（2）主要目的：促进的减量化，减少垃圾的直接处理量。在推进垃圾减量化的过程中，一些发达国家探索出了不少有益的做法。2007 年，加拿大多伦多市规定，一户居民生活垃圾的收集上限为每周 6 袋。市政垃圾收集车不负责运送超出上限的额外垃圾，居民须自行将这些垃圾运送至当地的中转站。未按有关规定处理垃圾的居民将被处约合 90 美元的罚款。

（3）用户收费制度：要求垃圾产生者交纳一定的费用，承担自己排放垃圾的社会责任。通过完善城市垃圾管理体制和建立用户收费制度来实现源削减。

2. 鼓励城市生活垃圾的回收利用

美国回收利用较为普遍，废物处理的优先顺序：①削减排放；②回收利用；③热回收；④填埋。

德国实施包装废物回收利用政策，制定循环经济和废物法等废物回收利用。废物处理优先顺序：①控制废物发生；②回收利用；③合适的处理。

日本土地资源紧缺，人口密度大，更加注重垃圾的回收利用。日本是世界上人均垃圾生产量最少的国家，每年只有 410kg；同时，也是世界上垃圾分类回收做得最好的国家。从1980 年开始，日本逐步建立起一套近乎苛刻的垃圾分类制度。每年 12 月份，日本的每一家住户都会收到一张来年的特殊"年历"：每月的日期都用黄、绿等不同的颜色来标注，每一种颜色代表哪一天可以扔哪种垃圾。比如，厨房垃圾，每周三和周五才能扔。日本的垃圾分类标准严格而细致，包括资源垃圾、可燃垃圾、不可燃垃圾、危险垃圾、塑料垃圾、金属垃圾和粗大垃圾等。和日本类似，瑞典的生活垃圾分类制度也很完善。日常餐桌垃圾包括食品包装，塑料和纸包装的可以回收，有血有油的包装大都直接扔到垃圾袋里，用于焚烧。信封不能放在纸类回收，因为有胶水，必须放在可燃的垃圾类别里。

3. 限制填埋，鼓励焚烧

2001 年，瑞典政府颁布《填埋禁入法》，规定城市生活垃圾禁止直接进入填埋场进行填埋，城市生活垃圾末端处理转向源头治理，形成倒金字塔的管理模式，即必须经源头减量，分类收集、处理、资源充分利用后，最终的惰性物质才能进行填埋处置。

2008 年，瑞典 48.5% 的垃圾通过全国 22 个垃圾焚烧中心进行焚烧处理，垃圾焚烧产生了 13.7 兆瓦时的能量为 81 万户家庭供暖，占全瑞典供暖能量的 20%，此外，剩余部分能量为 25 万户中等家庭提供了日常电能。

第四节　我国大城市垃圾处理概况

一、目标与原则

我国城市生活垃圾的管理应按照可持续发展的目标体系，从过去的垃圾处理处置比重大，回收利用、减量和避免垃圾产生的比重小转变到新的垃圾管理目标，即应形成倒金字塔的管理体系，从单纯的收运、处置，转向垃圾源削减和回收循环利用，直到最后和环境相协调的处理方式。

新的垃圾管理目标首先是尽可能避免垃圾产生，如果垃圾必须产生，产出量要最小；其次是对产生的垃圾要尽可能进行回收利用；最后的处理目标是进行有利于环境的处理。

当前我国垃圾处理存在的问题：

（1）城市生活垃圾混合收集，后续处理难度大。

（2）处理设施严重缺乏，垃圾无害化处理率很低。

（3）处理手段落后，环境污染严重。

（4）产业政策尚不够明确。

二、对策

1. 法规体系

建立完善的城市垃圾管理法规体系。《中华人民共和国固体废物污染环境防治法》（以下简称《固废法》）明确规定了对生活垃圾的倾倒、清扫、收集、回收利用和处置的基本要求。应尽快完善执法的保证和监督体系，根据《固废法》完善相关法规和标准。

2. 城市垃圾管理体系

建立与社会主义市场经济相适应的城市垃圾管理体系。我国现行的政企合一垃圾管理体制不利于垃圾管理业的发展。国外发达国家和发展中国家的经验表明，专业经营性公司处理垃圾的费用是市政机构的一半。因此，要改变在管理体制上政企合一的僵化格局，实行环保部门监督、环卫部门管理、专业公司提供社会化服务的管理模式，建立与社会主义市场经济相适应的城市垃圾管理体系，这是解决我国城市垃圾的根本途径之一。

要将垃圾清运处置单位从政府部门中独立出去，由事业单位管理体制转变为企业管理体制，并采取入股、兼并、合资等多种形式建立垃圾处理公司，实现垃圾处理产业化。要逐步建立城市垃圾经营许可证制度，鼓励各类公司参与城市垃圾治理，由具有垃圾经营资格的单位负责垃圾的清扫、收集、运输、处理和处置，形成市场竞争机制。

许多城市如深圳、上海等，已在进行行政、企业分开的环卫体制的改革，强化政府的宏观管理和监督职能，将环卫服务企业化、社会化。深圳市于1984年率先成立了全国第一家专业清洁公司，对社会进行全方位有偿服务。而后，随着清洁市场的形成和发展，深圳市先后有40家国营、集体、合资、个体清洁公司应运而生。他们实行企业化管理、自负盈亏、运作灵活，不断拓展新的项目，满足社会不同层次的需要，通过竞争促进环卫的发展，打破过去由政府统包统揽的"单打一"格局，大大减轻了政府财政负担。环卫管理部门通过推行劳动合同制，减少固定工比例，将逐年增加的垃圾清扫、清运任务发包给清洁公司，为国家节约了大量的人员编制和经费开支。

深圳市的实践充分证明，计划和市场的有机结合，是在社会主义市场经济下，环卫工作体制改革的发展方向。在管理机制上，实行政企分开，逐步转向由政府将道路清扫、垃圾清运、公厕管理、垃圾处理厂发包给管理公司、单位承包。政府重点抓好宏观管理，在政策法规上扶持，质量标准上指导，检查考核上把关，奖励惩罚上制约。各清洁服务单位面向市场、面向社会，增加自我能力，完善多种形式的承包责任制，在注重经济效益的同时，提高服务质量，拓宽服务范围，满足社会对不同服务深度的需要。另外，要完善相应的行政法规，规范市场行为，保证优胜劣汰，防止恶性竞争，通过抓好环卫企业的资质审查，维护环卫市场的正常秩序。

3. 经济政策

需要进一步完善城市垃圾管理的经济政策，利用合理的经济手段来促进垃圾的减量化、资源化和无害化处理。

城市垃圾的污染防治，需要大量的资金投入。现在的资金主要来源于城市的维护建设和税收收入，而政府分配给垃圾处理方面的资金数量有限，缺口很大。只有多渠道筹集资金，才能加快城市垃圾减量化、资源化和无害化处理设施的建设。

（1）征收垃圾处理费。向居民征收一定的城市垃圾费是解决问题的根本途径之一，它体现了"污染者付费原则"。对企事业单位和居民征收一定的垃圾费，以补充垃圾清运、处理处置费用的短缺，减轻政府财政压力。

目前已有一些大城市开始了垃圾的收费工作，如北京规定，每户每月支付 3.00 元的垃圾清运费，重庆每人每月支付 3.00 元的垃圾处理费。

（2）征收填埋处理费。对进入填埋场的垃圾征收一定的费用，它是对垃圾采用填埋方式的一种限制，可以客观实行垃圾的减量化和资源化，鼓励废弃物的再利用和减少浪费。

垃圾填埋费是针对不属于城市环卫部门收集的居民生活垃圾而征收的，其征收对象为机关、团体、企事业单位等所产生的垃圾。如在深圳下坪垃圾卫生填埋场就征收了填埋处理费，对那些要进入填埋场填埋的非环卫部门收集的垃圾进行收费。

（3）对包装产品生产者收费。我国应借鉴发达国家的先进经验，特别是德国的《包装条例》、《循环经济法—废物避免、回收利用与处置法》实施的经验，制定包装产品生产者责任管理政策，提出产品生产者保证一定包装材料回收率的义务及违法的处罚条例，相应的对包装产品生产者征收一定的包装垃圾处理费。

（4）制定优惠的废旧物质回收利用政策。我国自 1993 年税制改革以来，对再生利用行业实行 17% 的企业增值税，严重的税负使多年来靠国家优惠政策维生的废品再生行业连年亏损，废品回收呈萎缩状态。国家应对物质再生行业减免增值税，以优惠政策进行扶持。鼓励企业参与废品的回收利用、垃圾的资源化、垃圾的清运处置等工作。

4. 垃圾减量

要坚持可持续发展战略，大力推广清洁生产，尽可能避免垃圾的产生，实现垃圾源头减量。解决我国城市垃圾问题的关键是要控制垃圾增长，实现减量化。垃圾的减量化不仅与人们的环保意识有关，而且与经济、文化和社会发展的水平紧密相关。垃圾的减量化可以通过立法、政策、规划、监督以及宣传沟通等来实现。垃圾减量可通过清洁生产、改变城市燃料结构、改变生活服务方式等途径实现。

5. 分类收集和回收利用

分类收集是各种垃圾处理技术的基础和前提，我国城市生活垃圾中有机质含量高，将厨余物从混合垃圾中分离出来，具有十分重要的意义，这样分类后的垃圾不仅热值得到极大提高，利于进行热处理，而且对其中有机垃圾能很容易地进行堆肥处理。

三、处理技术

国内垃圾处理方法多种多样，主要有卫生填埋、堆肥、焚烧、热解、生物处理和生化处理、分类回收、综合处理等。近年来，综合处理已引起越来越多的重视，但迄今为止应用最广泛的仍是前三种方法。

1. 卫生填埋处理

卫生填埋处理是垃圾的最终稳定处置方法，卫生填埋费用低廉，即使按照国外标准建设和营运管理，其费用也比焚烧等处理方法低，建设垃圾卫生填埋场是符合我们国情的，在任何时候都是不可或缺的。

（1）填埋技术。防渗处理是生活垃圾卫生填埋场防止渗沥液污染地下水所采取的基本手段，也是选址和建设要考虑的重要因素之一。在填埋场基底没有天然隔水层的情况下，为防止垃圾渗沥液污染填埋场及其周围的地下水，需要对填埋场采用防渗处理。填埋场的防渗处理应采用水平防渗。填埋场水平防渗人工衬层主要有两类，一类是黏土衬层，另一类是人工合成衬层，又称土工膜，通常采用 $1\sim2mm$ 厚的高密度聚乙烯（HDPE）膜作为衬里材料。

渗沥液处理。垃圾渗沥液现场处理并达标排放处理工艺较复杂，投资和运行成本较高，因此，要求从填埋场管理和填埋工艺等方面尽可能减少污水产生量。

填埋气体回收利用。新建扩建的填埋场应对填埋气体（LFG）通过收集管网系统抽取收集后进行回收利用，避免填埋气体直接排入大气中。

填埋场作业与填埋机械。现代大型卫生填埋场大多采用单元填埋、垃圾压实和日覆盖。填埋场的主要作业机械是推土机和垃圾压实机，而多数垃圾压实机依赖进口。

（2）卫生填埋处理的应用前景。填埋处理作为垃圾最终处置手段一直占有重要地位，目前仍然是大多数国家主要的处理方式。垃圾填埋处理具有操作设备简单、适应性和灵活性强的特点，但理想的垃圾填埋场越来越少，特别是对于经济发达国家，在 20 世纪 80 年代填埋处理所占比例有下降趋势。据美国环保署（EPA）预测，美国填埋场数量将由 1993 年的 3300 多座下降到 2000 年的 2300 座，2010 年降到 1200 座。导致填埋场数量下降的原因有三：①旧填埋场逐渐达到饱和状态；②新填埋场选址困难；③由于环境保护标准不断提高，一些不符合环保要求的垃圾填埋场被迫关闭。

垃圾卫生填埋场污染控制逐步得到加强。其方法是采用人工防渗层，提高垃圾防渗水平；加强渗沥液收集和处理，防治水污染；对填埋气体回收利用，保障填埋场安全、减轻大气污染并实现资源回收。

垃圾资源再生利用率的提高，减少了垃圾填埋场污染物的产生量，使垃圾填埋场填埋物中的有机物含量逐步降低。例如，进入 20 世纪 90 年代以后，美国相继实施禁止庭院垃圾进行填埋处置的条例；德国规定在 2005 年以后，有机物含量大于 3％或 5％不能进入一级或二级填埋场。

2. 堆肥处理

（1）技术类型。城市生活垃圾中可堆肥物主要是厨余垃圾以及落叶等植物类垃圾。用于处理城市生活垃圾的堆肥系统有许多种。按生物发酵的方式可分为厌氧堆肥和好氧堆肥；按垃圾所处的状态可分为静态堆肥和动态堆肥；按发酵设备形式可分为封闭式堆肥和敞开式堆肥；按垃圾物料流动形式可分为间歇式堆肥和连续式堆肥。目前，国内常用的城市生活垃圾堆肥系统主要为自然通风静态堆肥和强制通风静态堆肥，动态堆肥系统由于运行成本高等因素应用较少，典型工程如常州市环境卫生综合厂采用的筒仓式发酵仓。

（2）堆肥处理的应用前景。随着城市经济的发展，居民生活水平的提高和居民燃料结构的改变，城市生活垃圾中煤灰含量逐步降低，而包装物如塑料、废纸等含量逐步增多，这些混合收集生活垃圾就难以用堆肥特别是无预处理的静态堆肥来处理。

分析我国的城市生活垃圾成分变化趋势，特别对于经济较发达的地区，由于居民气化率的提高（北方地区集中供热普及率的提高也会显著降低垃圾中的灰渣含量），当垃圾灰渣含量显著降低后，厨余类有机物就成为垃圾中最主要的成分。无论从环境保护，还是从资源循环利用的角度出发，厨余类有机物处理的最佳方式就是使其转化为稳定的有机质，使其来源于自然再回归于自然。从这个意义上说，我国城市生活垃圾堆肥处理有很大的发展需求和潜力。垃圾分区、分类收集和建立垃圾收费制度将是影响今后我国垃圾堆肥处理的关键因素。

3. 焚烧处理

(1) 技术类型。目前，城市垃圾焚烧在发达国家应用的主要有以下几种类型：①全量焚烧系统，通常焚烧处理量 250～3000t/d，用来焚烧混合垃圾；②将混合垃圾进行分选处理制成一定尺寸规格的垃圾衍生燃料（简称 RDF），RDF 比混合垃圾具有较好的均匀性，可以和煤、木屑等其他燃料混合燃烧；③快装组。快装组合式焚烧系统通常是在制造厂制造好标准组件，到现场组合安装，此类型焚烧系统处理量相对较小（10～200t/d）。此外，还有流化床焚烧炉、热解等处理工艺。

垃圾焚烧处理技术主要包括垃圾焚烧、烟气处理和余热利用三部分。烟气处理和余热利用技术在我国其他行业有一定的基础。垃圾焚烧技术在消化、吸收国外生活垃圾焚烧技术基础上，结合我国生活垃圾特性的研究、开发活动正在取得积极进展。如深圳垃圾焚烧厂 3 号炉设备国产化水平达到 80% 以上，在技术性能方面达到或超过了原引进设备的水平，为我国大型垃圾焚烧设备国产化打下了基础。

(2) 焚烧处理的应用前景。垃圾焚烧处理与填埋处理相比，具有占地小、场地选择易，处理时间短、减量化显著，无害化较彻底以及可回收垃圾焚烧余热等优点，在发达国家得到越来越广泛的应用。目前，垃圾焚烧处理美国占 16%，日本约占 75%，德国和法国占 40%～50%，英国占 9%～10%，加拿大占 5%～6%。

目前，在我国大城市，有三个因素制约城市生活垃圾焚烧处理的发展：①资金短缺，包括建设投资与运行费用；②可靠、实用的国产化焚烧处理技术少；③未有效实行分类收集，致使垃圾中有机物含量太高，不利于燃烧。

在我国大城市，有三个因素推动着城市生活垃圾焚烧处理的发展：①大城市土地资源宝贵，生活垃圾填埋场场地选择将越来越困难，垃圾填埋处理的成本也会越来越高，焚烧处理会逐步发展成为这一地区大规模处理生活垃圾的主要手段；②垃圾的成分不断变化，随着燃气率的提高，以及分类收集的逐步推进，生活垃圾中高热值可燃物含量不断增加；③我国在不断进行垃圾焚烧处理相关技术的研发。

目前，北海、厦门、广州、上海、北京等城市正在建设或计划利用外资建设垃圾焚烧厂。许多大城市如武汉、成都等地也规划在今后进行垃圾焚烧厂的建设。

据推测，在未来 5 年和 15 年内我国城市生活垃圾焚烧处理占处理总量的比例在较理想的条件下可达到 0.5%～1.8%、5%～11%。

4. 现阶段各种处理技术的选择对策

垃圾处理对策的确定，除了考虑城市垃圾成分和特性外，还要依据城市经济发展、技术水平、区域自然条件和社会环境而定。总的来说，城市垃圾处理向多元化方向发展，向综合处理方向发展。具体而言，现阶段大城市对各种处理技术的选择排序如下：

(1) 应建设符合标准的城市生活垃圾卫生填埋场，逐步消除垃圾堆放场，优先解决大城市日益增加的垃圾产量的出路问题。

(2) 在资金、条件允许，以及国家的规划、指导下，逐步建立符合国家烟气排放标准的垃圾焚烧厂，对热值含量高可燃烧的垃圾进行焚烧处理，并进行余热回收利用。

(3) 在已推行分类收集的基础上，对已分开的厨余物采用适宜的堆肥技术进行堆肥或发酵处理。

（4）最后考虑其他技术的选择，如焚烧废渣的制砖等综合利用技术。

四、建立示范工程

大城市在有限资金条件下，可优先考虑建立垃圾收费、垃圾分类收集、清运、处理的示范工程，然后由点到面进行实际经验的推广。

五、BOT 模式

近几年许多城市采用建设-经营-移交（build operate transfer，BOT）的方式兴建垃圾焚烧发电厂，该方式是特许经营的方式之一。

垃圾焚烧发电厂的特许经营是指政府授权主管部门通过一定的方式（招商或招标），将垃圾焚烧发电厂的建设权和一段时间的经营权以专营权的形式授予一个有资格的投资商（项目公司）；投资商（项目公司）负责垃圾焚烧发电厂的投资、融资、设计、采购以及安装调试→B；项目建成后，垃圾焚烧发电厂按协议规定向政府提供垃圾处理服务，并利用焚烧余热发电，政府则按协议规定向垃圾焚烧发电厂支付垃圾处理费，并保证垃圾焚烧发电厂剩余电力上网销售，投资者由此回收项目投资、经营和维护成本并获得合理的回报→O；在规定的特许经营期届满后，投资者将按照协议规定，把垃圾焚烧发电厂的所有权和经营权无偿移交给政府→T。

1. BOT 方式的流程

BOT 方式的流程如图 1-6 所示。

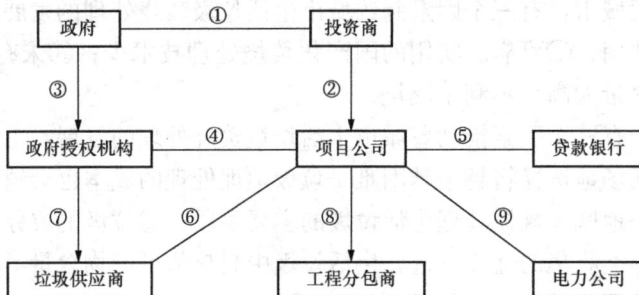

图 1-6　BOT 方式的流程

图 1-6 中各环节所表示的意义如下：

①政府通过公开招标等形式选择垃圾焚烧发电厂的投资商。

②投资商依照招标文件的有关规定，为垃圾焚烧发电厂设立专门的项目公司。

③政府为垃圾焚烧发电厂指定其授权代表机构。

④政府授权机构代表政府与项目公司签订项目融资协议。

⑤项目公司与贷款银行签订项目融资协议。垃圾焚烧发电厂的项目融资是指垃圾焚烧发电厂以其未来的垃圾处理费收入和售电收入作为主要抵押，同时加上项目投资者和其他与该项目有关的各个项目所做出的有限承诺，为垃圾焚烧发电厂所安排的融资。

⑥项目公司与设计院、设备供应商、工程安装公司等签订工程承包合同。

⑦政府授权机构为垃圾焚烧发电厂指定垃圾供应商。

⑧项目公司与垃圾供应商签订有关垃圾运送协议。

⑨项目公司与电力部门签订有关销售协议。

2. BOT 项目若干技术问题

（1）焚烧工艺。目前垃圾焚烧工艺多种多样，但对于垃圾焚烧发电厂 BOT 项目，宜采用技术成熟、运行相对稳定的炉排炉焚烧工艺。

（2）生产线设置。垃圾焚烧发电厂 BOT 项目的日处理规模通常为 600t 或 1000t，其生产线设置一般为三炉两机居多。单台炉日处理能力在 350t 以上的焚烧炉将是发展的新方向之一。

（3）计量系统。垃圾焚烧发电厂 BOT 项目的计量系统是政府部门最为关心的重要环节之一。如何避免"计量纠纷"和"计量腐败"是运行期将要面临的重要课题。

（4）输变电设施。由政府方面负责建设厂外的输变电设施是比较恰当的。由于上网电压等级对垃圾焚烧发电厂投资有一定的影响，建议由政府出面组织协调解决，以兼顾各方利益。

（5）烟气处理工艺。按照国家有关技术规范和技术政策，垃圾焚烧发电厂的烟气处理工艺一般选择"中和反应器＋活性炭喷射＋布袋过滤器"，但德国 MARTIN 公司提出的"活性炭喷射＋中和反应器＋布袋过滤器"工艺也值得深入研究。

（6）自动控制系统。目前，垃圾焚烧发电厂一般采用集散式控制系统（DCS），其成本也是可以接受的，其控制内容与范围将是评估的重点。

（7）渗滤液处理。由于大多数垃圾焚烧发电厂 BOT 项目建在垃圾填埋场附近，其渗滤液处理一般与垃圾填埋场统一考虑，通常不在投资商的责任范围内。

（8）飞灰稳定化。由于政府目前对焚烧飞灰处理重视不够，加上技术上的不成熟，因此，实践中这也不是投资商的责任范围。

3. 重庆同兴垃圾焚烧发电厂

20 世纪 90 年代以来，我国出现了类似 BOT 方式的实践项目，这些项目中比较成功的是重庆同兴垃圾焚烧发电厂。

重庆同兴垃圾焚烧发电厂是中国城市公用基础设施的第一个 BOT 项目，它由重庆钢铁（集团）有限责任公司、重庆三峰环境产业有限公司、中国环境保护公司、重庆市远达环保（集团）有限公司、北京保罗投资有限公司和重庆市开发投资有限公司共同出资，并于 2001 年 12 月 24 日注册登记成立，注册资本金 1.01 元，项目总投资约 3.15 亿元人民币，占地为 150 亩，日处理能力为 1200t（2×600t），发电机容量 2×12MW 的垃圾焚烧发电项目。项目于 2002 年 12 月日正式开工建设，特许经营权 25 年（含建设期），特许期结束后项目公司无偿和完整地将重庆同兴垃圾焚烧发电厂移交给重庆市政府。

重庆同兴垃圾焚烧发电厂建成之后，股东之一的重庆三峰环境产业有限公司接手经营，而其母公司——重庆钢铁（集团）有限责任公司作担保。自 2005 年 3 月 28 日～2006 年 9 月 30 日为止，该项目运行情况良好，共处理垃圾 60 万 t，发电 1.38 亿 kW·h，其中，上网 1.02 亿 kW·h。2005 年 8 月 22 日环保验收合格，各项指标都能达到预期的效果。其中，二噁英经浙江省环境监测中心取样，比利时 SGS 二噁英分析实验室进行化验，其结果为 0.053g/m³（标准状态下），低于欧Ⅱ（0.1g/m³ 标准状态下）的排放标准。渗滤液通过 "生化膜加反渗透"处理后，直接用作厂区浇灌花和冷却水。产生的炉渣用于生产建筑用砖，只剩约 2% 的飞灰需要固化后再填埋。排放的烟气也与重庆市环保局在线联网监测。

采用 BOT 兴建垃圾焚烧发电厂是公共事业设施市场化的必然趋势，同时这将是一个发展迅猛的朝阳产业。

复习思考题

1-1　我国城市生活垃圾的基本特征有哪些？

1-2　我国城市垃圾处理的基本原则、目标是什么？

1-3　为什么说"垃圾是放错地方的宝物"？

1-4　我国城市生活垃圾处理的基本现状及存在的问题有哪些？

1-5　垃圾卫生填埋处理有何应用前景？

1-6　分析垃圾堆肥处理的技术类型和应用前景。

1-7　垃圾焚烧的特点及垃圾焚烧处理应用前景如何？

1-8　何谓可持续生产和消费？

1-9　现阶段各种处理技术的选择对策有哪些？

1-10　谈谈实现垃圾减量应做哪些方面的工作。

1-11　查阅相关资料，论述目前我国城市生活垃圾是如何处置的。与发达国家比较还存在哪些问题？

1-12　什么是 BOT 模式？试述 BOT 模式的基本流程。

1-13　目前 BOT 项目中主要存在哪些技术问题？

第 二 章

垃圾焚烧技术

第一节　垃圾焚烧的基本概念

垃圾焚烧技术起源于 19 世纪末，进入 20 世纪 70 年代后，由于垃圾中可燃物的增加、工业技术水平不断提高，使得垃圾焚烧技术迅速发展，焚烧处理技术日趋成熟。在近三十年内，几乎所有发达国家、中等发达国家都建设了不同规模、不同数量的垃圾焚烧厂，发展中国家建设的垃圾焚烧厂也不在少数。

焚烧是垃圾处理的一种有效方式，它能使复杂的有机化合物转变为简单物质。当垃圾具有一定热值或含有较低的、可分解的有毒化合物时，就可进行焚烧处理。

城市垃圾焚烧装置主要有以下几类：

（1）炉排焚烧炉（最普遍）；

（2）砖窑（通常用来焚烧有毒有害垃圾）；

（3）流化床焚烧炉（要求焚烧前破碎）。

一、城市生活垃圾特性

城市生活垃圾的性质主要包括物理性质、化学性质、生物特性和感观性能等。

1. 物理性质

物理性质与垃圾成分组成有密切关系，常用组分、含水率、密度和尺寸来表示。

2. 化学性质

表示城市垃圾化学性质的参数有挥发分、灰分、灰熔点、元素组成、固定碳及发热量等。这些参数不仅反映了垃圾的化学性质，同时也是选择垃圾加工处理、回收利用方法的依据。

3. 生物特性

城市垃圾的生物特性包括两方面：①城市垃圾本身所具有的生物特性及其对环境的影响；②城市垃圾的可生物处理性能，即所谓的可生化性。

4. 感观性能

感观性能是指废物的颜色、臭味、新鲜或者腐败程度等，往往可通过感官直接判断。

二、城市生活垃圾成分分析

1. 工业分析成分

按国家的垃圾成分分析工业分析就是测定垃圾中水分、可燃质和灰分的质量百分比。而且使用收到基成分，即垃圾入厂时的成分。需要说明的是，垃圾焚烧厂建厂前通常是在垃圾收集过程或填埋场进行取样分析，其分析的数据与垃圾在垃圾焚烧厂入厂成分略有差别，而垃圾入厂进入垃圾储坑由于渗沥液排出、泥土沉积和堆酵效应，入厂垃圾的成分又会有所变化，有时发热量相差 10%～20%（主要是水分的变化），因此，必须注明垃圾成分的基准或取样条件，不能简单地认为垃圾成分是变化的。

2. 元素成分分析

固体燃料中有机物由碳（C）、氢（H）、氧（O）、氮（N）和硫（S）等元素组成，垃圾中通常含有一定量的氯（Cl）元素，此外，还含有水分（M）和灰分（A）等。垃圾的元素分析成分用下式表示：

$$C+H+O+N+S+Cl+A+M=100\%　　　　　　　　　　(2-1)$$

垃圾元素测定的样品粒度要求小于 0.2cm。

3. 发热量

发热量是指单位质量（1kg）的垃圾完全燃烧所产生的热量，单位为 kJ/kg。燃料发热量有高位发热量和低位发热量，若不计入所生成的水蒸气的潜热称为低位发热量。我国在锅炉计算中采用低位发热量。

垃圾的发热量可由氧弹仪测定，也可以根据垃圾中化学成分含量，采用下列公式计算：

$$Q_V=348\frac{C}{100}+939\frac{H_2}{100}+105\frac{S}{100}+63\frac{N_2}{100}-108\frac{O_2}{100}-25\frac{H_2O}{100}　　(2-2)$$

根据垃圾产生的热量和烟气量，可计算出焚烧炉中烟气的温度。

生活垃圾的低位发热量是决定一个城市生活垃圾适不适合焚烧处理技术的关键，2000年印发的《城市生活垃圾处理及污染防治技术政策》要求焚烧进炉垃圾的平均低位发热量高于 5000kJ/kg。一般认为，低位发热量小于 3300kJ/kg 的垃圾不宜采用焚烧处理，介于 3300～5000kJ/kg 的垃圾可采用焚烧处理，大于 5000kJ/kg 的垃圾适宜焚烧处理。为了确保垃圾的彻底燃烧和控制二噁英的产生，《生活垃圾焚烧污染控制标准》要求生活垃圾的焚烧温度要大于 850℃，在炉内停留时间大于 2s。根据热量衡算及整个焚烧工艺系统的经济性，垃圾进炉的低位发热量应达到 6280～7000kJ/kg。

目前（2013 年）我国生活垃圾的平均发热量为 4160kJ/kg，提高生活垃圾发热量的基本途径包括：

（1）生活垃圾的分类收集。生活垃圾的分类收集即在源头把影响生活垃圾发热量较大的生物质垃圾分离出来，这是解决我国生活垃圾发热量偏低的最有效手段，考虑到我国生活垃圾收运现状和人们长期以来形成的生活习惯，这一过程需要很长的时间，短时间内很难取得明显效果。

（2）降低生活垃圾入炉前的含水率。垃圾燃烧的最低发热量随垃圾水分的升高而增加，当垃圾含水率分别为 40%、48% 和 55% 时，对应的最低发热量分别为 7658、7908、8126kJ/kg。对于采用混合收运的生活垃圾，降低生活垃圾的含水率是提高生活垃圾发热量是最有效方法。因此，垃圾焚烧发电厂均设置有垃圾池，在垃圾池堆储的过程中，垃圾中一部分水分被沥干或蒸发流失。天津顺港垃圾焚烧厂原生垃圾在垃圾池储存 5～7 天，用抓斗进行翻堆，夏季含水率从 50%～60% 降低到 30%～48%，低位发热量从 4180～4600kJ/kg 提高到 4600～45 130kJ/kg。

专家通过实验表明，混合原生垃圾在密闭的垃圾池内堆高 1.5m，强制通风，二次翻堆，含水率 62% 的混合原生垃圾 7 天后含水率降至 45% 左右，垃圾的低位发热量超过焚烧的基本要求。

4. 灰渣与灰熔点

固体燃料燃烧所产生的残渣称为灰分，灰分的成分因燃料不同而不同，对垃圾而言，一般把直接从燃烧室（炉膛）排出的灰分称为炉渣，从烟气净化系统收集到的灰分称为飞灰，有些焚烧炉在余热锅炉中排出部分灰分称为中灰，从排放控制角度看也应归入飞灰，但中灰颗粒比烟气净化系统收集到的飞灰要粗大，停留时间较短，所吸附的重金属和有机污染物也较少，为减轻飞灰处置量和费用，对中灰进行成分测定再依国家标准判定其是否属于危险废弃物是比较科学的。

灰是各成分组成的复杂化合物或混合物，所以它没有固定的熔点。当它受热时，就会由固态逐渐向液态转化，这种转化特性就称为灰的熔融性。灰分的熔化特征对燃烧设备的选型是一个重要参数，我国测定灰熔融性的方法是角锥法，把灰样按标准压碎，加黏合剂制成灰锥（底面边长为 7mm、高为 20mm 的等边三角形锥体），然后置于温度可调节并充有适量还原性气体的电炉中逐渐加热，根据灰锥的状态变化记录 DT、ST 和 FT 三个温度数值，如图 2-1 所示。

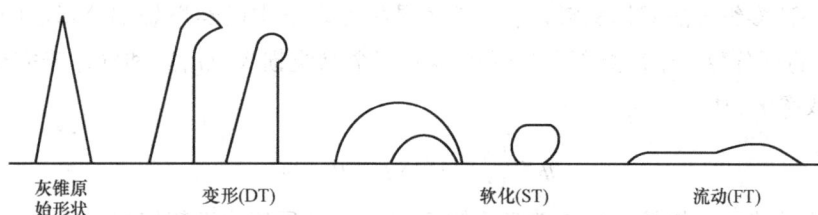

灰锥原始形状　　变形(DT)　　软化(ST)　　流动(FT)

图 2-1　灰的熔融性示意

变形温度 DT——锥体顶点开始变圆或倾斜时的温度。

软化温度 ST——锥体顶点弯曲至锥底面或呈球状时的温度。

流动温度 FT——锥体完全熔化成液体并能在底面流动时的温度。

在锅炉中多用软化温度 ST 作为灰熔点，垃圾的灰分中含有 K_2O、Na_2O 等碱金属氧化物，熔点显著低于煤的灰熔点，有些垃圾的灰熔点 ST 可低至 1000℃左右。

三、燃烧过程

燃料的燃烧是指燃料中的可燃物质与空气中的氧发生强烈的化学反应，并放出大量热量的过程。大多数燃烧过程会产生火焰，伴有对升温和显著热辐射现象。反应生成的物质称为燃烧产物（烟气和灰渣）。

燃烧过程是一个复杂的物理、化学的综合过程，它包括燃料和空气的混合、扩散过程，预热、着火过程以及燃烧、燃尽过程。燃烧过程的快慢，既受到温度、压力、浓度等因素的影响，又受到工质流动、热量传递、动量和能量交换等流体动力因素的影响。特别是固体燃料的燃烧属于多相燃烧，更增加了过程的复杂性。从概念上说焚烧就是燃烧，人们习惯于以燃烧方式处理废弃物的方法为焚烧，因此，在垃圾处理领域中"焚烧"与"燃烧"是同义的，前者只在废弃物处理领域使用，后者使用范围更广泛。这里介绍与垃圾焚烧有关的燃烧过程的概念。

1. 理论燃烧温度

把反应物和氧化剂放置在一个理想的绝热容器内，并假定反应在一瞬间完成（即达到化学平衡和热平衡），反应产生的热量全部在燃烧产物中，这时燃烧产物所能达到的最高温度即为理论燃烧温度（又称绝热燃烧温度，用 T_a 表示）。理论燃烧温度不是炉内实际最高温度

（用 T_{max} 表示）。炉内实际温度明显低于理论燃烧温度，但又高于炉膛出口温度（用 T_{out} 表示），即

$$T_a > T_{max} > T_{out} \qquad (2-3)$$

2. 着火温度

从微观过程看，无论气、液、固何种燃料，在燃烧时实际上都是气态组分首先着火，如芳香族有机物在不到 300℃时就可以点燃，C_2H_2（气）的自燃着火温度也仅有 335℃。着火是指一定条件下燃料开始剧烈的放热反应，并能自我维持，着火温度也因燃料特性和外界条件的不同而不同。对垃圾而言，在层状燃烧（如炉排炉），局部自燃的着火温度为 300～400℃，此时，垃圾热解产生的芳香族即显著燃烧并迅速导致燃料层温度上升至 800℃以上，进入剧烈燃烧状态。

3. 燃烧效率

垃圾是一种多组分的固体燃料，燃烧效率是指可燃质中已经燃烧部分释放的热量 Q_f 占燃料热量 Q_r 的百分数。未燃烧部分包括固体未完全燃烧损失（q_4）和气体未完全燃烧损失（q_3），燃烧效率 η_r 为

$$\eta_r = \frac{Q_f}{Q_r} = 1 - (q_3 + q_4)\% \qquad (2-4)$$

一般大型炉排式焚烧炉，燃烧效率不低于 95%，循环流化床焚烧炉可达 98%以上。

4. 炉渣热灼减率

焚烧效果的表征除了燃烧效率，通常还用另一个指标来表示，即炉渣热灼减率。炉渣热灼减率是指焚烧残渣经灼热减少的质量占原焚烧残渣质量的百分数，其计算方法如下：

$$P = \frac{A - B}{A} \times 100\% \qquad (2-5)$$

式中：P 为热灼减率，%；A 为干燥后原始焚烧残渣在室温下的质量，g；B 为焚烧残渣经600℃（±25℃）3h 灼热后冷却至室温的质量，g。

国家标准规定生活垃圾焚烧炉的炉渣热灼减率不得大于 5%，一般大型炉排炉的 P 值为3%～5%，流化床焚烧炉的 P 值通常可以达到 1%以内。不过炉排炉的飞灰含碳量较低，流化床的飞灰含碳量稍高，尤其是燃煤流化床掺烧垃圾时更显著。

四、能量平衡

从能量平衡的观点来看，在稳定工况下，输入焚烧炉的热量应与输出焚烧炉的热量相平衡，这种热量收、支平衡关系称为热平衡或能量平衡。图 2-2 所示为垃圾焚烧炉的能量平衡关系。

图 2-2（a）表示没有余热锅炉的焚烧炉或者是燃烧室没有布置受热面，余热锅炉单独设置时的焚烧炉部分，进入系统的总能量为

$$Q_{in} = Q_{msw} + Q_{aux} + Q_{air} \qquad (2-6)$$

式中：Q_{msw} 为入炉垃圾能量（包含物理热与化学能）；Q_{aux} 为辅助燃料的能量；Q_{air} 为入炉冷空气的能量（当有空气预热器时，热空气的热量是内循环）。

离开系统的总能量为

$$Q_{out} = Q_6 + Q_{chg} + Q_2 + Q_5 \qquad (2-7)$$

式中：Q_6 为炉渣和飞灰带走的热量；Q_{chg} 为炉渣、飞灰、烟气中未完全燃尽的可燃物的能量

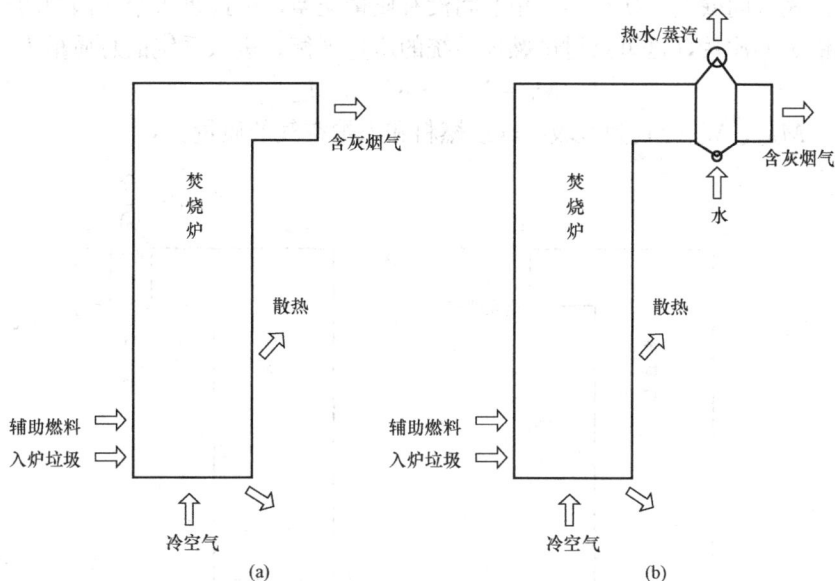

图 2-2 焚烧炉能量平衡示意

(a) 无余热锅炉的焚烧炉；(b) 有余热锅炉的焚烧炉

（化学能）；Q_2 为烟气带走的热量；Q_5 为焚烧炉外表散失的热量。

总的能量平衡关系为

$$Q_{in} = Q_{out} \tag{2-8}$$

图 2-2 (b) 表示有余热锅炉的焚烧炉，进入系统的总能量除式 (2-6) 中各项外，增加了吸热介质（水）进入系统的能量 $Q_{m,in}$，即

$$Q_{in} = Q_{msw} + Q_{aux} + Q_{air} + Q_{m,in} \tag{2-9}$$

而离开系统的总能量则为

$$Q_{out} = Q_6 + Q_{chg} + Q_2 + Q_5 + Q_{m,out} \tag{2-10}$$

$Q_{m,out}$ 是离开系统的介质（热水/蒸汽）带走的热量，热平衡关系仍为式 (2-8)。余热锅炉的有效吸热量（忽略汽水系统排污热损失）为

$$Q_m = Q_{m,out} - Q_{m,in} \tag{2-11}$$

入炉燃料的总化学能 Q_t 为垃圾化学能 $Q'_{msw,m}$ 与辅助燃料化学能 Q'_{aux} 之和，即

$$Q_t = Q'_{msw} + Q'_{aut} \tag{2-12}$$

那么整个系统的热效率（锅炉效率）为

$$\eta = \frac{Q_m}{Q_t} \times 100\% \tag{2-13}$$

焚烧锅炉的热效率是指锅炉有效利用热量 Q_m 与单位时间内锅炉总输入热量 Q_t 的百分比。

对垃圾焚烧炉而言，图 2-2 (a) 没有余热锅炉时，因有效吸热量 Q_m 为 0，则锅炉效率为 0，有余热锅炉的大型生活垃圾焚烧炉，热效率一般为 60%～85%。

五、质量平衡

图 2-3 所示为焚烧炉的质量平衡关系。对有余热锅炉的情形，因吸热介质与焚烧炉烟

气之间是表面式（间壁式）换热器，相互间没有质量交换，因此进入余热锅炉的介质质量等于离开余热锅炉的质量，这里只讨论燃烧系统的质量平衡，进入系统的总质量为

$$M_{in} = M_{msw} + M_{aux} + M_{air} \qquad (2-14)$$

式中：M_{msw}、M_{aux}、M_{air}分别为垃圾、辅助燃料和入炉空气的质量。

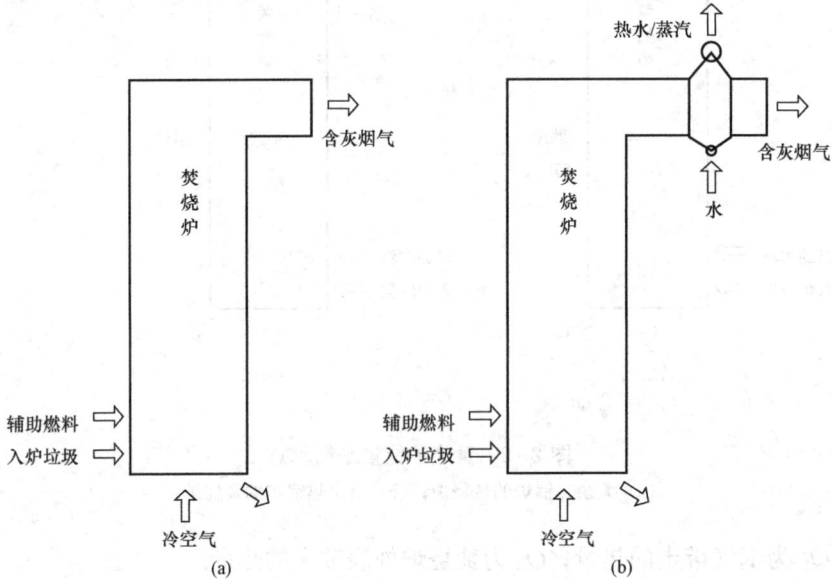

图 2-3 焚烧炉质量平衡示意

（a）无余热锅炉的焚烧炉；（b）有余热锅炉的焚烧炉

离开系统的总质量为

$$M_{out} = M_{slag} + M_{ash} + M_{gas} \qquad (2-15)$$

式中：M_{slag}、M_{ash}、M_{gas}分别为炉渣、飞灰和烟气的质量。

按质量守恒关系，有

$$M_{in} = M_{out} \qquad (2-16)$$

当然，上述关系只针对图 2-3 所示的简单情形，未计及实际设备在运行时发生的漏灰、漏风情况，也没有讨论物质内循环（如用于加热垃圾的循环烟气）以及尾气净化系统的质量平衡等。

六、焚烧过程

焚烧是一个复杂的物理、化学过程，包括：烘干→干馏→点燃→气化→燃烧→燃尽几个阶段。

1. 烘干（100～180℃）

（1）通过预热的一次风来烘干垃圾。

（2）垃圾中的水分蒸发。

2. 干馏（250℃）

（1）低温闷烧产生气体（H_2、CH_4、CO 等）。

（2）热传导为燃烧过程中的辐射热。

3. 点火（300℃）

（1）点燃垃圾。

（2）可燃气体燃烧。

4. 气化/碳化（400℃）

（1）有机物分解与一次风发生氧化。

（2）形成可燃气体（CO）。

5. 燃烧（850～1000℃）

借助二次风，可燃气体完全氧化。

6. 燃尽（250℃）

（1）灰、渣中的碳含量减少到最低。

（2）烟气中可燃质完全燃烧。

（3）去除不可燃物。

七、完全燃烧

1. 完全燃烧重要性

（1）减少环境污染（减少焚烧厂产生的温室气体）。

（2）防止焚烧厂有关设备材料腐蚀。

（3）减少填埋量（填埋过程产生温室气体和重金属）。

2. 完全燃烧要求

（1）烟气中的 CO 含量小于 $40mg/m^3$。

（2）灰渣中的热灼减量 P 小于 5%。

（3）灰渣中的有机碳含量小于 3%。

3. 完全燃烧应具备的条件

（1）过量空气系数 $\alpha = 1.6 \sim 2.0$。

（2）炉膛内湍流充分。

（3）炉床上的垃圾分布均匀。

第二节　焚 烧 厂 的 构 成

垃圾焚烧厂包括：①垃圾的接收、储存与输送系统；②焚烧系统；③烟气净化系统；④垃圾热能利用系统；⑤残渣处理系统；⑥自动化控制系统；⑦废水处理系统；⑧垃圾焚烧厂生产过程中输入与输出各类物质计量装置；⑨油品供应、压缩空气供应和化验、机修等其他辅助系统。典型垃圾焚烧发电厂见图 2-4，采用连续焚烧方式的新建厂宜设置 2～4 台垃圾焚烧炉。采用炉排炉生活垃圾焚烧厂工艺流程如图 2-5 所示。

一、垃圾焚烧厂按规模分类

Ⅰ类垃圾焚烧厂：全厂总焚烧能力大于 1200t/d。

图 2-4　典型垃圾焚烧发电厂外形

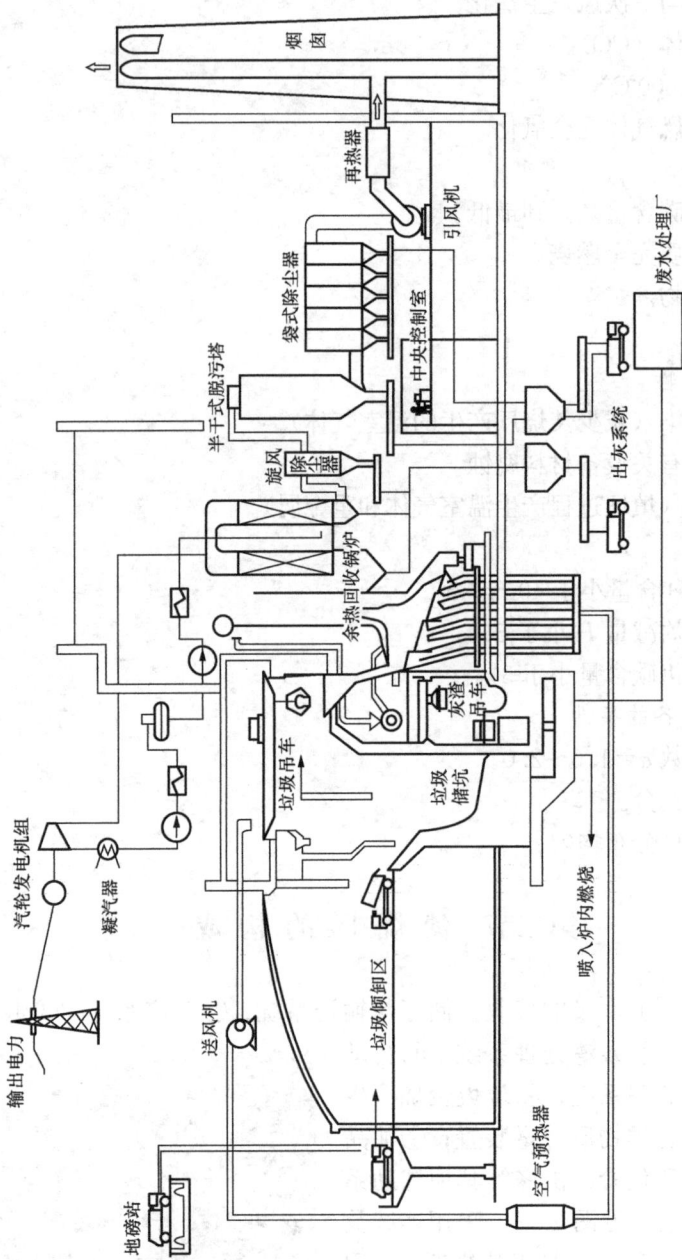

图 2-5　炉排式垃圾焚烧厂工艺流程

Ⅱ类垃圾焚烧厂：全厂总焚烧能力为 600～1200t/d（含 1200t/d）。

Ⅲ类垃圾焚烧厂：全厂总焚烧能力为 150～600t/d（含 650t/d）。

Ⅳ类垃圾焚烧厂：全厂总焚烧能力为 50～150t/d（含 150t/d）。

二、入口地磅

1. 用途及功能

（1）控制进厂通道。

（2）计量进厂垃圾和其他材料。

（3）检查垃圾组成。

（4）收取垃圾处理费。

2. 设计要求

（1）地磅的大小和承载量应适合垃圾车大型化、重型化的变化。

（2）大门通道是整个焚烧厂控制系统的一部分，通道门应能闭锁。

（3）从计量操作室能够清楚地看到进入的车辆。

（4）两台地磅，一台为进厂车辆，一台为出厂车辆，或当其中一台故障维修时可备用。

（5）整个地磅区光线条件良好。

（6）大门外应有信息牌，标明开放时间。

（7）地磅区有防雨棚。

（8）为防止雨水流入地磅房，整个地磅房周围应设较好的排水坡度。

3. 建设要求

（1）计量操作室和地磅的外面都应有可闭锁的门。

（2）应有带计算机称重程序的电子秤，并可联网统计。同时，给卡车司机提供一张清单，清单中包括：清单号、日期及时间、车辆牌照、车主（运输公司）、垃圾来源（何地区或何转运站）、毛重、净重（当车辆已有记载时，可直接扣除空车质量）。

（3）地磅处不能积水。

（4）应设置与司机通话设备。

（5）在地磅之后设置能在操作室控制的栅栏。

（6）远离地磅处的一侧考虑操作室通风。

（7）操作室应有良好的闭锁系统。

（8）收银设备。

4. 运行维护与安全

（1）每年对地磅检查两次。

（2）在本地报刊和电话簿上定期公布焚烧厂开放时间。

（3）制定员工操作规程。

（4）地磅和计算机的操作。

（5）检查进厂垃圾特性。

（6）现金出纳和记账。

（7）防止汽车尾气排放的 CO 中毒。

三、卸料、破碎和垃圾储存仓

1. 用途及功能

（1）倾倒垃圾。

（2）大件垃圾破碎。

（3）垃圾压缩和储存。

（4）垃圾脱水。

2. 设计要求

（1）一周的存储能力。

（2）4 天的脱水能力。

图 2-6　垃圾抓吊

（3）载重 3t 的抓吊（尽量能带计量秤），能全年全天（24h）操作。图 2-6 所示为垃圾抓吊。

（4）两台抓吊（一台备用）。

（5）尽可能将抓吊操作室和控制室放在一起。

（6）垃圾储存仓具有良好的防渗性能，保护地下水。

（7）避免异味，防火。

3. 建设要求

（1）卸料厅的高度满足垃圾车作业。

（2）垃圾储存仓较深，应采用防水钢筋混凝土结构，垃圾抓吊有时会刮擦池壁，钢筋混凝土池壁应有足够厚度。

（3）设置护栏，以防人掉进垃圾储存仓。

（4）在垃圾卸料区设置抓吊紧急停止控制按钮。

（5）设置卸料口关闭门（卸料门）。卸料门平时是关闭的，以保证安全并防止垃圾储坑的灰尘及臭气向外泄漏。当车辆倾卸垃圾时，卸料门才开启。要求卸料门密封性好、开关灵活方便、能抵御垃圾储坑气体腐蚀、强度高、耐磨损与撞击。

卸料门的数量必须满足车辆进厂高峰时卸料的需要，每一个门前一个卸料车位。垃圾焚烧厂的处理规模越大，所需的卸料门就越多。卸料门数量的确定见表 2-1。

表 2-1　　　　　　　　　　　　　　卸料门数量的确定

处理规模（t/d）	卸料门数量（个）	处理规模（t/d）	卸料门数量（个）
100～150	3	300～400	6
150～200	4	400～600	8
200～300	5	＞600	＞8

（6）为避免气味逸出，垃圾储存仓内部应处于负压状态，焚烧炉所需的一次风应从垃圾储存仓抽取。

（7）垃圾储存仓要设排水系统，以收集渗沥液和其他污水。

（8）为了防火，应设有自动喷水装置，也可通过抓吊控制室手动控制。

（9）抓吊控制室设有单独电话线，照明条件应良好。

（10）垃圾进料斗处设有扶手栏杆和安全绳。

4. 运行管理与安全

（1）垃圾卸料必须有人监督管理，以下物品不得倒入垃圾储存仓：废液（溶剂、油、泥浆），金属件，砂、石、工业废灰、渣，动物尸体，易燃品，压缩气瓶，危险废物，轮胎，荧光灯，电池。大件垃圾（长度超过 50cm 的物件）必须先破碎，然后才能进入垃圾储存仓。

（2）垃圾储存仓区域禁止吸烟。

（3）制定操作规程，明确发生火灾时的职责。

（4）配备足够的抓吊缆绳，备足电缆线。

（5）定期搅拌垃圾储存仓中的垃圾，使进入焚烧炉的垃圾尽可能均匀。

（6）不要将大件物品直接送入垃圾斗，以免堵塞焚烧炉进料口。

四、进料

1. 目的及功能

进料系统包括进料斗和垃圾推料器。

（1）进料斗的功能：①接收垃圾吊车提供的垃圾并储存；②利用垃圾的自重向炉内连续不断地提供垃圾；③利用垃圾本身厚度形成密封层，使燃烧区与垃圾储存仓区分开，防止空气进入焚烧炉和焚烧物进入垃圾储存仓。

（2）垃圾推料器的功能：①连续稳定均匀地向垃圾焚烧炉提供垃圾；②按要求调节垃圾供应量。

2. 设计要求

（1）垃圾进料斗要有适宜的坡度，如图 2-7 所示。进料斗中垃圾储存容量为焚烧能力的 1h 量左右。有时为了解决垃圾在料斗中的搭桥问题，还设搭桥解除装置。

（2）采用水冷却的垃圾进料斜槽以避免垃圾回燃。

（3）在开启和关闭阶段，进料斜槽没有充满垃圾时，进料斜槽要封闭。

（4）垃圾进料器的种类如图 2-8 所示。机械炉排炉多采用推送式。

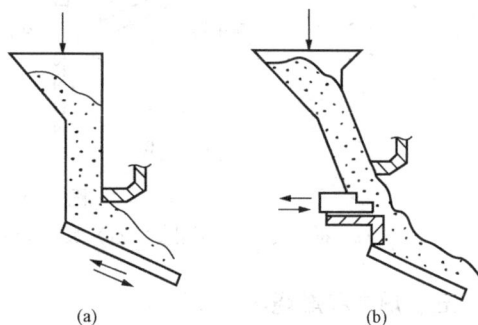

图 2-7 垃圾进料斗的形式
（a）垂直形；（b）倾斜形

（5）垃圾进料器由液压驱动，并由焚烧炉控制系统控制。

3. 建设要求

（1）进料器的液压缸设在进料装置外侧，避免进料斗垃圾回燃。

（2）进料斗材料采用耐热钢（2‰～3‰Mn），必要时用水冷却。

4. 运行管理与安全

（1）为了防止垃圾回燃使垃圾储存仓着火，抓吊操作员需要注意保持进料斜槽内一直装满垃圾。

（2）垃圾斗和斜槽易磨损，每次维修时，应用超声检测其厚度。

（3）在每次维修时，还应检查进料器是否因热和磨损而损坏。

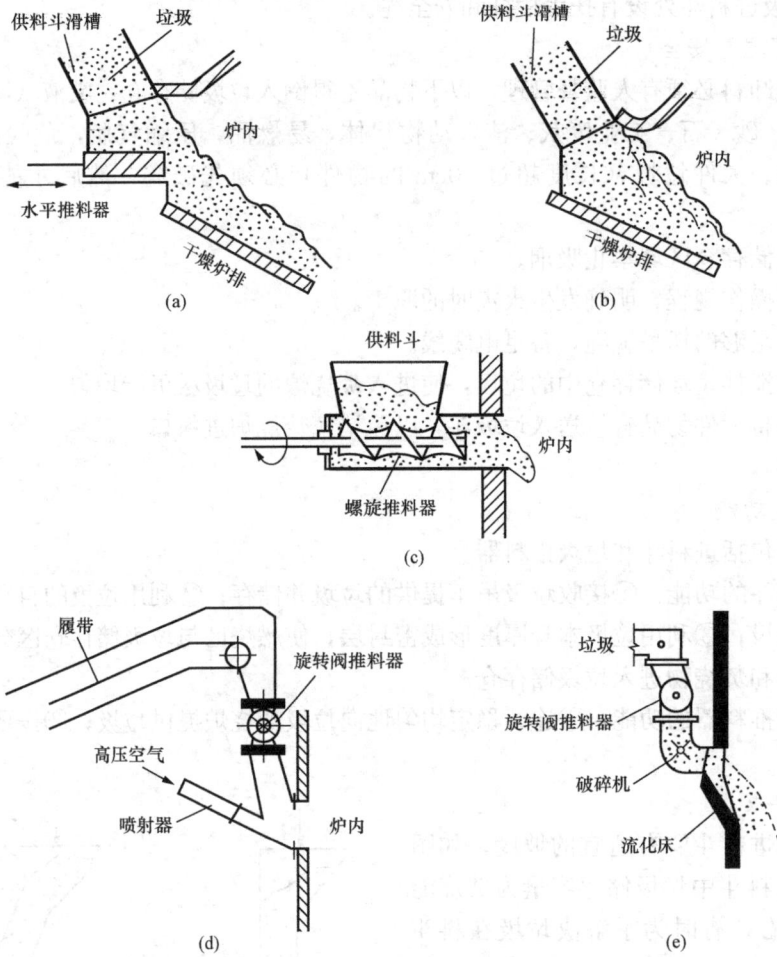

图 2-8　进料器的种类

（a）推送式；（b）炉排式；（c）螺旋进料器；（d）旋转阀进料器一；（e）旋转阀进料器二

五、炉排和燃烧区

1. 用途及功能

（1）垃圾与一次风焚烧。

（2）控制一次风量。

（3）向炉排的各个区域输送一次风。

（4）向垃圾层均匀地分布一次风。

（5）垃圾从进料区均匀缓慢输送到出渣口（停留时间大约 1h）。

（6）控制二次风进口，产生强湍流。

2. 设计要求

（1）为了减少环境污染，燃烧完全后的炉渣热灼减率不超过 5%，有机碳含量不超过 3%。燃烧完全后 CO 小于 40mg/m³。

（2）炉排受高温腐蚀和垃圾磨损，设计时应予考虑。

（3）炉排需要一次风进行冷却。

（4）水冷炉排可以采用碳素钢，由于不是用一次风来冷却，调节一次风和二次风的比例更灵活。

（5）炉排运动频率和速度均可调节，运动形式取决于炉排类型（见图2-9）。

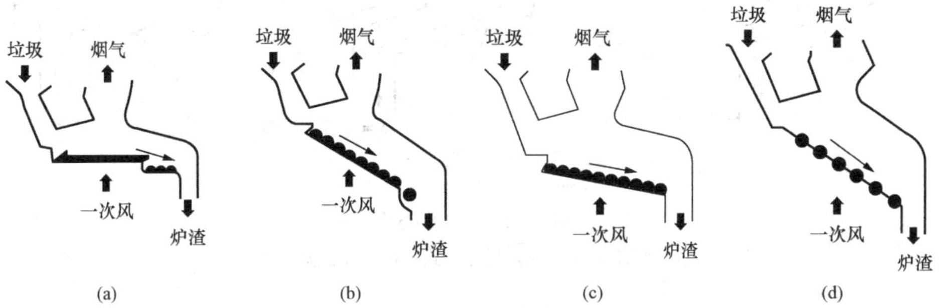

图2-9　炉排类型

（a）顺推式炉排；（b）逆推式炉排；（c）往复式炉排；（d）滚筒式炉排

3. 一次风与二次风

（1）一次风应从垃圾池上方抽取，进风口处设置格栅等过滤装置。一次风经过炉排均匀供入。有些炉排的风压损失较高，达到1.18～1.47kPa，而有些炉排的风压损失较低，只有0.49kPa。

（2）通过控制二次风量，使可燃气体（CO、HCl等）完全燃烧。

（3）二次风经过通风装置输送，并控制烟气中的含氧量。烟气含氧量一般为6%～10%。当烟气含氧量在6%时，可以得到较高的热效率；在10%时，就不易形成CO。燃烧后烟气中要测其O_2和CO含量，低CO含量不仅可以减少温室气体效应，而且可以减轻锅炉腐蚀。

（4）在炉膛的不同部位引入二次风，并与烟气形成高速混合。在这一阶段，会出现很高的温度，并形成NO_x。为避免这一情况，有些焚烧炉分两阶段来引入二次风。

（5）垃圾发热量低于8500kJ/kg时，一、二次风需预热，加热装置宜采用蒸汽-空气加热器，加热温度根据垃圾池内的垃圾低位发热量确定，或者加煤或重油等辅助燃料来助燃。

（6）垃圾发热量低于7500kJ/kg时，必须安装油燃烧器，以便满足燃烧温度850℃（烟气停留时间2s）的条件。

（7）一、二次风机的风量，应为最大计算风量的110%～120%。风量的调节采用连续方式。

4. 炉膛设计要求

（1）炉膛有三种类型（见图2-10）。顺流式适合于发热量高的垃圾焚烧，逆流式炉膛适合于发热量低的垃圾焚烧，混合流炉膛要满足特定的热负荷1250GJ/m³（kW/m³）。

（2）炉排简便，安装牢固；空冷炉条要用耐高温材料，如含镍铸钢；炉排往复运动控制良好；设有观察燃烧状况的摄像机；设有用来测定燃烧区温度的温度计；设有能够目测燃烧区及各控制部位的开口；设有焚烧室后的O_2和CO测定装置。

5. 运行管理与安全

（1）火焰明亮清晰，没有较多烟雾（二噁英）。

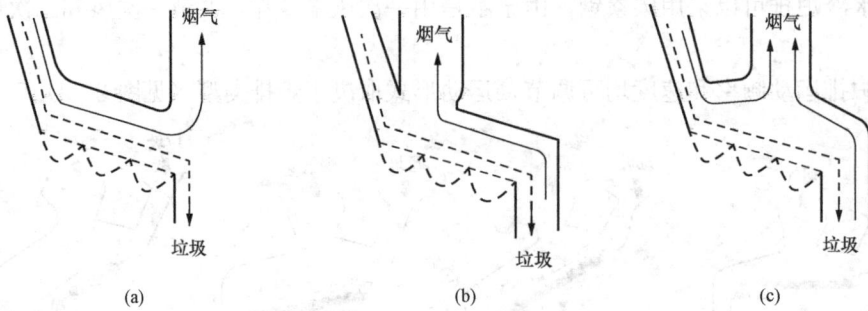

图 2-10 炉膛类型
(a) 顺流方式；(b) 逆流方式；(c) 混合流方式

（2）需要经常观察燃烧状况。

（3）受垃圾成分和焚烧状况的影响，有时会出现液态炉渣黏附在炉墙壁面上，液态炉渣经常会聚集成固体状，形成结渣，可能导致大块渣落到炉排上，这种状况会损坏炉排。特殊成分垃圾（如塑料含量高）往往是产生这种状况的原因。通常，改变炉排的一次风分布状况可解决这一问题。

（4）炉排受高热负荷作用，同时受到垃圾和炉渣的磨损。根据条件，每年需要对炉排状况检查1、2次。炉排的使用寿命通常为1年或更长时间。

六、炉渣排出、储存和处理

残渣处理系统由炉渣处理系统、飞灰处理系统组成。炉渣处理系统包括炉渣冷却、输送、储存、除铁、碎渣等设施。飞灰处理系统包括飞灰收集、输送、储存、排料、受料等设施。

垃圾焚烧过程中产生的炉渣和飞灰分别处理。

1. 用途及功能

燃烧区域的密封、炉渣排出、炉渣冷却、炉渣储存、炉渣装卸。

2. 设计要求

（1）炉渣排出是整个焚烧过程不可缺少的部分，必须保证其可靠性。

（2）炉渣池的容量要求能够储存5～7天炉渣产量。

（3）炉渣池的废水中铅和硫酸盐含量较高，应该把废水抽到排渣器中。

（4）设两台抓吊，抓吊上有漏水孔。

（5）炉渣中的铁尽可能回收利用。

（6）从炉渣中提取出来的铁的质量通常较差，因为其中锡的含量较高。

（7）利用和处理炉渣的一个重要参数是其中未燃尽物含量（燃烧损失或有机碳含量）。

（8）炉渣可用来铺路，但由于炉渣毕竟是一种污染源，要遵循大量相关设计和施工参数。

（9）炉渣处理可采用单一的炉渣填埋场，填埋炉渣的渗沥液含有较高的铅（Pb）和锌（Zn）成分，还有很高的硫酸盐（SO_4^{2-}）和氯化物（Cl^-）成分。其中，硫酸盐含量高达400mg/L，因而这种渗沥液可能会腐蚀钢筋混凝土。

（10）如果有必要，应去除渗沥液中的铅（Pb）和锌（Zn）。

3. 建设要求

炉渣排出器、传送带安装应牢固。

4. 运行管理与安全

避免炉渣溢出池面；炉渣池池壁坚固，设有栏杆扶手。

七、锅炉

垃圾焚烧锅炉是垃圾焚烧炉和利用垃圾焚烧释放的热能进行有效换热，并产生蒸汽或热水的热力设备的统称。

1. 用途及功能

（1）利用垃圾焚烧的余热来加热给水产生蒸汽。

（2）焚烧烟气被降温，烟气中烟尘部分沉积分离。

2. 锅炉组成

（1）预蒸发段：利用降温性能好的受热面管道使高温烟气降温。

（2）过热段：使蒸汽过热，以免汽轮机内蒸汽凝结。

（3）蒸发器：锅炉水在此加热至沸腾。

（4）省煤器：对锅炉给水预加热。

锅炉水循环系统与电厂锅炉相同。

3. 设计要求

（1）锅炉给水和冷却水循环是一个非常复杂的系统，城市生活垃圾焚烧锅炉的设计着重考虑垃圾焚烧特性对锅炉的要求。

（2）锅炉主要有纵置式和横置式两种，横置式锅炉比较适合于垃圾焚烧厂。

（3）垃圾焚烧设计要特别考虑 CO、氯化物含量高造成锅炉受热面腐蚀和高温造成的腐蚀。

（4）过热器出口蒸汽压力和温度是垃圾焚烧锅炉设计的主要参数，建议值：蒸汽压力3.7MPa，蒸汽温度420℃。

（5）在高温高压条件下，锅炉受热面会很快出现腐蚀。

（6）烟气的露点取决于其成分（主要是烟气中的硫含量），一般为 120～150℃。为了提高热效率和保证安全，锅炉排烟温度设计为170℃，高于烟气露点。

（7）从锅炉中收集的飞灰重金属含量比炉渣高，不能用于铺路和制砖，而应采用专门的卫生填埋场处理。

4. 建设要求

（1）在燃烧室中，锅炉受热面处于高温、强湍流、高烟尘含量（磨损）以及未完全燃烧产生的 CO 等环境，需要覆盖一层 20～30mm 厚的矿物质或碳化硅材料。

（2）过热器也处于高焚烧和高磨损的环境。设置 2～5 排蒸发管保护过热器，避免超温，为保护蒸发管，在烟气进入的方向，用焊接半管挡住蒸发管。

（3）在焚烧锅炉里，大量的烟尘沉积在受热面上，烟道阻力大，造成较大的烟气压力损失。锅炉需安装吹扫清灰装置。垃圾焚烧厂锅炉一般采用超声波清灰装置或其他声能清灰装置，一般不采用火力发电厂常用的蒸汽吹灰器。

5. 运行管理与安全

（1）垃圾焚烧锅炉在垃圾额定低位发热量与下限低位发热量范围内，应保证垃圾额定出力，并适应全年内垃圾特性变化的要求。

（2）应具有超负荷出力的能力，垃圾进料量可调节。

（3）正常运行期间，炉内应处于负压燃烧状态。

（4）炉膛内烟气在不低于850℃的条件下滞留时间不小于2s。

（5）采用连续焚烧方式的垃圾焚烧锅炉，宜设置垃圾渗沥液喷入装置。

（6）焚烧炉在燃烧区有时会出现水管爆裂，锅水会在短时间内大量流失，并无法补充，由此造成汽包（锅筒）中水位很快下降，部分水冷壁管蒸干，这是非常危险的状况。为了避免锅炉受热面损坏，当锅筒中水位降低到最低水位以下时，需要自动停止一次风和二次风。

（7）要根据标准测量程序，用超声波手段每年对锅炉受热面管的壁厚测量1、2次。

（8）每3年更换一次过热器的保护层（预防性维修）。

第三节　垃　圾　焚　烧　炉

垃圾焚烧炉是利用高温氧化作用处理生活垃圾的装置，是一种高温热处理技术，即以一定的过剩空气量与被处理的有机废物在焚烧炉内进行氧化燃烧反应，废物中的有害有毒物质在高温下氧化、热解而被破坏，也是实现废物无害化、减量化、资源化的处理技术。

垃圾焚烧炉在国内外的应用和发展已有几十年的历史，比较成熟的炉型有机械炉排焚烧炉、流化床焚烧炉、回转式焚烧炉、CAO（controlled air oxidation）焚烧炉和脉冲抛式炉排焚烧炉。

一、机械炉排焚烧炉

1. 机械炉排焚烧炉及系统

机械炉排式焚烧炉是以机械式炉排块构成炉床，靠炉排间的相对运动使垃圾不断翻动、搅拌并向前推进。正常运行时，炉温维持为850～950℃，垃圾进入炉内与热空气接触，升温、干燥、着火、燃烧、燃尽。一般情况下，燃烧发出的热量可以维持炉温，垃圾发热量偏低时，需要喷入燃料油作为辅助燃料。机械炉排式焚烧炉历史悠久，是目前世界上工艺成熟、处理规模较大的生活垃圾焚烧炉，在欧美等国家得到广泛使用，单台炉最大处理量已经达到1200t/d。

炉排式焚烧炉的燃烧方式属于层状燃烧，适用于成分稳定、发热量较高、水分较低的燃料。

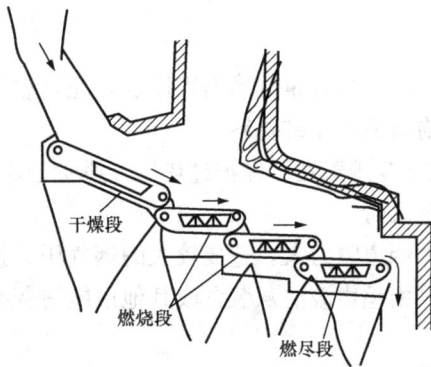

图 2-11　脉冲抛式炉排焚烧炉的结构示意

工作原理：垃圾由给料装置推送至倾斜向下的炉排上（炉排分为干燥区、燃烧区、燃尽区），由于炉排之间的交错运动，将垃圾向下方推动，使垃圾依次通过炉排上的各个区域（垃圾由一个区进入到另一区时，起到一个大翻身的作用），直至燃尽排出炉膛。燃烧空气从炉排下部进入并与垃圾混合，高温烟气通过锅炉的受热面产生热蒸汽，同时烟气也得到冷却，最后烟气经烟气净化装置处理后排出。机械炉排焚烧炉的结构如图2-11所示。

机械炉排是炉排式焚烧炉的燃烧设备，是完成垃圾从进料、干燥、燃烧、燃尽并排出炉渣整个燃烧过程的核心设备，对炉排的基本要求如下：

（1）保证物流的连续性、稳定性，即要求炉排在垃圾给料器接受垃圾开始，到燃烧完全后炉渣排出的整个工艺过程中物质流的连续、稳定，不能出现物流阻塞、堆积。

（2）保证炉排上的垃圾良好燃烧，即要求炉排上垃圾分布均匀、移动速度合理，得到适当的搅拌与混合，并合理分配燃烧需要的空气，防止局部吹透造成空气短路。

（3）保证炉排的机械可靠性，炉排工作在高温、腐蚀、磨损和运动环境，因此要提高炉排工作可靠性和寿命，防止炉排直接暴露在高温火焰的辐射之下，所选用的材料应具有耐高温、耐腐蚀、耐磨损及抗氧化还原等性能，并利用燃烧所需空气冷却炉排片，机械运动部件结构、加工及热处理都应满足要求，以延长炉排的使用寿命。

2. 炉排炉的优缺点

（1）单台炉处理量大，目前国内已有800t/d的焚烧炉在运行。

（2）垃圾在炉内分布均匀，料层稳定，燃烧完全。运行时可视炉内垃圾焚烧状况调整。

（3）可调节炉排转速，控制垃圾在炉内的停留时间，使其燃尽。

（4）由于鼓风机压头低，风机所需功率小，故动力消耗少。

（5）因为垃圾在炉排上燃烧，不需掺燃煤，所以烟气中粉尘含量低，减轻了除尘器的负担，降低了运行成本。

（6）炉排炉具有进料口宽、适合我国生活垃圾分类收集规范化程度差的特点，不需要对垃圾进行分选和破碎等预处理。采用层状燃烧方式，烟气净化系统进口粉尘浓度低，降低了烟气净化系统和飞灰处理费用，一般情况下，无需添加辅助燃料即可达到燃烧温度在850℃持续时间2秒以上。

（7）由于燃烧速度慢，炉排倾斜，因而使得炉体高大，占地面积大，同时炉体散热损失增加。

（8）高温区炉排片长期与炽热垃圾层接触，容易烧坏。

（9）由于活动炉排与固定炉排等关键部件由耐热合金钢制造，所以设备造价较高。

3. 机械炉排垃圾焚烧炉运行中的主要问题

翻转炉排经常不能正常翻转，炉排经常卡涩或翻转不动，造成垃圾不能充分燃烧。

4. 解决办法

由于国外垃圾分类好，因此很少会出现炉排卡涩、不动的现象。解决炉排卡涩问题有两种办法：①加强垃圾分类；②对炉排进行改造。

垃圾的分类不好是中国国情所决定的，不是很快就能改善的，需要花费很大的人力、物力，且不能做到万无一失，因此对炉排进行适当的改造，使它适应中国垃圾，是最为经济实用的办法。

二、往复式炉排炉

往复式炉排由一组固定的炉排片和一组往复运动的活动炉排片组成，分阶梯式和水平式两种。活动炉排片的运动方向是沿一条直线平动的，原则上都属于往复式炉排。活动炉排片的往复运动将垃圾逐步推向后部燃烧，如图2-12所示。

按运动方向不同，往复式炉排可分为顺推炉排、逆推炉排（见图2-13）。图2-13（a）所示的活动炉排片倾斜布置，在垃圾料层运动时其运动方向与垃圾的移动方向夹角α小于

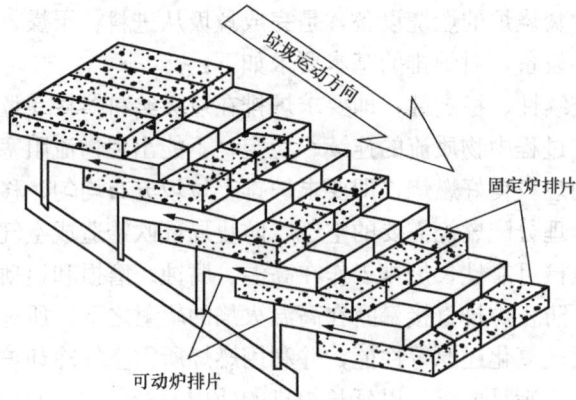

图 2-12　往复式炉排

90°，可认为二者大体是同向的，称为顺推炉排。图 2-13（b）所示的活动炉排片水平布置和运动的，也是顺推炉排；图 2-13（c）所示的活动炉排片倾斜布置，在向垃圾料层运动时其运动方向与垃圾的移动方向夹角 α 大于 90°，可认为二者大体是反向的，因而称为逆推炉排。

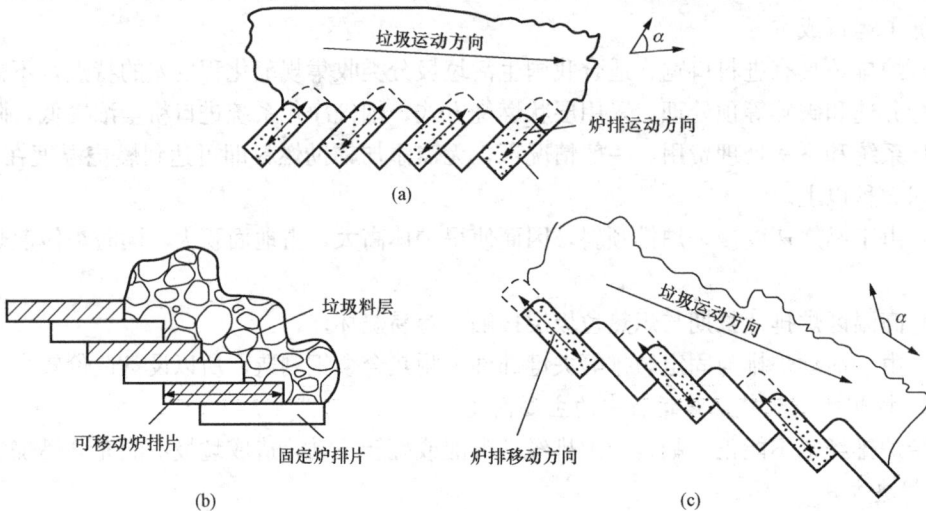

图 2-13　往复式炉排结构示意
（a）、（b）顺推炉排；（c）逆推炉排

往复式炉排炉的结构因不同技术、产品而各有特色，如有的炉排水平布置，有的则顺着垃圾料层移动方向下斜布置；有的整个炉排基本在一个平面上，有的则成多级阶梯状布置，以利垃圾翻滚；有的活动炉排片与固定炉排片在横向交替布置，有的则在纵向交替布置；有的活动炉排片运动时同步，有的则按列反向运动；大多数往复炉排由活动炉排片、固定炉排片组成，但二者按一定间隔排列；有的则没有固定炉排片，所有炉排片均可运动，相邻炉排片反向运动。

1. 日本三菱-马丁逆推炉排炉

日本三菱-马丁逆推炉排炉是由活动炉排片、固定炉排片组成，并按一定的斜度依次排列。炉排上的垃圾在重力作用下向下移动的同时，垃圾料层下部受到与重力相反的倾斜推力，使得部分垃圾沿炉排表面相反方向移动，产生了向上运动，由此完成垃圾料层的充分搅拌。这种逆推式运动，具有许多传统顺推装置所不具备的特点，具体如下：

（1）灼热的物料沿炉排表面向上滑动，使新加入的垃圾与灼热层混合，因此垃圾干燥、着火可在很短时间内完成。

（2）在燃烧过程中，整个垃圾层被搅拌均匀，燃烧完全。

（3）垃圾的干燥、着火、燃烧过程均在逆推炉排上进行，所以炉排的效率高。

2. 西格斯逆推炉排炉

比利时西格斯逆推炉排炉是由不同炉排组件（或称单元）组成的倾斜式往复阶梯多级炉排。每个标准炉排单元都有滑动炉排、翻动炉排、固定炉排三种形式。焚烧炉由 4 个标准炉排单元和一个较长的末端燃尽炉排单元构成。炉排通过液压装置驱动，每台炉配一套液压装置。垃圾焚烧后的炉渣通过刮板捞渣机送入炉渣处理系统，从炉排泄漏的细灰经输送机返回垃圾池。

西格斯炉排炉的特点如下：

（1）适合于宽范围发热量变化的垃圾燃烧，负荷变化范围为 70%～110%。

（2）采用垃圾输送、搅拌/鼓风相互独立的垃圾集中燃烧系统，水平的垃圾输送与垂直的搅动/鼓风相互独立运动，使系统很容易根据垃圾成分的变化做出相应调整，特别适合于低发热量、高水分的中国垃圾。

（3）垃圾的干燥、气化、燃烧、燃尽和冷却的一系列过程发生在多级炉排上。为了实现各个过程完好控制，整个炉子由长度不等的多个单元组成，并依次形成功能各不相同的三个区，即干燥气化区、燃烧区、燃尽冷却区。

（4）采用计算机数值模拟技术（CFD）模拟焚烧炉膛中烟气流动状态、烟气温度、压力分布等，根据不同垃圾成分、发热量、垃圾量以及其他条件采用 CFD 优化其结构设计，无论垃圾量多或少或发热量高低均能保证垃圾完全燃尽，且具有较大的垃圾处理能力，较高的连续产汽率及较低的废气生成量。

（5）完善的供风系统。采用不同的送风机针对炉排各燃烧区段采用单独提供一次风，调节性能较好，燃烧完全。水平供风而不是垂直供风方式，因此炉排间缝隙漏风率可降到最低。

我国一些先进垃圾发电厂采用了往复式炉排炉，而且对炉排的材质和加工精度要求高，炉排与炉排之间的接触面光滑、排与排之间的间隙小。另外，炉排机械结构复杂，损坏率高，维护量大，炉排炉造价及维护费用高。该工艺在中国焚烧垃圾适用性不强，中国垃圾没有严格分类，垃圾中含水分较高、成分复杂，所以发热量很低，很难把垃圾焚烧透彻，炉内温度难以提高，造成二次污染的可能性就大。

3. 二段往复式垃圾焚烧炉

二段往复式垃圾焚烧炉是引起国际先进技术，结合我国国情研制的第三代炉型，是针对中国城市生活垃圾低发热量，高水分的特点而设计，具有适应发热量范围广，负荷调节能力大，可操作性好和自动化程度高等特点。能实现垃圾的充分燃烧，使得各项燃烧参数达到国际标准。

二段往复推式炉排炉的特征在于炉排沿垃圾运行方向分为前段（逆推）和后段（顺推），

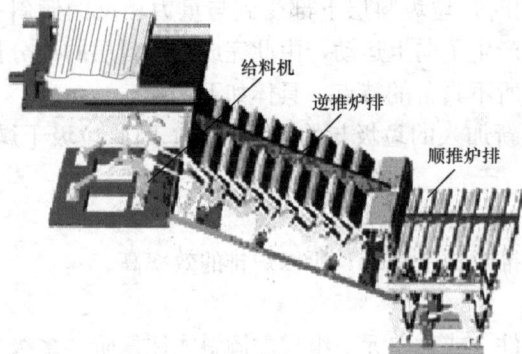

图 2-14 二段式垃圾焚烧炉排

并且在前后段炉排衔接处设有一定高度的落差，如图 2-14 所示。

该工艺的主要流程为：抓斗将垃圾从垃圾坑送入落料槽，在给料机的推送下进入炉膛落在倾斜的逆推炉排上，垃圾在炉排上不断做螺旋状的翻滚、搅拌、破碎，完成干燥、着火和燃烧过程，随后在逆推炉排的末端经过一段高度落差掉入水平的顺推炉排床面上继续燃尽，最后灰渣经出渣机排出炉外。这种燃烧方式使垃圾燃烧更完全，燃烧效率高，炉渣热灼减率可降低 1%～2%，减少二次污染。

二段式垃圾焚烧炉排炉主要由落料槽、给料平台、逆推炉排本体、顺推炉排本体、风室及放灰通道、出渣通道、液压出渣机、炉排密封系统、风门调节机构、气力除灰系统、炉排液压系统、炉排自动控制系统及二次风喷嘴等部分组成。

给料装置向炉排送出的垃圾状况取决于垃圾吊车向落料槽投入垃圾的状况，给料时应注意以下几点：

（1）投放到垃圾料斗的垃圾应经充分倒垛、搅拌，使其组分均匀。

（2）垃圾料斗垃圾的料位应经常维持在一样的水平。

（3）在炉排启动和停炉时，应关闭落料槽入口门。

三、滚筒（回转）式焚烧炉

1. 滚筒（回转）式炉焚烧炉简介

滚筒式炉排是一种较新型的垃圾焚烧设备，它由电动机、减速机构、传动机构、滚筒、滚筒支承装置、风管、灰室所组成。每个滚筒就是一个独立的风室，滚筒上设置通风孔，空气由筒内排出，用以干燥和助燃。整个炉排由一组（通常 5～8 个）滚筒组成，炉排面向下倾斜（见图 2-15），垃圾料层在滚筒的缓慢转动下移动，达到两筒的间隙，上一个滚筒底层的垃圾会被下一个滚筒向上前方推动，垃圾被充分翻动和搅拌，加上通风较为均匀，燃烧效果良好。

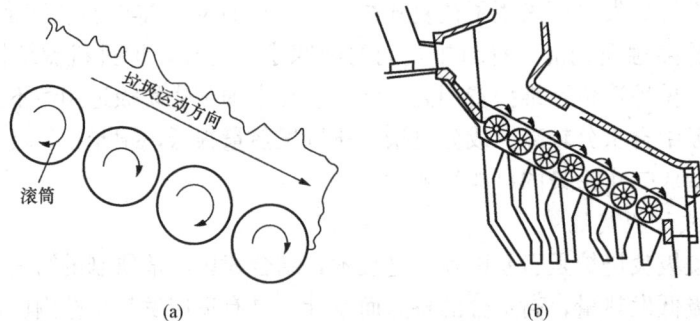

(a)

(b)

图 2-15 滚筒炉排示意
(a) 运动示意；(b) 结构示意

2. 滚筒（回转）式焚烧炉工作原理

多个平行排列的空心滚筒由电动机通过减速机构、传动机构而带动其同步转动，同时送风机将冷风送入到这些滚筒内，并由滚筒表面的多排小孔喷出，滚筒上的垃圾在切力和风力的推动下边沿着滚筒炉排向前输送，边向上翻滚，呈峰谷状前进，这样不仅通风好，使垃圾燃烧完全，而且风力集中，无泄漏，它可使总风量节省约 50%。

滚筒（回转）式焚烧炉是用冷却水管或耐火材料沿筒体排列，筒体水平放置并略为倾斜。通过滚筒筒身的不停运转，使炉体内的垃圾充分燃烧，同时向筒体倾斜的方向移动，直至燃尽并排出炉体。

两滚筒有一定间距、滚筒表面有多排小孔，筒内是与风管相通的空心滚筒和由置于各滚筒间的冷却水箱及置于滚筒下半部处的挡风板，从而运行时形成了自冷却装置。

3. 滚筒炉排结构特点

（1）滚筒炉排在炉排的前部设置一预热干燥栅，加强了辐射作用，可充分预热、干燥垃圾，有利于垃圾在滚筒炉排上的完全燃烧。滚筒炉排分为干燥燃烧段和燃尽段，干燥燃烧段呈阶梯状倾斜布置，燃尽段水平布置。在炉膛侧墙布置有富氧空气喷嘴，可以根据垃圾发热量、含水率等情况，通过富氧空气喷嘴向炉膛内通入富氧空气进行助燃，提高垃圾燃烧温度。

（2）滚筒的径向方向均布多个凹槽，凹槽上设置一次风口，滚筒两端设置风箱；在燃烧室的设计上充分考虑了高水分垃圾的燃烧特点，不设前拱，同时使其后拱与水平方向的夹角小于炉排与水平方向的夹角。这样，既有效地增强了炉排对垃圾的搅动能力，也便于调节送风量，同时增加了预热流程，加强了辐射作用。

（3）灰渣中含碳量低，过量空气量低，有害气体排放量低。

（4）设备利用率高。

4. 滚筒（回转）式焚烧炉优缺点

（1）城市生活垃圾处理方法投资少，占地面积少，污染少。

（2）炉排结构紧凑，且可在运行中冷却，所以炉排不会过热，寿命长，且风和垃圾充分混合，改进了气流流向和流速，达到强化燃烧，保证炉温，燃烧完全的效果。

（3）滚筒的转动致使滚筒表面温度较低，滚筒寿命较长，滚筒材质也可不用耐热合金钢，节约成本。

（4）焚烧炉能对垃圾充分进行干燥和预热，使其充分燃烧，有效降低了垃圾焚烧的成本。

（5）气孔容易堵塞，漏灰量较高。同时垃圾层在滚筒表面缺少混合撕裂的作用，高水分、低发热量的垃圾不易烧透，炉渣热灼减率不易达标。

（6）滚筒式炉排焚烧炉的燃烧不易控制，垃圾发热量低时燃烧困难。

（7）滚筒式炉排受热会膨胀变形。

滚筒式炉排是德国巴布高科（DBA）公司的技术，目前在世界上已有250余套滚筒式炉排在垃圾焚烧厂中使用，该种炉排多用于处理规模较大、垃圾发热量较高的项目。

四、CAO 焚烧炉

控气型热分解垃圾处理技术（controlled air oxidation，CAO）在美国、加拿大等国已有二十多年的成功运行经验。图 2-16 所示为 CAO 焚烧炉的外形图。

图 2-16 CAO 焚烧炉的外形

1. CAO 焚烧炉工作原理

垃圾运至储存坑，进入生化处理罐，在微生物作用下脱水，使天然有机物（厨余、叶、草等）分解成粉状物，其他固体包括塑料、橡胶一类的合成有机物和垃圾中的无机物则不能

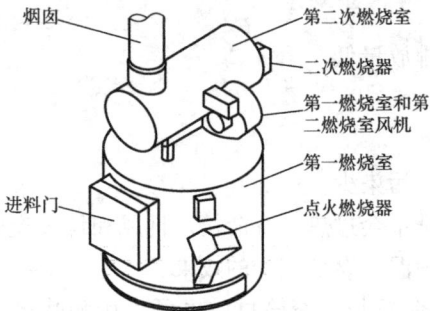

图 2-17 CAO 焚烧炉结构图

分解粉化。经筛选，未能粉化的废弃物先进入焚烧炉的第一燃烧室（或称主燃烧室）温度为 600℃，产生的可燃气体再进入第二燃烧室，不可燃和不可热解的组分呈灰渣状在第一燃烧室中排出。第二燃烧室温度控制在 860℃进行燃烧，高温烟气加热锅炉产生蒸汽。烟气经处理后由烟囱排至大气，金属、玻璃在第一燃烧室内不会氧化或融化，可在灰渣中分选回收。图 2-17 所示为 CAO 焚烧炉结构，图 2-18 所示为 CAO 焚烧炉流程图。

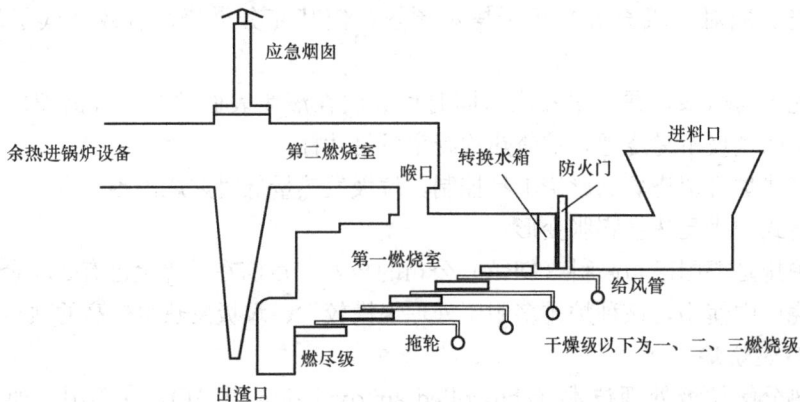

图 2-18 CAO 焚烧炉流程图

2. CAO 焚烧炉主要系统介绍

整套处理系统由助燃系统、焚烧系统、集尘器系统、电气控制系统等几部分组成。

（1）CAO 焚烧炉进料方式。由于 CAO 焚烧炉属于特制，采用人工投料的方式。手动将固体垃圾放入焚烧炉内。为安全起见，投料应在火势微弱的时候进行。进料口设操作平台，方便投送物料操作及维修。

（2）CAO 焚烧炉助燃系统。助燃系统主要设备是燃气燃烧器。助燃系统的作用是：点火开炉和辅助物料焚化。天然气和空气在燃烧器燃烧头内混合燃烧并通过调节燃烧空气和燃烧头获得最佳的燃烧参数，燃尽气体在燃烧头内再循环，可以使污染物，尤其是氮氧化物（NO_x）的排放降到最低。具有全自动管理燃烧程序、火焰检测、自动判断与提示故障等功能。燃烧器能在程控器的控制下，进行自动点火。燃烧器具有自动点火、灭火保护、故障报警等功能和火焰强度大，燃烧稳定，安全性好，功率调整大等特点。燃烧器可以手动调节空气流量从而改变火焰大小；内置调压阀，保证出口气压稳定。同时，也可通过调整供气压力来调节燃气量的大小。

（3）焚烧系统。炉本体是由一种耐酸性、耐烟气腐蚀、耐高温、高强度的耐火材料、保温材料、绝热材料砌筑在炉排上部的腔体，外包钢板以防烟气泄漏并使炉本体表面温度小于50℃。在炉本体侧面设有检修门，辅助点火燃烧器也在侧面。炉本体设有操作台，如图2-19所示。

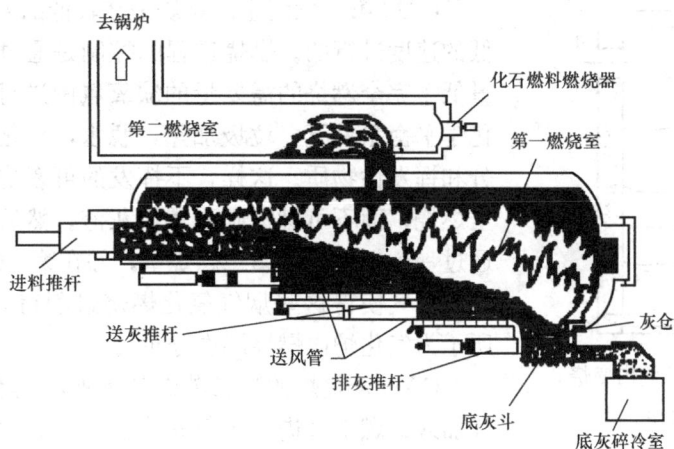

图 2-19　CAO 焚烧系统

在炉膛内烟气从下向上冲刷物料，将物料中的水分烘干，使物料及时着火，而且前后拱耐火材料的蓄热通过辐射传递给物料，从而保证了物料燃烧温度。延长了烟气的停留时间，使物料及飞灰中的有机物燃烧完全，提高了有害物质的销毁率。

（4）集尘器系统。采用离心式除尘器——旋风除尘器，对焚烧后的烟气进行除尘。集尘系统由集尘圆筒、倒锥和排气风管三部分组成。集尘系统的作用是将焚烧物料产生的烟气中含有的颗粒粉尘收集在一起，便于集中清理，同时，可减少对大气的污染，起到净化环境的作用。

集尘系统工作原理：焚烧物料产生的烟气中含有的颗粒粉尘在引风机强大的吸力作用下到达旋风除尘器（俗称集尘桶）。旋风除尘器是利用离心降落原理从气流中分离出颗粒粉尘的设备。旋风除尘器上半部分为圆锥形，当含尘气体从圆筒上侧的进气管的切线方向进入时，获得旋转运动，分离出粉尘后从圆筒顶的排气管排出，粉尘颗粒自锥形底落入集尘圆筒中。

（5）电气控制系统。配电柜包括：①全套设备的供电主电源、单台设备的分供电控开关；②全套设备和单台设备的启停控制以及保护回路、报警等；③操作面板等。采用集中控制，其中有些设备为了操作观察的方便设置在现场控制。

实现了所有设备的手动操作的功能和控制柜面板操作，实现了对整个系统监视、报警等功能，提高了系统控制的可靠性。

最重要的功能，保证了对不同的物料，在不同的燃烧过程中的优化控制，从而保证了物料的充分燃烧和排除烟气的质量。对于焚烧炉的优化控制还降低了焚烧炉的用油量，使运行成本大幅降低。

3. CAO焚烧炉工艺

一个典型的CAO垃圾热分解发电厂是由几套CAO系统组成的。每个CAO系统都是由一个第一燃烧室（主燃烧室）、一个第二燃烧室和对进风量、温度进行自动控制的计算机系统以及余热发电设备组成的。

采用几套CAO系统，可以防止因发生故障及检修时垃圾无法处理的情况，其中一套有故障或检修时其他CAO系统仍然正常运转，保证垃圾处理的连续性，提高系统的可靠性。

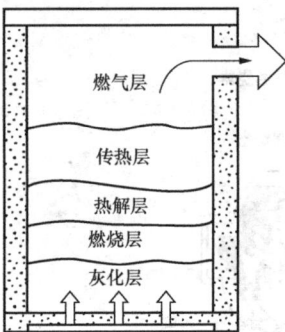

图2-20 气化炉内燃烧层次分布

CAO第一燃烧室的燃烧是在较低的温度控制下，以很低的速度进行。燃烧进程的控制是通过限制空气的进入量低于完全燃烧的需要量的缺氧氛围进行的。在这样的准化学平衡条件下，垃圾加热，脱水，氧化，进而释放出水分和挥发性物质。这样，不挥发的可燃物在第一燃烧室完全燃烧，而不可燃物则积累成灰渣。然后可燃的挥发气体通过一个烟道进入第二燃烧室，并在第二燃烧室着火燃烧，助燃空气使得这些烟气氧化燃烧过程得以完成。图2-20所示为气化炉内燃烧层次分布。

CAO焚烧炉的第二燃烧室是把第一燃烧室中产生的烟气加入助燃空气进一步氧化直至彻底燃烧。通过高温、高搅动的条件对第一燃烧室氧化分解产物进行完全氧化燃烧反应，也称为富氧燃烧。

CAO垃圾处理系统匹配相应的余热锅炉，可组成一个完整的垃圾焚烧系统。余热锅炉与第二燃烧室连接形成一个整体，把第二燃烧室的热烟气转换成过热蒸汽。每个CAO焚烧炉系统与一台余热锅炉相连接，从而组成各自相互独立的系统。当其中一套系统需要停机检修时，其他系统仍然可以正常地工作。

CAO垃圾焚烧产生的烟气进入锅炉依次冲刷炉室管束、过热器、对流管束、省煤器，进行热交换后，由炉后排烟口排出废气。锅炉过热蒸汽温度主要是通过过热器减温器来调节。炉墙采用轻型炉墙结构设计。在对流排管，过热器和省煤器各受热面布置有旋转式吹灰器。定期吹灰以减少受热面的积灰。余热锅炉是热能交换的关键设备，既要满足热能交换，又要满足垃圾焚烧后烟气的不稳定性及腐蚀性的特殊要求。为了适应垃圾成分的变化，保证锅炉产生蒸汽参数的稳定性，要求锅炉的设计有一定的富余量和较强的负荷适应性，故设计时结构布置特别考究，设计难度较大，某些部件还需采用有别于常规锅炉的结构措施。

4. CAO 焚烧炉第一燃烧室的特点

（1）低温：不完全燃烧产生的热量仅用于维持热解过程所需的较低温度，一般控制在650℃。低温燃烧可以使用较为普通的材料，降低了设备的制造成本；减少辅助燃料的消耗；可延长设备的使用寿命；可适应发热量较低的垃圾；可减少烟气中粉尘、重金属的含量，避免了二噁英的产生，降低了对尾气处理的要求；可使金属、玻璃保持原状排出，有利于资源回收。

（2）低搅动度。第一燃烧室中固体废物的移动是通过移动推杆高压、低速运行来完成的，减少了对固体废物的搅动，降低了烟气中的粉尘含量，使物料有序地被加热、烘干、热解、燃烧，降低控制系统的复杂性。

（3）延长物料停留时间。废物在第一燃烧室一般停留 4~6h，可燃物能在低温、低搅动的缺氧条件下完全彻底燃烧。

5. 第二燃烧室的特点

第二燃烧室燃烧的温度控制在 1000℃左右，烟气停留时间为 2s，使可燃气体完全燃烧。减少了氮氧化物的生成，延长了设备的使用寿命，可防止 PDCD 和 PDCF（俗称二噁英）的生成，无须加任何辅助燃料，减少了燃料消耗和支出。

6. CAO 焚烧炉存在的问题及技术改造

（1）推床水箱滑道及下部托轮加设集中加油点如图 2-21 所示。由于推床水箱长期地随着推床前后运动，加上常有灰从推床缝隙中漏出和 150℃左右的高温，如运行人员检查和保养不到位，常常把推床水箱滑道下部的托轮轴承内部的黄油烘干硬化，造成了托轮和轴承的损坏，使推床水箱和托轮由原来的滚动摩擦形成了托轮对推床水箱的滑动摩擦，推床水箱便逐渐磨出了一条沟，开始漏水，从而影响了垃圾处理量和发电量，造成损失和设备损坏。

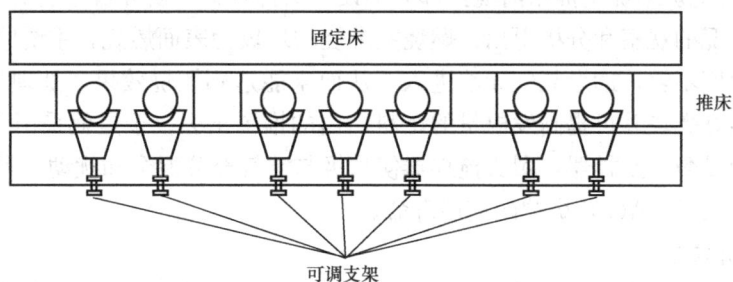

图 2-21　推床水箱滑道及下部托轮加设集中加油点

（2）CAO 焚烧炉燃烧室推床给风管加设可调支架。CAO 焚烧炉燃烧室推床给风管是CAO 焚烧炉燃烧室主要的也是唯一的给氧通道。由于风管长期在高温下工作，所以设计了风管内部用水冷却，在推床前搅拌部分（也是在高温下工作）它和推床水箱及给风管使用同一系统冷却水；在燃烧室推床前搅拌部分水箱留有 7 个大于风管的孔（见图 2-22），风管就是从这里提供氧气给燃烧室的（风管是固定不动的）。

由于给风管固定点只有两点，一个固定点是在后部，一个固定点是后部给风总管（活接头连接），支撑点不平衡，前重后轻，常把活接头拉坏造成漏风，从而使推床前搅拌水箱上的给风管过道和给风管产生摩擦，约 18 个月便摩擦破裂开始漏水。水大量地流向燃烧室内

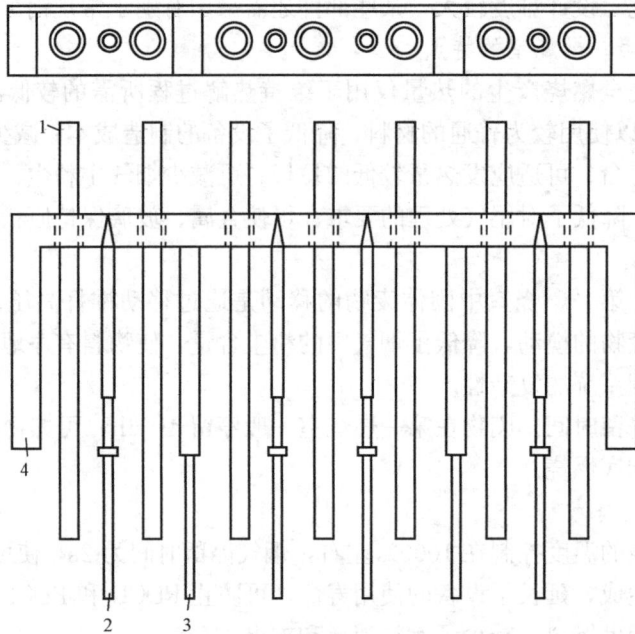

图 2-22　燃烧室推床给风管

1—风管；2—犁头增压器及液压装置；3—推床液压装置；4—推床

的燃料和推床的下部，影响了垃圾处理量和发电量，造成损失和设备损坏。加设了可调式支架，就可使推床前搅拌部分水箱给风管过道和给风管得以调节并留有一定的间隙，使它们之间不产生摩擦或减轻摩擦。

（3）CAO 焚烧炉燃烧室推床前搅拌部分加设犁头搅拌器。研究者通过对 CAO 焚烧炉燃烧和常出生料状况的观察和分析得出：燃烧室燃烧的垃圾为表面燃烧，主要原因是垃圾的密度较大、搅拌力度不够，助燃氧气无法进入，从而未能达到燃烧效果，处理垃圾不够完全，把烘干后能够很好燃烧并可提高发电量的燃料白白的推了出去。于是就采用了 CAO 焚烧炉燃烧室推床前加设犁头搅拌器，犁头搅拌器使垃圾与空气充分混合和扰动，提高了垃圾完全燃烧的程度，延长了 CAO 焚烧炉的使用寿命。

7. CAO 应用前景

在城市垃圾已成为社会一大公害的今天，如何实现垃圾的无害化、减量化、资源化处理，实现城市的可持续发展战略，已成为全社会乃至各级政府迫切关注的问题。采用先进的 CAO 垃圾焚烧技术，不仅可以达到减量化、无害化的目标，实现较好的社会效益，同时通过发电，可获取一定的经济效益。因此，CAO 技术是在目前情况下适合我国国情的垃圾处理方式，值得在大部分城市推广。

CAO 型焚烧炉具有占地面积小、运行费用低、可回收垃圾中的有用物质、总投资小、自动化程度高等特点。但单台焚烧炉的处理量小，处理时间长，目前单台炉的日处理量最大达到 150t，由于烟气在 850℃ 以上停留时间难以超过 1s，烟气中二噁英的含量高，环保难以达标。20 世纪 70 年代初，CAO 垃圾焚烧炉在北美开始研究并投入使用，经过 20 多年的不断改进和更新，技术水平已经相当完善，现在这种炉型不但用于生活垃圾处理，也广泛用于工业垃圾、医疗垃圾等特殊垃圾的处理。

运用垃圾焚烧发电技术,可以有效地实现垃圾的无害化、减量化、资源化处理。1999年我国第一次引进加拿大瑞威环保公司的 CAO 垃圾焚烧炉的焚烧工艺,针对我国垃圾发热量低的情况,在设计上对运行参数加以调整,通过技术改造提高了运行效率。对于垃圾量比较少的地区可以采用该工艺。

五、脉冲抛式炉排焚烧炉

1. 脉冲抛式炉排焚烧炉的工作原理

脉冲抛式炉排焚烧炉的工作原理是垃圾经自动给料单元送入焚烧炉的干燥床干燥,然后送入第一级炉排,在炉排上经高温挥发、裂解,炉排在脉冲空气动力装置的推动下抛动,将垃圾逐级抛入下一级炉排,此时高分子物质进行裂解、其他物质进行燃烧。如此下去,直至燃尽后进入灰渣坑,由自动除渣装置排出。助燃空气由炉排上的气孔喷入并与垃圾混合燃烧,同时使垃圾悬浮在空中。挥发和裂解出来的物质进入第二燃烧室,进行进一步的裂解和燃烧,未燃尽的烟气进入第三燃烧室进行完全燃烧;高温烟气通过锅炉受热面加热蒸汽,同时烟气经冷却后排出。脉冲抛式炉排焚烧炉如图 2-23 所示。

图 2-23 脉冲抛式炉排焚烧炉的外形

2. 脉冲抛式炉排焚烧炉特点

(1) 处理垃圾范围广泛。能够处理工业垃圾、生活垃圾、医院垃圾废弃物、废弃橡胶轮胎等。

(2) 燃烧热效率高。正常燃烧热效率 80% 以上,即使水分很大的生活垃圾,燃烧热效率也在 70% 以上。

(3) 运行维护费用低。由于采用了许多特殊的设计以及较高的自动化控制水平,因此运行人员少(包括除灰渣人员在内一台炉仅需两人),维护工作量也较少。

(4) 可靠性高。经过近 20 年运行表明,此焚烧炉故障率非常低,年运行 8000h 以上,一般利用率可达 95% 以上。

(5) 排放物控制水平高。由于采用二级烟气再燃烧和先进的烟气处理设备,使烟气得到了充分的处理。经长期测试,烟气排放物中 CO 含量 $0.8 \sim 80 mg/m^3$,HCl 含量 $1.18 \sim 1.77 mg/m^3$,NO_x 含量 $39.76 mg/m^3$,完全符合欧美排放标准。烟气在第二、三燃烧室燃烧时温度达 1000℃,并且停留时间达 2s 以上,可使二噁英基本分解,烟气中二噁英的含量为 $0.04 ng/m^3$,远低于欧美标准 $0.1 ng/m^3$。

(6) 炉排在压缩空气的吹扫下,有自清洁功能。

流化床垃圾焚烧炉将在下章专门介绍。

复习思考题

2-1 垃圾元素分析成分有哪些?

2-2　什么是垃圾焚烧炉的炉渣热灼减率？对炉渣热灼减率有何规定？

2-3　有余热锅炉的垃圾焚烧炉输入、输出系统的能量分别有哪些？

2-4　简述垃圾焚烧过程。

2-5　垃圾完全燃烧应具备哪些基本条件？

2-6　垃圾焚烧厂由哪几部分组成？

2-7　垃圾卸料时有哪些注意事项？

2-8　垃圾焚烧炉的炉排和燃烧区各有什么作用？

2-9　垃圾焚烧炉的炉渣排出和储存在设计上有什么要求？

2-10　什么是垃圾焚烧锅炉？垃圾焚烧锅炉的作用是什么？

2-11　绘制采用炉排炉的垃圾焚烧厂的工艺流程图。

2-12　垃圾焚烧炉受热面常采用什么吹灰装置？为什么？

2-13　常用的垃圾焚烧炉有哪些类型？

2-14　写出机械炉排焚烧炉工作原理，分析机械炉排焚烧炉的特点。

2-15　写出往复式炉排炉工作原理，分析往复式炉排炉特点。

2-16　分析二段往复式垃圾焚烧炉工作原理及特点。

2-17　分析滚筒炉排的结构特点及工作原理。

2-18　写出 CAO 垃圾焚烧炉的工作原理。

2-19　分析 CAO 控气型垃圾焚烧炉存在问题及相应的技术改造。

2-20　分析脉冲抛式炉排焚烧炉的工作原理及主要特点。

垃圾的清洁焚烧及热利用

第一节 概 述

一、垃圾焚烧发电的意义

垃圾可资源化，可变废为宝。因此，有人称"垃圾是放错了位置的资源"。

垃圾发电是把各种垃圾收集后，进行分类处理。一是对发热量较高的进行高温焚烧，用垃圾焚烧的热能加热给水，产生高温蒸汽推动汽轮机旋转，带动发电机发出电能。二是对不能燃烧的有机物进行发酵、厌氧处理，最后干燥脱硫产生甲烷，再经燃烧，把热能转化为蒸汽，推动汽轮机旋转，带动发电机产生电能。

全世界每年产生 4.9 亿 t 垃圾，仅中国每年产生近 1.52 亿 t 垃圾。根据环保总局预测，2015~2020 年我国垃圾年产生量将达到 2.1 亿 t。面对垃圾泛滥成灾的状况，世界各国的专家们不仅限于控制和销毁垃圾这种被动"防守"，而是积极采取有效措施，进行科学合理地综合利用垃圾。我国有丰富的垃圾资源，并存在极大的潜在效益。现在，全国城市因垃圾造成的损失约近 300 亿元（运输费、处理费等），而将其综合利用却能创造 2500 亿元的效益。

从 20 世纪 70 年代起，一些发达国家便着手运用焚烧垃圾产生的热量进行发电。最先利用垃圾发电的是德国和法国，近三十年来，美国和日本在利用垃圾发电方面的发展也相当迅速。美国某垃圾发电厂的发电能力高达 100MW，每天处理垃圾 60 万 t。现在，德国的垃圾发电厂每年要花费巨资，从国外进口垃圾。据统计，全球已有各种类型的垃圾处理工厂近千家，预计 3 年内，各种垃圾综合利用工厂将增至 3000 家以上。科学家测算，垃圾中的二次能源如有机可燃物等，发热量高，焚烧 2t 垃圾产生的热量大约相当于 1t 煤。如果中国能将垃圾充分有效地用于发电，每年将节省煤炭 5000 万~6000 万 t，其"资源效益"极为可观。

在发达国家，垃圾处理和资源化利用已成为成熟产业，垃圾发电技术正在向大型化、高效化方面发展。例如欧洲各国制定了严格的垃圾焚烧标准，并严格执行。英国在其非化石燃料公约、德国在其新能源法中规定，垃圾直接焚烧发电电量强制上网，并实施电价补贴或绿色电价。

中国的垃圾发电事业起步较晚，仍处于研究开发的初级阶段，现在的设备和技术基本从国外引进。但是由于中国拥有丰富的垃圾资源，所以蕴含着巨大的资源潜力和潜在的经济效益。进入 21 世纪以来，随着我国电力工业的迅猛发展，发电设备制造业进入快速发展阶段，火电机组产能逐步提升，国产化程度不断提高。近几年来，环保节能成为我国电力工业结构调整的重要方向，垃圾发电得到政策层面的大力扶持，全国各地垃圾发电项目遍地开花。在庞大市场需求的刺激下，电气设备生产企业纷纷涉足垃圾发电设备领域，技术研发成果接连涌现，垃圾发电设备国产化进程加快，中国垃圾发电设备行业进一步发展壮大。

二、垃圾焚烧发电技术项目

1.2011 年新投入运行的生活垃圾焚烧发电厂

2011 年新投入运行的生活垃圾焚烧发电厂在 23 座，总规模约 2.1 万 t/d（见表 3-1），比 2010 年有较大幅度增加。

表 3-1　　　　　　　　　　2011 年新投入运行的生活垃圾焚烧发电厂

名　　称	规模（t/d）	炉型及总投资
海口生活垃圾焚烧发电厂	1200	炉排炉
镇江市垃圾焚烧发电厂	1050	炉排炉
福清垃圾焚烧发电厂	600	炉排炉
扬州市生活垃圾焚烧发电厂	1000	炉排炉
安溪县生活垃圾焚烧发电厂	300	炉排炉
惠安县生活垃圾焚烧发电厂	800	炉排炉
黄石市黄金山生活垃圾焚烧发电厂（一期）	800	炉排炉
海南文昌生活垃圾焚烧发电厂	225	炉排炉
佛山南海生活垃圾焚烧发电厂二期	1500	炉排炉
莆田市城市生活垃圾焚烧发电厂	700	炉排炉
东莞横沥垃圾焚烧发电厂二期	1800	炉排炉
济南生活垃圾焚烧厂	2000	炉排炉
临海市垃圾焚烧发电厂	700	炉排炉
威海垃圾焚烧发电厂	700	炉排炉
双流九江环保垃圾焚烧发电厂	1800	炉排炉
湖北省襄阳恩菲垃圾焚烧发电厂	800	炉排炉
宁德漳湾垃圾焚烧发电有限公司电厂	600	炉排炉
宿迁垃圾焚烧发电厂	600	炉排炉
荆州市集美热电生活垃圾焚烧发电厂	800	循环流化床
昆明西南小海口垃圾焚烧发电厂	1200	循环流化床
安庆山口垃圾焚烧发电厂	800	循环流化床
吉林四平生活垃圾焚烧发电厂	800	循环流化床
浙江丽水市生活垃圾焚烧发电厂	400	其他

　　随着垃圾回收、处理、运输、综合利用等各环节技术不断发展，垃圾发电方式有可能成为最经济的发电技术之一，从长远效益和综合指标看将优于传统的电力生产。

　　根据有关规定，国家为扶持再生能源项目，除保证垃圾发电的电量全部收购上网外，每度电还补贴 0.25 元，同时免征增值税、减免所得税。

　　截至 2011 年年底，我国已投入的生活垃圾焚烧发电厂总数 120 座，总处理能力为 10.2 万 t/d，总装机容量超过 2100MW。其中采用炉排炉的焚烧发电厂有 61 座，合计处理能力达到 5.4 万 t/d，装机容量 943MW，采用流化床的焚烧发电厂有 53 座，合计处理能力达到 4.5 万 t/d，装机容量 1140MW；其余少部分为热解炉和回转窑炉。而"十二五"期间规划的垃圾焚烧发电厂将超过 200 座。

　　目前，垃圾焚烧焚烧厂主要分布在经济较发达的地区和一些大城市，其中长江三角洲和珠江三角洲等沿海经济发达地区占有比例较高，此外，大城市生活垃圾焚烧发电厂的比例也越来越高。

2.2011 垃圾焚烧发电 CDM 项目

CDM（clean development mechanism）是发展中国家参与环保合作的一种新型国际合作机制。该机制是发达国家提供资金和技术援助，在发展中国家境内实施温室气体减排项目；通过购买发展中国家二氧化碳减排指标，发达国家抵消国内温室减排高成本的指标。由于加拿大政府在《京都议定书》之后一直在努力寻求通过 CDM 机制实现这一目标，中国政府也在为减少温室排放而探索更为广阔的国际合作方式，因而有了两国政府间共同签署的中加合作宁夏 CDM 能源建设示范项目。这一合作项目是两国政府共同履行《联合国气候变化框架公约》和《京都议定书》承诺义务，共同开发利用 CDM，以加拿大政府赠款方式支持中国 CDM 建设的一个具体步骤。已批准申请 CDM 的垃圾焚烧发电项目见表 3-2。

表 3-2　　　　　　　　　　　已批准申请 CDM 的垃圾焚烧发电项目

序号	项目名称	项目业主	国外合作方	估计年减排量（tCO$_2$ 当量）
1	深圳宝安区老虎坑垃圾焚烧发电厂二期工程项目	深圳能源环保有限公司	单边项目	573 110
2	永康市垃圾焚烧发电厂项目	永康市伟明环保能源有限公司	法国电力贸易有限公司	127 056
3	沧州垃圾发电厂项目	河北建投沧海环能发电有限责任公司	法国电力贸易有限公司	94 822
4	河北灵达垃圾转化热电站二期工程项目	河北灵达环保能源有限责任公司	法国电力贸易有限公司	98 130
5	开封市城市垃圾焚烧发电项目	开封中节能再生能源有限公司	单边项目	74 829
6	合肥市生活垃圾焚烧发电厂项目	合肥热电集团有限公司	邦基碳资产有限基金	213 210
7	福清市生活垃圾焚烧发电项目	创冠环保（福清）有限公司	Fine Carbon Fund Ky，Nordic Carbon Fund Ky，GreenStream Network Plc 和 Fine Post-2012 Carbon Fund Ky	151 136
8	滨海新区大港垃圾焚烧发电厂工程	天津滨海环保产业发展有限公司	单边项目	82 285
9	玉环县生活垃圾焚烧发电工程	玉环伟明环保能源有限公司	法国电力贸易有限公司	52 632
10	厦门西部垃圾焚烧发电项目	厦门市环境能源投资发展有限公司	J-TEC 有限公司	87 018
11	厦门东部垃圾焚烧发电项目	厦门市环境能源投资发展有限公司	J-TEC 有限公司	86 477
12	惠安县生活垃圾焚烧发电项目	创冠环保（惠安）有限公司	Fine Carbon Fund Ky，Nordic Carbon Fund Ky，GreenStream Network Plc 和 Fine Post-2012 Carbon Fund Ky	169 144
13	舟山市垃圾焚烧发电工程项目	舟山旺能环保能源有限公司	Originate Carbon Limited	73 530
14	荆州市垃圾焚烧发电项目	荆州市集美热电有限责任公司	Originate Carbon Limited	99 725

CDM 机制的实施，为垃圾焚烧发电项目的实施提供了一种融资方式。各地积极参与申报 CDM 项目，2011 年（截至 2012 年 1 月 9 日）新增加 14 个垃圾焚烧发电项目得到国家发改委批准（见表 3-2），共计可实现年减排量约 268 万 t（tCO_2e）是申请获准填埋气发电体项目减排量的 4 倍以上。尽管垃圾焚烧余热利用对温室气体减排的贡献是显著的，但申请 CDM 最终获得减排指标出售收益还存在明显的不确定因素。

荆州垃圾发电项目是荆州"十一五"规划 5 个重点能源建设项目之一，年处理城市生活垃圾 26.67 万吨，年发电 1.3 亿度。荆州垃圾发电厂是荆州市唯一一家生活垃圾发电厂，日焚烧处理城市生活垃圾可达 800 吨，目前荆州中心城区每天只产生生活垃圾 450 吨左右，远远不能满足企业所需，如何解决缺"粮"问题呢？针对荆州垃圾发电厂缺"粮"这种情况，荆州拟将公安县、江陵县生产的生活垃圾运到荆州垃圾发电厂集中处理。

第二节　炉排炉垃圾焚烧发电厂

垃圾焚烧发电厂是利用燃烧垃圾所释放的热能发电的火电厂（见图 3-1），与常规火力发电过程基本相同。垃圾发电所需设备除电厂锅炉、汽轮机、发电机等常规火电设备，还包括密闭垃圾堆料仓、垃圾焚烧炉等专用设备，垃圾焚烧发电厂工作流程为

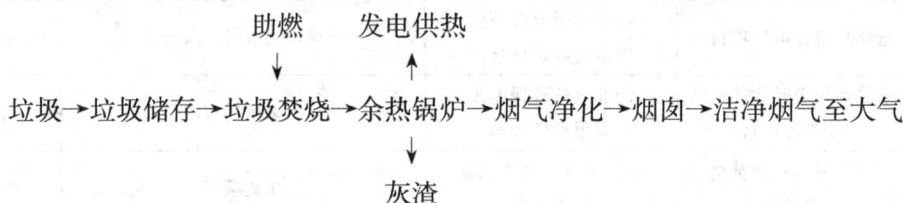

```
       助燃      发电供热
        ↓         ↑
垃圾→垃圾储存→垃圾焚烧→余热锅炉→烟气净化→烟囱→洁净烟气至大气
                  ↓
                灰渣
```

图 3-1　垃圾焚烧发电厂

焚烧炉：利用高温氧化作用处理生活垃圾的装置。

处理量：单位时间焚烧炉焚烧垃圾的质量，t/h。

烟气停留时间：燃烧气体从最后空气喷射口或燃烧器到换热面（如余热锅炉换热器等）或烟道冷风引射口之间的停留时间。

一、炉排式垃圾焚烧炉工艺系统

1. 炉排炉燃烧过程

垃圾在炉排中焚烧是一个复合过程，包括烘干→干馏→点燃→气化→燃烧→燃尽。

（1）烘干。垃圾进入炉排上形成料层，开始受从底部通入的热空气或热烟气的（大于180℃）烘干，并接受部分炉内辐射热，烘干过程中垃圾从室温升到100℃以上，烘干产生的水蒸气被热空气或热烟气带走。

（2）干馏。随着垃圾水分逐渐降低，料层温度逐渐上升到250℃，这时垃圾中的某些有机成分开始从固相转化成气相，发生了受热分解，释放出挥发分。在这个阶段，由于没有燃烧，不需要氧气，热解所需能量主要来自后部燃烧区域及高温炉壁的辐射。

（3）点燃。挥发分从固相释放出来后在温度稍高的区域（如大于300℃）被点燃，点燃

的条件是有足够的燃料（气态）浓度，足够的点火能量以及必要的氧气。

（4）气化。当挥发分点燃后，垃圾料层温度明显上升，可达 400℃左右，这时氧开始与垃圾料层热解后的碳发生气化作用生成 CO 等。对炉排炉而言，400℃是防止炉排温度过高的限值，必须避免炉排表面温度过高。

（5）燃烧。热解、气化产生的气态可燃物在空间燃烧，残炭则在料层中燃烧，燃烧的温度可达 1000℃，这时火焰主要是在垃圾料层上方，炉排由于通风良好，其温度仍在 400℃左右或更低。在燃烧过程中，为了降低烟气中 CO，应有足够的氧气和温度，当氧气过多且温度过高（如 1200℃）时，NO_x 生成量会显著增加，因此，燃烧组织及其优化控制是十分重要的一环。

（6）燃尽。料层通过旺盛燃烧区域后，仍有少量可燃质会继续燃烧，炉渣在通过燃尽段后离开炉排表面并被排出。

2. 炉排炉完全燃烧条件

炉排炉燃烧是层状燃烧，为保证垃圾的完全燃烧，必须满足以下关键条件：

（1）垃圾与氧气的充分混合，垃圾燃烧过程中，沿炉排长度方向的氧气需求量是不均匀的。图 3-2 所示为炉排沿长度方向的配风分布示意。配风的原则是"按需分配"，即烘干、燃烧、燃尽各区域所送的风量是不同的。合理的办法是采用分仓送风，将炉排下部分成几个区域，相互隔开，即分成不同的风室。通过每个风室送入炉排的风量可以单独调节。例如，在炉排下各风室的入口装上调节风门，调节其开度就能控制送入各风室的一次助燃空气量，使送风很好地配合燃烧过程，以提高燃烧效率。各区域所送的风量一般通过理论估算、火焰温度分布的测量、炉膛烟气成分测量以及运行经验等多种因素综合分析得出。

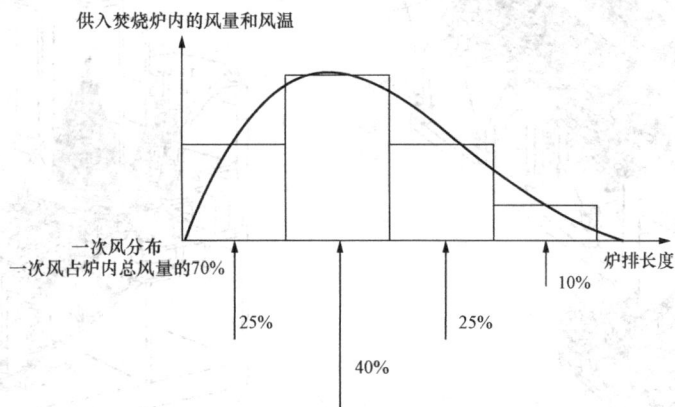

图 3-2 炉排沿长度方向的配风分布示意

（2）垃圾料层的充分搅拌、翻动与混合，以求得到尽可能均匀的燃料特性。如第一章所述，垃圾作为燃料有三个特点：多成分、多形态，高水分、高挥发分，低发热量、低固定碳。由于垃圾组分的不均匀性，在炉排上翻滚、混合就特别重要，可以说也是炉排性能优劣的主要判别指标之一。

（3）燃烧室设计要满足烟气中可燃组分充分燃尽的要求，这不仅涉及燃烧效率问题，更主要的是为了保证排放的烟气中 CO、总烃和二噁英类（PCDD/Fs）的浓度符合标准，必须尽可能降低焚烧炉出口（即尾气净化系统入口）的污染物原始浓度。GB 18485—2001 对焚烧炉技术性能要求见表3-3。

表3-3　　　　　　　　　　　　焚烧炉技术性能

项目	出口烟气温度 （℃）	烟气停留时间 （s）	焚烧炉渣热灼减率 （%）	焚烧炉出口烟气中氧含量 （%）
指标	≥850	≥2	≤5	6～12
	≥1000	≥1		

　　生活垃圾焚烧炉一般都配备相应的余热锅炉。余热锅炉的配置有两种基本形式：一是炉与锅分离，即前面的焚烧炉，绝热焚烧后的烟气进入后面的余热锅炉（受热面）；二是炉与锅有机结合成整体，即焚烧炉的燃烧室内布置受热面，一般是水冷壁，这与电厂锅炉相似。大型生活垃圾焚烧炉由于结构原因大多采用一体式垃圾焚烧锅炉形式，因此不单独在此对余热锅炉进行描述，只在本章第三节介绍余热发电时予以叙述。

　　图3-3所示为整体垃圾焚烧炉排炉示意，图3-4所示为分体式垃圾焚烧炉排炉（含余热锅炉）示意。

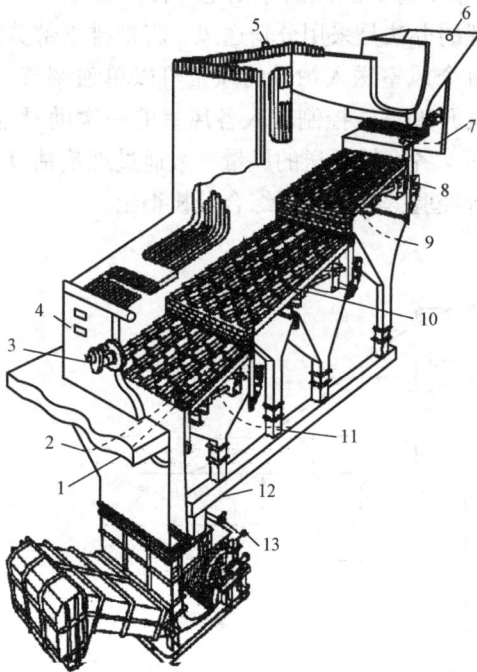

图3-3　炉排式焚烧炉炉排整体示意
1—固定炉排片；2—移动炉排片；3—点火燃烧器；4—观察窗；
5—锅炉水冷壁；6—垃圾进料斗；7—供给段炉排；
8—炉床油压缸；9—烘干段炉排；10—燃烧段炉排；
11—燃尽段炉排；12—底灰输送带；13—除渣机

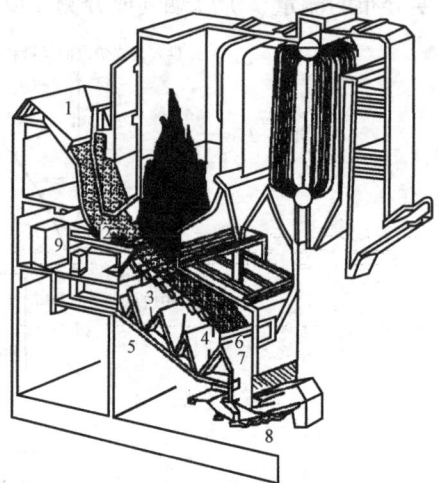

图3-4　分体式垃圾焚烧炉排炉的示意
1—垃圾料斗；2—垃圾推料器；3—炉排；
4—风室；5—出灰管；6—落灰调节器；
7—落灰管；8—除渣机；
9—炉排控制盘

二、炉排式焚烧炉的工艺流程

1. 系统流程

　　生活垃圾的焚烧本质上与其他燃料相同，都是有机物在高温下的氧化放热反应，但由于垃圾作为燃料在成分上的特殊性，使得入炉前后的处理较为复杂，这也是垃圾焚烧系统与通常的煤燃烧系统有较大的差异的原因。图 3-5 所示为垃圾从进厂到渣、灰和烟气的整个焚烧过程的原则性框图。它包括燃料供应系统、焚烧系统、汽水系统、烟气净化系统、除灰除渣系统。

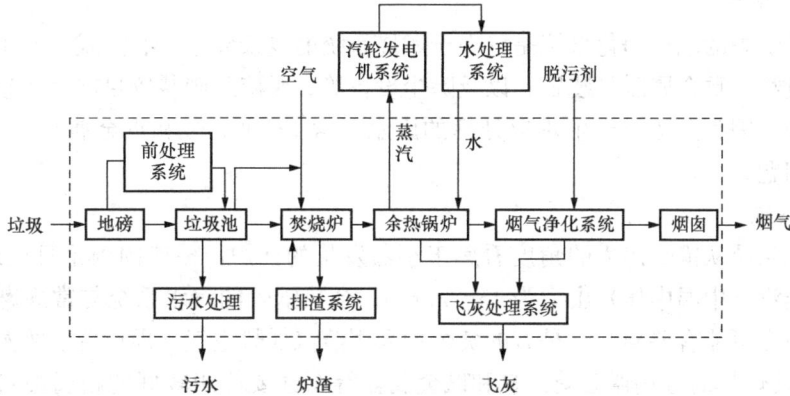

图 3-5　垃圾焚烧工艺流程

　　垃圾焚烧发电的工作过程（见图 2-5）：垃圾运输车经过地磅称量后进入封闭的倾卸区，把垃圾卸入垃圾坑内储存，坑内渗沥液首先考虑喷入炉内焚化，若渗沥液太多，无法全部喷入炉内，则考虑送入污水处理厂处理。坑内垃圾存放一定时间（2~5 天）后由抓吊行车送入焚烧炉料斗，进入炉内焚烧。焚烧产生的灰渣根据排放点的不同分为炉渣和飞灰，从焚烧炉燃烧室底部排出的是炉渣，从燃烧室顶部随烟气进入余热锅炉（或尾部受热面）和净化系统的是飞灰。焚烧产生的烟气经烟气净化系统由引风机引入烟囱排至大气。从粗除尘器、脱污塔、袋式除尘器排出的飞灰和反应后的脱污剂（其中有未反应的成分）由除灰系统排出。燃烧所需空气则由送风机从垃圾坑内抽取，余热锅炉中的介质是软化、除氧后的水，产生的过热蒸汽送往汽轮机。

　　2. 燃料供应

　　垃圾在储坑内用抓吊行车抓出，投放到进料斗中，进料斗入口一般设在与垃圾池相通而与焚烧炉隔开，防止垃圾的气味进入焚烧车间。

　　点火及助燃用油则在厂区内设置储油罐，用油泵把油输送到炉前。油罐的设置及防护要满足生产与消防的要求。

　　3. 烟风系统

　　现代炉排式焚烧炉基本上都采用平衡通风，即设置送风机和引风机，两者之间的流动阻力由两台风机的压头克服，而且燃料所需的空气全部由送风机（有的焚烧炉设一、二次风机）提供，燃烧产生的烟气由引风机排出，送、引风机之间是密闭的流道。

　　垃圾焚烧炉内送入的空气，可分为从炉排底下进入的一次助燃空气和促使炉内可燃气体充分燃烧而送入燃烧室的二次助燃空气。一、二次燃烧用空气可以由一台送风机送风，经过分流后成为一、二次助燃空气（即分离式），也可由两台送风机独立送风（即分离式）。分离式的优点是可以根据一、二次风所需的不同风量、温度等条件单独控制，操作较为灵活；缺点是设备投资相对较高。

4. 除灰除渣系统

炉膛内的渣由末级炉排片推入排渣口后落入渣坑，再由除渣机（大多用湿法刮板捞渣机或链带式除渣机）排出，再由输送带或汽车运走。飞灰在尾气净化系统中被分离，然后用密闭式输灰机（如螺旋输灰机、仓泵或刮板输灰机）输送到储仓或飞灰固化车间进行处理。

5. 烟气净化系统

炉排式焚烧炉的烟气净化系统是仅次于燃烧系统的复杂装置，有湿式、半干式、干式脱酸装置和有机物、重金属脱除装置，以及除尘设备等。脱硫脱硝装置目前使用较多的是半干式和干式系统，因为湿法会产生难以处理的废水（含 PCDD/Fs 和重金属）。下一章将进一步论述相关问题。

6. 汽水系统

垃圾焚烧系统从锅炉出力的角度看属于小蒸发量的锅炉，一般国内是日处理 300t 垃圾的焚烧炉，蒸汽（中温中压）出力为 15～25t/h。余热锅炉的汽水系统与常规燃煤锅炉基本相同，其中两点可能有差异：一是有的焚烧炉采用蒸汽加热空气（即设置一级蒸汽式空气预热器），二是焚烧炉的过热器会受到氯和碱金属盐等腐蚀要使用较好的耐腐蚀材料（一般是提高材料中 Ni 与 Cr 的含量），或避开腐蚀强烈的温度区间。

三、焚烧炉烟囱技术要求

（1）焚烧炉烟囱高度要求。焚烧炉烟囱高度应按环境影响评价要求确定，但不能低于表 3-4 规定的高度。

表 3-4　　　　　　　　　　　焚烧炉烟囱高度要求

处理量（t/d）	烟囱最低允许高度（m）
<100	25
100～300	40
>300	60

（2）焚烧炉烟囱周围半径 200m 距离内有建筑物时，烟囱应高出最高建筑物 3m 以上，不能达到该要求的烟囱，其大气污染物排放限值应按表 6-6 规定的限值严格 50% 执行。

（3）由多台焚烧炉组成的生活垃圾焚烧厂，烟气应集中到一个烟囱排放或采用多筒集合式排放。

（4）焚烧炉的烟囱或烟道应设置永久采样孔，并安装采样监测用平台。

（5）生活垃圾焚烧炉除尘装置必须采用布袋式除尘器。

四、余热锅炉热效率

1. 热平衡概念

燃料在锅炉中燃烧放出大量的热，其中绝大部分被锅炉受热面内的工质吸收，这是被有效利用的热量。但在锅炉运行中，燃料实际上不可能完全燃烧，其可燃成分未燃烧造成的热量损失称为锅炉未完全燃烧热损失。此外，燃料燃烧放出的热量也不可能完全得到有效利用，有的热量被排烟、灰渣带走或透过炉墙散失到周围环境中。这些损失的热量，称为锅炉热损失，它的大小决定了锅炉的热效率。

从能量平衡的观点来看，在稳定工况下，输入锅炉的热量应与输出锅炉的热量相平衡，锅炉的这种热量收、支平衡关系，称为锅炉热平衡。输入锅炉的热量是指伴随燃料送入锅炉的热量，输出锅炉的热量可以分成两部分，一部分是有效利用热量，另一部分是各项热损失。

锅炉热平衡是按 1kg 固体或液体燃料（对气体燃料则是 $1m^3$，标准状态下）为基础进行计算的。在稳定工况下，锅炉热平衡方程式可写为

$$Q_r = Q_1 + Q_2 + Q_3 + Q_4 + Q_5 + Q_6 \quad kJ/kg \qquad (3-1)$$

式中：Q_r 为锅炉的输入热量，kJ/kg；Q_1 为锅炉的有效利用热量，kJ/kg；Q_2 为排烟损失的热量，kJ/kg；Q_3 为气体未完全燃烧损失的热量，kJ/kg；Q_4 为固体未完全燃烧损失的热量，kJ/kg；Q_5 为散热损失的热量，kJ/kg；Q_6 为灰渣物理热损失的热量，kJ/kg。

将上式两边都除以 Q_r，并乘以 100%，则可建立以百分数表示的热平衡方程式，即

$$100 = q_1 + q_2 + q_3 + q_4 + q_5 + q_6 \quad \% \qquad (3-2)$$

式中：q_1 为锅炉有效利用热量占输入热量的百分数，$q_1 = \dfrac{Q_1}{Q_r} \times 100\%$；$q_2$ 为排烟损失的热量占输入热量的百分数，$q_2 = \dfrac{Q_2}{Q_r} \times 100\%$；$q_3$ 为气体未完全燃烧损失的热量占输入热量的百分数，$q_3 = \dfrac{Q_3}{Q_r} \times 100\%$；$q_4$ 为固体未完全燃烧损失的热量占输入热量的百分数，$q_4 = \dfrac{Q_4}{Q_r} \times 100\%$；$q_5$ 为散热损失的热量占输入热量的百分数，$q_5 = \dfrac{Q_5}{Q_r} \times 100\%$；$q_6$ 为灰渣物理热损失的热量占输入热量的百分数，$q_6 = \dfrac{Q_6}{Q_r} \times 100\%$。

2. 热平衡系统界限

烟道式余热锅炉热平衡系统界限和一体式余热锅炉（包括焚烧炉）热平衡界限分别见图 3-6 和图 3-7。图 3-8 为一体式余热锅炉热平衡图。

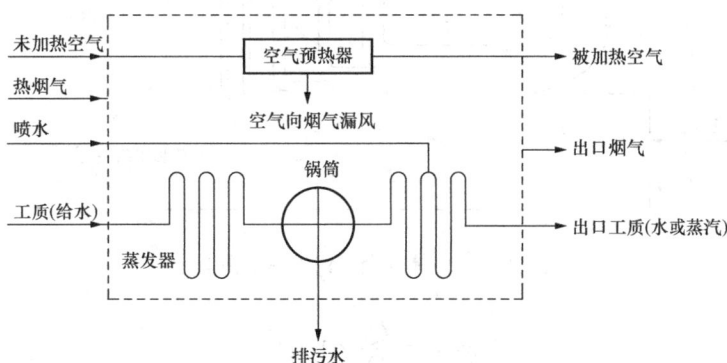

图 3-6　烟道式余热锅炉热平衡系统界限

在图 3-6 中，系统输入的热量为热烟气和一定温度的未加热空气带入热量以及过热器减温水与给水热量之差。输出热量为被加热空气以及出口蒸汽、排污水、疏水与给水热量之差。

3. 余热锅炉热效率

锅炉热效率可以通过两种方法得出。一种方法是测定输入热量 Q_r 和有效利用热量 Q_1 计算锅炉热效率，称为正平衡求效率法，即

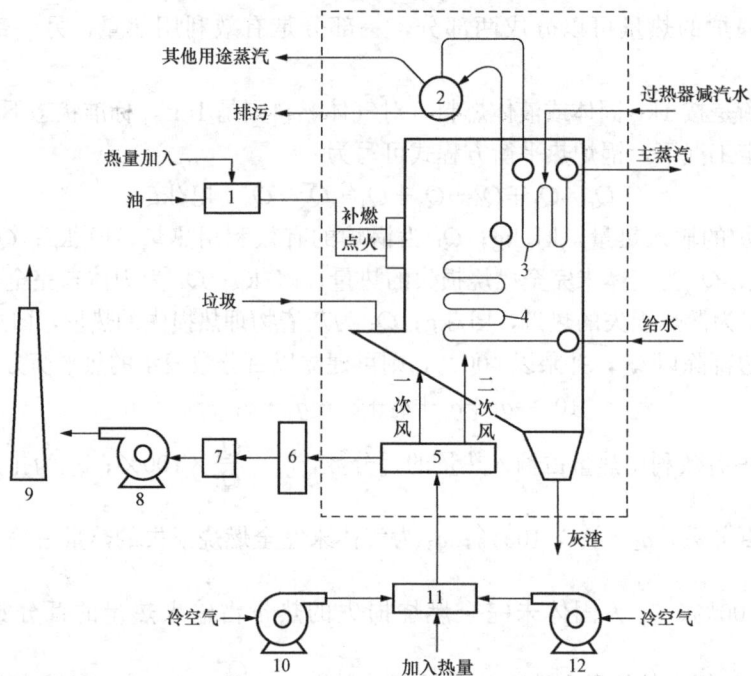

图 3-7　一体式余热锅炉热平衡系统界限

1—油加热器；2—锅筒；3—过热器；4—省煤器；5—烟气空气预热器；6—脱酸器；7—除尘器；

8—引风机；9—烟囱；10——次风机；11—空气加热器；12—二次风机

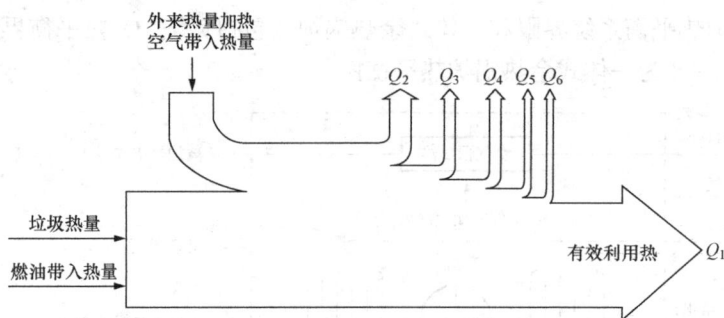

图 3-8　一体式余热锅炉热平衡图

$$\eta = q_1 = \frac{Q_1}{Q_r} \times 100\% \qquad (3-3)$$

　　另一种方法是测定锅炉的各项热损失 q_2、q_3、q_4、q_5、q_6 计算锅炉热效率，称为反平衡求效率法，即

$$\eta = q_1 = 100 - (q_2 + q_3 + q_4 + q_5 + q_6) \quad \% \qquad (3-4)$$

对于蒸汽压力大于或等于 3.82MPa 的一体式余热锅炉，宜用反平衡法求效率。

五、一体式余热锅炉受热面的腐蚀与防治

　　由于城市垃圾的成分复杂，氯化物、碱金属、与腐蚀相关的重金属及低熔点混合物、泥沙、厨余物、较多的水分等。这些特殊的、不可避免的成分，在垃圾焚烧过程中，一旦条件成熟，就会对一体式余热锅炉受热面金属产生腐蚀。最常见的是过热器高温腐蚀和尾部受热面的低温腐蚀。此外，当一体式余热锅炉工质压力提高的一定值以上，炉膛水冷壁也会发生高温腐蚀。

一体式余热锅炉受热面管壁金属温度与腐蚀速度有着直接关系，其关系见图3-9所示。

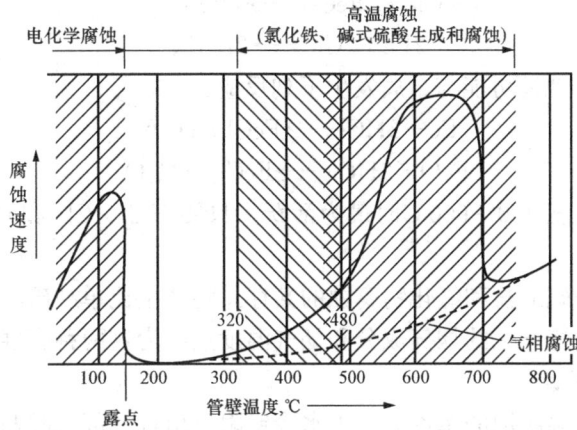

图3-9 管壁温度与腐蚀速度的关系

1. 受热面的腐蚀类型

一般状态下，碳素钢和碳素合金钢（以下简称金属）的锅炉受热面在运行时都覆盖着飞灰附着物。附着层由浸润性附着内层和外附着层组成。附着层再向内是已形成的金属氧化膜和金属。只要氧化膜不被破坏和不变为疏松、易脱落的不能保护管壁的氧化物，管壁就不会受到腐蚀。

当烟温、工质温度使管壁温度达到一定值时，氧化膜就可能破坏，管壁金属发生腐蚀。腐蚀形式有三种，主要有气相腐蚀和熔盐腐蚀，以及它们的组合。

（1）气相腐蚀。燃烧产物（致腐气体）通过附着层的物理性渗透到管壁，生成的产物或者崩落，或者升华脱离管壁。

（2）熔盐腐蚀。致腐气体化合物通过附着层中的溶池对管壁进行腐蚀反应，由熔盐对金属氧化膜进行腐蚀，使氧化反应前沿不断向基体深入，是一种熔盐内氧化腐蚀，腐蚀产物的脱离往往依赖溶池的迁移。

（3）在致腐气体渗入时的熔盐腐蚀，也称为复合型腐蚀。

2. 过热器高温腐蚀

一体式余热锅炉过热器高温腐蚀是氯化物（HCl）气体和SO_3、Cl_2和气体对管壁的间接和直接腐蚀，以及焦硫酸盐和碱金属对管壁的熔盐腐蚀。

当烟气温度在770℃以上时，烟气中熔融的R_2O的RCl（R为Na、K等碱金属）随着烟气冲刷管子并凝结在管壁上，同时还与烟气中的SO_3和水蒸气反应。

氯化物和氯气对过热器管壁的腐蚀如下：

HCl溶于焦硫酸盐中，破坏管壁氧化膜和金属，其反应式为

$$Fe_2O_3 + 6HCl \longrightarrow 2FeCl_3 + 3H_2O \qquad (3-5)$$

Fe_2O_3的熔点为282℃，挥发快。腐蚀产物与其他氯化物（RCl）一起渗入熔池，当接触到管壁，发生下列反应：

$$Fe + 2FeCl_3 \longrightarrow 3FeCl \quad\quad\quad (3-6)$$

$$4FeCl_3 + 3O_2 \longrightarrow 2Fe_2O_3 + 6Cl_2 \uparrow \quad\quad\quad (3-7)$$

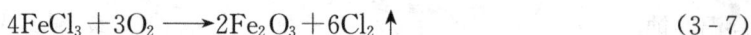

氯具有很强的氧化性，发生如下反应：

$$Cl_2 + 2FeCl_2 \longrightarrow 2Fe_2Cl_3 \quad\quad\quad (3-8)$$

$$2Fe + 3Cl_2 \longrightarrow 2FeCl_3 \quad\quad\quad (3-9)$$

此外，HCl 进入熔池还可能与金属发生下列反应：

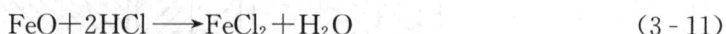

$$Fe + 2HCl \longrightarrow FeCl + H_2 \uparrow \quad\quad\quad (3-10)$$

$$FeO + 2HCl \longrightarrow FeCl_2 + H_2O \quad\quad\quad (3-11)$$

以上反应在管壁温度 400～600℃时最为活跃。只要 HCl、Cl_2 和 O_2 不断补充，腐蚀反应就一直进行下去。

值得重视的是，焦硫酸盐和氯化物腐蚀的共存，将产生比单纯硫酸盐高温腐蚀更严重的双重加速腐蚀。垃圾焚烧产生的烟气成分和烟气温度正好为这两种腐蚀提供了必要的条件。

3. 水冷壁的高温腐蚀

造成炉膛水冷壁高温腐蚀的条件为：①水冷壁附近出现局部或间断性还原性气氛；②烟气成分中存在硫化物和氯化物；③水冷壁壁温满足腐蚀反应所要求的条件。

当水冷壁附近出现还原性气氛时，会造成 SO_3 和 H_2S 的增加。H_2S 对管壁的腐蚀在壁温大于 300℃就开始，并随壁温的升高而加剧。还原性气氛本身还导致灰熔点降低，灰沉积过程加快；垃圾焚烧烟气成分中含有腐蚀性成分（氯化物、硫化物等）比一般矿物燃料高得多；炉内烟气中 HCl 浓度也较高，HCl 破坏管壁氧化膜，使管壁直接受到 HCl 和 H_2S 腐蚀。

研究表明，当燃料成分中氯含量大于或等于 0.35％时，腐蚀倾向最为严重。$FeCl_2$ 的汽化点很低，生成后即速挥发尽，使管壁直接暴露于烟气而进一步腐蚀下去。

由于垃圾焚烧（炉排）的特点，不可避免地会出现间隔性还原气氛，并且随着一体式余热锅炉向高参数发展，水冷壁内工质温度也将提高，一旦达到腐蚀温度区域，管壁很快腐蚀。

4. 尾部受热面低温腐蚀（电化学腐蚀）

如图 3-9 所示，当金属壁温小于或等于 150℃时，金属腐蚀速度也非常快，腐蚀主要发生在烟气空气预热器和省煤器。

垃圾中含硫和氯物质燃烧生成 SO_3 和 HCl 在烟气温度较低时，结露成为硫酸和盐酸，对金属材料造成酸腐蚀。由于垃圾成分中氯的含量较高，烟气中水蒸气（H_2O）含量较大，不但为酸的形成创造了条件，而且还使硫酸和盐酸露点升高，因此一体式余热锅炉低温腐蚀的金属壁温略高于燃煤锅炉的酸露点温度。

5. 防止和减轻腐蚀的手段

（1）调节好燃烧工况，采用合适过量空气系数，合理布置二次风喷嘴，选择合适的二次风量，使燃烧产生的烟气均匀、炉膛出口烟温平稳、波动小。

（2）一体式余热锅炉尾部金属壁温大于 150℃，适当提高尾部受热面工质温度。

（3）限制进入过热器烟气温度不超过 600～650℃。

（4）设计合适过热器流程和主蒸汽参数，注意蒸汽温度和受热面热负荷组合合理，使在满足主蒸汽参数的前提下过热器壁温不致于过高。

（5）适当加厚可能处于腐蚀温度区域受热面管壁厚度，或设法将易腐蚀段布置在不受一体式余热锅炉烟气气氛影响的位置。

（6）采用振打式清灰或超声波清灰。

（7）受热面区烟气速度不宜太高，采用防磨结构，防止烟气侧磨损。

（8）采用防高温腐蚀的 GH "625"、GH "825" 复合材料制作高温段过热器管材，或采用防高温腐蚀材料在易腐蚀段喷涂一定厚度。

（9）布置在立式烟道内的蒸发受热面进行水循环安全计算，以防出现汽水分层。

（10）最重要的是从垃圾源头减少垃圾中氯和硫化合物。

第三节　热回收与发电系统

中小型垃圾焚烧炉有的不回收垃圾焚烧产生的热能，有的回收后只进行供水或采暖的利用。大型垃圾焚烧炉（通常单炉日处理能力 150t 以上）一般把垃圾焚烧产生的热能回收，生产过热蒸汽并发电（或热电联供），本节简要介绍热回收系统和汽轮发电机的热力系统。实际上，垃圾焚烧发电的汽轮发电机组与常规的小型火力发电设备并无结构上的差异，只不过运行工况及方式略有不同而已。限于篇幅，本书不介绍发电机及输变电、继电保护等系统。

一、热回收系统

热回收系统是把垃圾（入炉燃料）焚烧产生的热量通过吸热介质（水、空气、有机热载体）回收利用的装置，其实就是锅炉（或余热锅炉）。余热锅炉分为分体式和整体式（一体式）垃圾锅炉。焚烧设备与热回收设备相互独立，以串联方式连接的为分体式垃圾锅炉或烟道式余热锅炉，如图 3-10 所示。焚烧设备与热回收设备相互渗透构成一个有机整体的为整体式垃圾锅炉，如图 3-11 所示。就发展趋势而言，中小型的垃圾焚烧锅炉较多采用分体式结构，现代化大型垃圾焚烧锅炉多采用整体式结构。

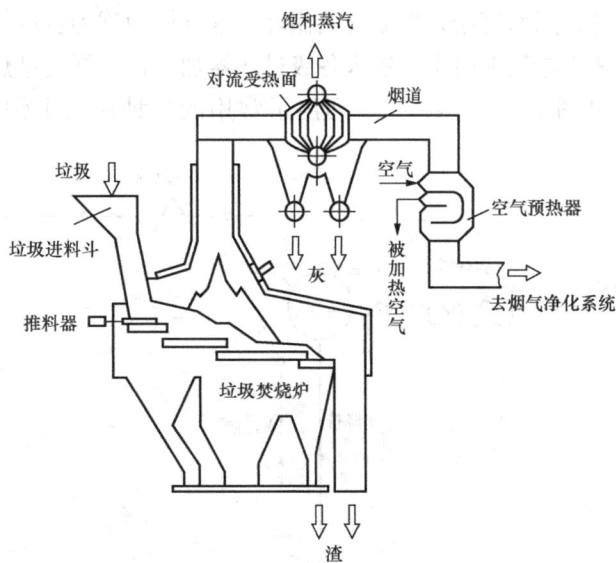

图 3-10　烟道式余热锅炉

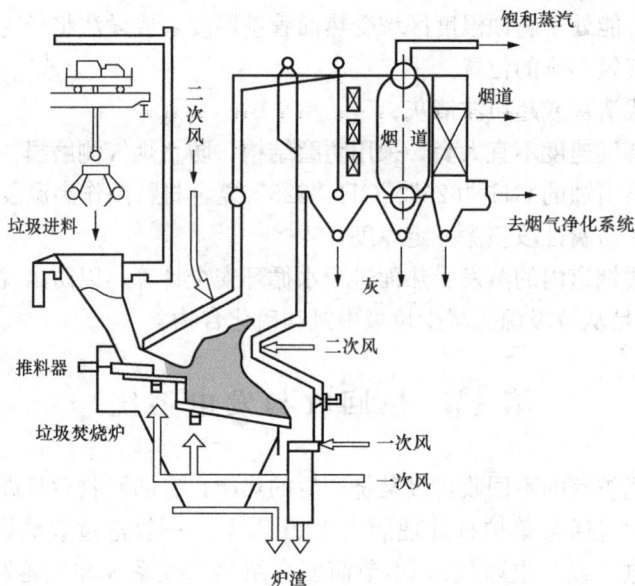

图 3-11　一体式垃圾锅炉

　　无论是分体式还是整体式其基本流程是一致的。一般以中压（3.8MPa）、次中压（2.5MPa）、次高压（5.3MPa）为主，自然循环，过热蒸汽温度为 300～450℃。

　　经过水处理系统除盐、除氧的软化水，由给水泵送到省煤器加热至接近饱和或有少量沸腾度，送至汽包，进入由汽包、下降管、水冷壁、联箱及连接管道构成的自然循环蒸发回路中。汽包中的水沿炉外不受热的下降管分配到蒸发受热面的下联箱，再进入水冷壁内，因吸收炉内火焰和烟气的辐射热，进一步加热升温成饱和水，并使部分水变成饱和蒸汽，此时水冷壁管子中的工质是汽水混合物。汽水混合物向上又流入汽包，在汽包内通过汽水分离装置进行汽和水分离，分离出来的水留在汽包下部，连同不断进入汽包的给水一起又下降，随后在水冷壁吸热而又上升，周而复始，形成自然循环，这种锅炉称为自然循环锅炉。汽包中分离出来的饱和蒸汽，从汽包顶部引出，进入各级过热器加热达到规定过热汽温后经主蒸汽管道送往汽轮机做功，见图 3-12。表 3-5 列出了常用的三种压力下饱和温度和过热蒸汽温度。

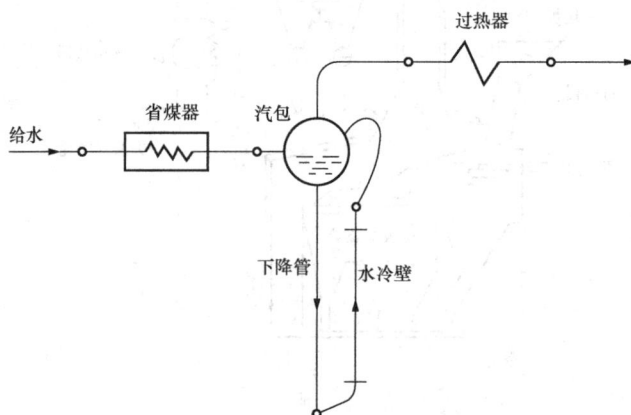

图 3-12　汽水系统图

表 3-5 三种压力下饱和温度、过热蒸汽温度

压力 p（MPa）	2.4	3.8	5.3
饱和温度 t_s（℃）	221.63	247.03	267.40
过热蒸汽温度 t_{sup}（℃）	300/350	350/400/450	400/450

为了满足汽轮机进汽参数（温度、压力）的稳定性要求，通常把过热器设计得比实际需要量大一些，然后把过热器分为两级或多级，即高温过热器和低温过热器，在两级之间串联一个喷水减温器（见图 3-13），以直接向蒸汽喷水的方式降低蒸汽温度，从而使高温过热器出口的蒸汽温度稳定，这样就可以克服设计偏差和运行工况的波动，使过热蒸汽温度保持在设计值。调节喷水量即可调节过热蒸汽的温度。

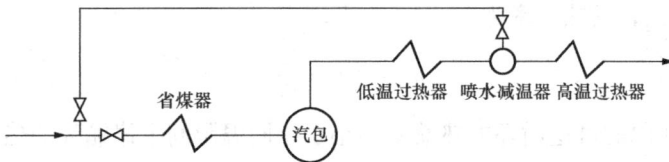

图 3-13 过热蒸汽系统示意

喷水减温器具有结构简单、操作方便、调温灵敏，调温范围大，易于实现自动调节等优点，因此它是锅炉过热蒸汽的主要调温手段。

二、热力循环系统

垃圾焚烧发电厂的生产过程存在着三种能量转换：在锅炉中垃圾的化学能转变为蒸汽的热能，在汽轮机中蒸汽的热能转变为机械能，在发电机中机械能转变为电能。

能量转换形式如下：

$$化学能 \xrightarrow{锅炉} 热能 \xrightarrow{汽轮机} 机械能 \xrightarrow{发电机} 电能$$

1. 卡诺循环

（1）组成。由两个定温过程和两个绝热过程组成的两恒温热源间的可逆循环，如图 3-14 所示。

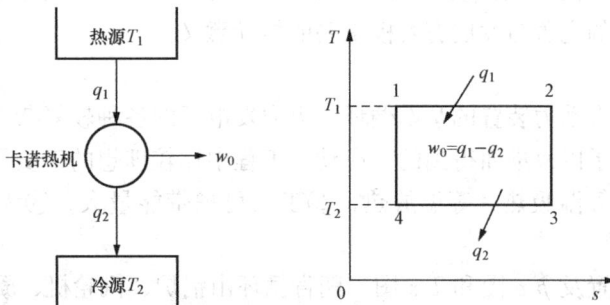

图 3-14 卡诺循环

过程 1-2：工质从热源（T_1）可逆定温吸热；

过程 2-3：工质可逆（定熵）膨胀；

过程 3-4：工质向冷源（T_2）可逆定温放热；

过程 4-1：工质可逆（定熵）压缩回复到初始状态。

（2）热效率 $\eta_{t,c}$。工作在两个恒温热源 T_1 和 T_2 之间的循环，不管采取什么工质，如果是可逆的，其热效率 $\eta_{t,c}$ 为

$$\eta_{t,c} = \frac{W_0}{Q_1} = \frac{Q_1 - Q_2}{Q_1} = \frac{T_1 - T_2}{T_1} \qquad (3-12)$$

（3）卡诺循环定理及其推论：

1）在两个温度不同的恒温热源之间工作的一切可逆热机，都具有相同的热效率，且与工质性质无关。

2）在两个温度不同的恒温热源之间工作的可逆热机的热效率恒高于不可逆热机的热效率。因此，尽量减少循环中的不可逆因素也是提高循环热效率的重要方法。

如果是不可逆的，其热效率为

$$\eta_{t,c} < \left(1 - \frac{T_2}{T_1}\right) \qquad (3-13)$$

3）任一变温热源的可逆循环的热效率均小于相同温限间卡诺循环的热效率。

通过分析卡诺循环和卡诺定理的内容，可得出以下重要结论：

1）在两个恒温热源间工作的一切可逆循环，其热效率都相等，都等于相同温限间卡诺循环的热效率。其值只与热源和冷源的温度有关，而与工质的性质无关。

2）提高热源的温度 T_1 和降低冷源的温度 T_2 是提高可逆循环热效率的根本途径。

3）由于热源温度 T_1 不可能为无限大，冷源温度 T_2 也不可能为零，因而循环的热效率不可能达到 100%。或者说，不可能把从高温热源吸收的热量全部转变成有用功。

4）若 $T_1 = T_2$，即热源温度和冷源温度一致（单一热源），则 $\eta_{t,c} = 0$，这说明只有一个热源的热机是不可能制造成功的，温度差是一切热机循环的必不可少的条件。

5）卡诺循环是一种理想循环，实际的循环中，不可能在等温下进行热量交换，另外还存在摩擦等不可逆损失，故实际热机不可能完全按卡诺循环工作，其热效率不可能达到卡诺热机的热效率。

尽管如此，卡诺循环和卡诺定理从理论上确定了循环中实现热变功的条件，提供了在一定的温差范围内热变功的最大限度，从原则上指明了提高实际热机热效率的基本方向，因此，对实际热力循环的完善与发展有着极重要的指导意义。

2. 朗肯循环

朗肯循环——蒸汽动力装置的基本循环。火力发电厂的各种较复杂的蒸汽动力循环都是在朗肯循环是基础上予以改进而得到的。在动力工程中比较理想的工质是水，水作为工质有许多优点：①接近于等温吸热、等温放热；②工质可携带能量大；③无毒无害；④来源丰富，价格便宜。

（1）朗肯循环装置及 p-v 图和 T-s 图。朗肯循环由锅炉、汽轮机、凝汽器和给水泵四大设备组成（见图 3-15）。工质在热力设备中不断地进行定压加热、绝热膨胀、定压放热和绝热压缩四大过程（见图 3-16），使热能不断地转变为机械能。

（2）朗肯循环的热经济性指标计算。循环热效率和汽耗率是衡量蒸汽动力循环热经济性指标的两个主要指标。

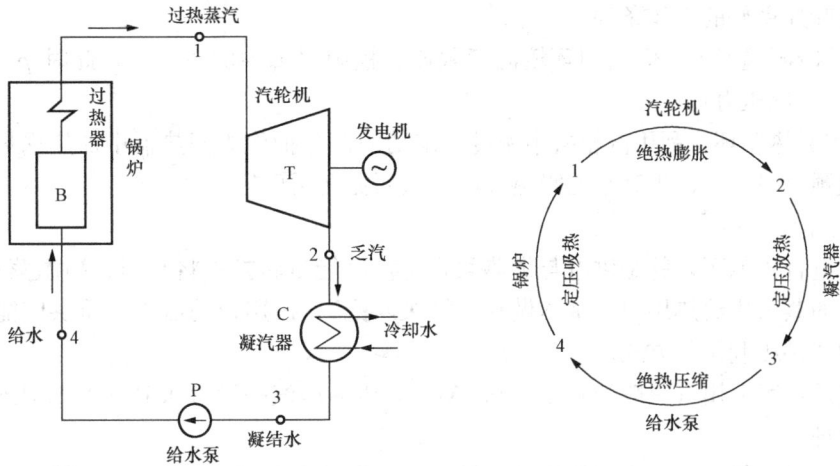

图 3-15　朗肯循环的装置系统和组成图

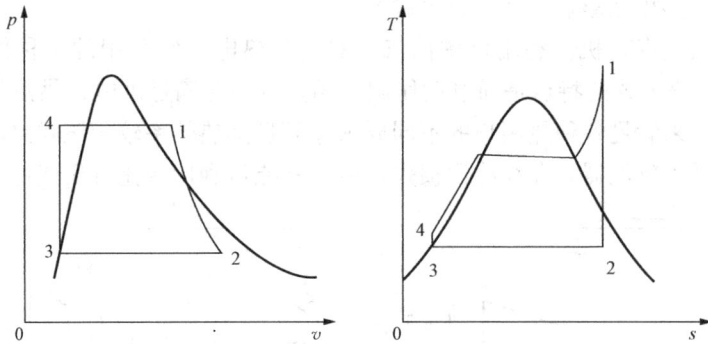

图 3-16　朗肯循环的 p-v 图与 T-s 图

1）若忽略水泵耗功，同时近似取 $h_4 \approx h_3 = h_2'$，朗肯循环热效率 η_t 为

$$\eta_t = \frac{w_0}{q_1} = \frac{q_1 - q_2}{q_1} = \frac{h_1 - h_2}{h_1 - h_4} = \frac{h_1 - h_2}{h_1 - h_2'} \tag{3-14}$$

2）汽耗率是指每生产 1kW·h（即 3600kJ）功所需要消耗的蒸汽量，用符号 d 表示，即

$$d = \frac{3600}{w_0} = \frac{3600}{h_1 - h_2} \quad \text{kg/(kW·h)} \tag{3-15}$$

（3）朗肯循环分析。朗肯循环热效率 η_t 低于卡诺循环 $\eta_{t,c}$，提高 η_t 的措施如下：

1）提高蒸汽初温 t_0。当蒸汽初温 p_0 及乏汽压力 p_c 不变时，提高蒸汽的初温可提高平均吸热温度，从而提高朗肯循环热效率。此外，提高蒸汽初温还可使蒸汽绝热膨胀终了的状态（即乏汽）具有较大的干度，这有利于改善汽轮机叶片的工质条件。但初温提高受到过热器金属材料耐高温性能的限制，低合金钢如 12Cr1MoV，最高允许温度 540～550℃。

2）提高蒸汽初压 p_0。当蒸汽初温 t_0 及乏汽压力 p_c 不变时，提高蒸汽的初压可提高平均吸热温度，从而提高朗肯循环热效率。此外，提高蒸汽初压将会使乏汽干度降低，当干度较低而水分过多时，由于水滴的冲击，会影响汽轮机叶片的使用寿命及汽轮机的安全运行，同时引起汽轮机内效率较低。因此，一般同时提高蒸汽的初温初压，既能提高热效率，又能保证汽轮机叶片良好的工作条件。

3）降低冷源温度 t_c。但受到环境温度限制，极限时 $t_c=30\sim40℃$，此时 $p_c\approx0.004\sim0.005MPa$（蒸汽压力）。

4）采用回热循环。利用汽轮机中做过一定功的部分抽汽去回热器中加热锅炉给水，使锅炉中低温预热段变短，提高平均吸热温度，从而提高循环热效率。

3. 热电合供循环

采用热电合供循环，就是供电与供热联合生产，能量转换中将高压、高温蒸汽去发电，低压、低温的蒸汽供给热用户，基本做到"能级匹配"，按用户的需要按质供应能量，这是能源的一种"梯级利用"方式。

供热汽压：工业用汽一般为 $0.24\sim0.8MPa$，生活用汽一般为 $0.12\sim0.25MPa$。供热方式有如下两种：

（1）背压式汽轮机。利用汽轮机排汽供热，排汽压力大于 $0.1MPa$，如图 3-17（a）所示。该方式的特点是能量利用率高，无凝汽器及附属设备，因此系统简单，投资费用低。但这种方式供电和供热相互影响，无法自由调节。

（2）调节抽汽式汽轮机。利用可调抽汽供热，是热电厂常采用的一种供热方式，如图 3-17（b）所示。该方式的特点是通过动作调节阀，可同时满足供电、供热的需要，还可以用不同压力的抽汽来满足各种热用户的不同要求，而且其热效率较背压式热电循环高。但由于仍有部分蒸汽进入凝汽器，存在冷源损失，所以其能量利用率比背压式低。

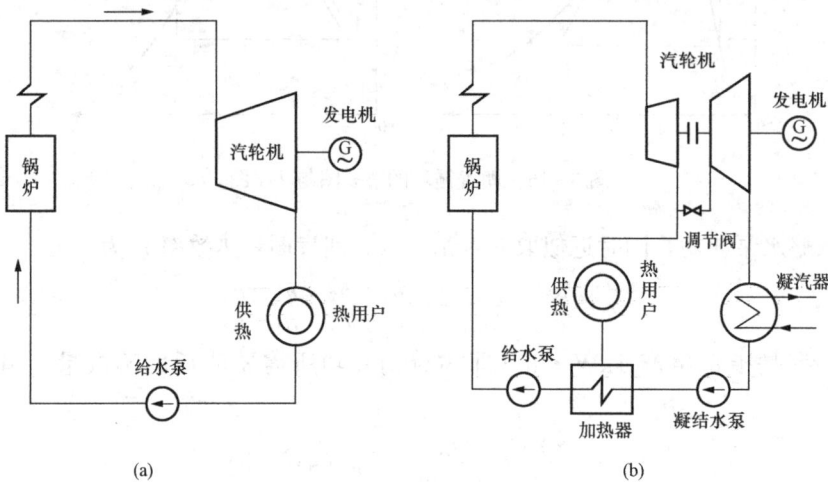

图 3-17　热电合供循环的两种方式
(a) 背压式汽轮机；(b) 调节抽汽式汽轮机

4. 蒸汽动力循环中的热机及热力系统

垃圾焚烧发电厂的典型热力系统如图 3-18 所示。从热力系统看，属于小型火力发电厂，该系统已非常成熟、稳定。考虑到垃圾发电厂主要以消纳垃圾为主，因而机组负荷由焚烧炉确定。

简单蒸气动力循环以水作为做功介质。锅炉产生高温高压蒸汽。汽轮机将高温高压蒸汽的热能转变成转子旋转的机械能带动发电机产生电能。对于利用垃圾焚烧热能的垃圾焚烧

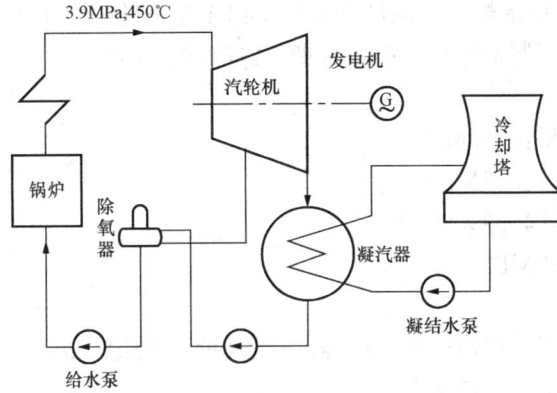

图 3 - 18　焚烧发电厂的典型热力系统

厂，生产蒸汽管网输送距离不宜大于 4km，生产热水的热水管网输送距离不宜大于 10km。

主要辅助设备如下：

凝汽器：把做过功的蒸汽（乏汽）凝结成水。

除氧器：除去给水中溶解的氧和其他气体（见图 3 - 19）。

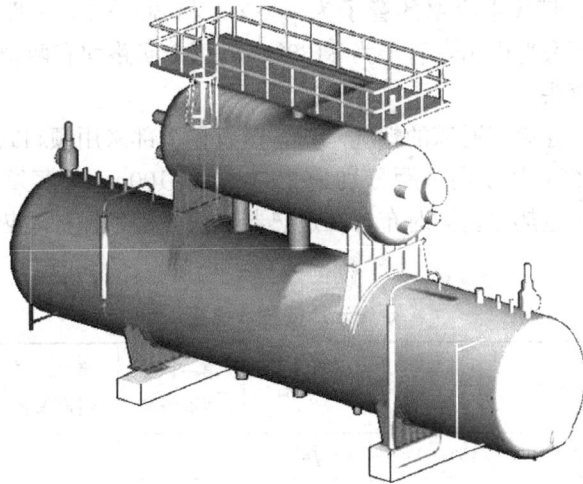

图 3 - 19　除氧器外形

凝结水泵：凝结水通过该泵打入除氧器。

给水泵：将除氧器水箱中的水打入锅炉。

高压加热器：在给水泵后，用汽轮机的抽汽加热锅炉给水的热交换器。

低压加热器：在凝结水泵后，用汽轮机的抽汽加热锅炉凝结水给水的热交换器。

第四节　创冠垃圾发电厂锅炉设备

一、锅炉本体

锅炉型号为 SLC225-3.82/400 型中温中压、单汽包横置式、三通道炉膛、自然循环、

全钢架 Ⅱ 型布置焚烧垃圾锅炉。与国产 N7.5-3.43-1 型汽轮机和 QF-J7.5-2 型发电机配套。由杭州锅炉集团有限公司制造生产。制造日期：2004 年 10 月。

主要工作参数。

锅炉最大连续蒸发量：22.6t/h

过热蒸汽出口压力：3.82MPa

过热蒸汽出口温度：400℃

汽包工作压力：4.22MPa

给水温度：130℃

垃圾热值的波动范围：8374～4605kJ/kg（设计值 6905kJ/kg）

垃圾处理量：225t/d＝9.375t/h

锅炉效率：74.6%

1. 炉膛水冷壁

考虑到垃圾水分高、发热量低，下部炉膛设计成绝热炉膛，采用独特的前后拱，使垃圾的引燃区始终保持在较高的温度。为了保证燃烧充分，设计时还考虑了二次风的运行系统。

绝热炉膛的上部为第一通道，烟气在第一通道上行后至出口处转 180°弯进入第二通道，与上相同，烟气下行至第二通道出口处再转 180°弯后进入第三通道。三个烟气通道的四周均为膜式水冷壁所包围，膜式水冷壁的管子为 $\phi 60\times 4$ 和 $\phi 60\times 5$，节距为 80mm 和 153mm，锅炉分散下降管从锅筒底部引出，管子为 $\phi 133\times 6$，每个回路均有两根下降管。由于空间的限制，部分采用压制弯头。

保护性蒸发器布置在第三通道的烟气入口，蒸发器下部采用倾斜式双蛇形管片布置，由 $\phi 42\times 6$ 的管子组成，横向和纵向节距分别为 200mm 和 100mm。蒸发器上部直管作为过热器管片的吊挂管，固定过热器。同时布置在过热器之前，起到保护过热器的作用。炉膛水冷壁技术规范见表 3-6。

表 3-6　　　　　　　　　炉膛水冷壁技术规范　　　　　　　　　　mm

	水冷壁管道	前墙	左侧墙	右侧墙	第一、二通道隔墙	第二、三通道隔墙	后墙	蒸发器
第一通道	水冷壁规格	$52/\phi 60\times 4$	$45/\phi 60\times 4$	$45/\phi 60\times 4$				
	下联箱数量与规格	$1/\phi 219\times 16$	$1/\phi 133\times 8$	$1/\phi 133\times 8$				
	上升管数量与规格	$3/\phi 133\times 8$	$3/\phi 133\times 8$	$3/\phi 133\times 8$				
	下降管数量与规格	$2/\phi 133\times 6$	$2/\phi 133\times 6$	$2/\phi 133\times 6$				
	上联箱数量与规格	$1/\phi 219\times 16$	$1/\phi 219\times 16$	$1/\phi 219\times 16$				
第二通道	水冷壁规格		$38/\phi 60\times 4$	$38/\phi 60\times 4$	$52/\phi 60\times 4$			
	下联箱数量与规格		$1/\phi 219\times 16$	$1/\phi 219\times 16$	$1/\phi 219\times 16$			
	上升管数量与规格		$3/\phi 133\times 8$	$3/\phi 133\times 8$	$3/\phi 133\times 6$			
	下降管数量与规格		$3/\phi 133\times 6$	$3/\phi 133\times 6$	$2/\phi 133\times 6$			
	上联箱数量与规格		$1/\phi 219\times 16$	$1/\phi 219\times 16$	$1/\phi 219\times 16$			

水冷壁管道		前墙	左侧墙	右侧墙	第一、二通道隔墙	第二、三通道隔墙	后墙	蒸发器
第三通道	水冷壁规格		$33/\phi60\times4$	$33/\phi60\times4$		$52/\phi60\times4$	$27/\phi60\times4$	$26/\phi26\times4$
	下联箱数量与规格		$1/\phi219\times16$	$1/\phi219\times16$		$1/\phi219\times16$	$1/\phi219\times16$	$1/\phi219\times16$
	上升管数量与规格		$2/\phi133\times8$	$2/\phi133\times8$		$2/\phi133\times8$	$2/\phi133\times8$	$4/\phi133\times8$
	下降管数量与规格		$3/\phi133\times6$	$3/\phi133\times6$		$2/\phi133\times6$	$2/\phi133\times6$	$2/\phi133\times6$
	上联箱数量与规格		$1/\phi219\times16$	$1/\phi219\times16$		$1/\phi219\times16$	$1/\phi219\times16$	$1/\phi219\times16$

2. 汽包及汽包内部设备

汽包内采用单段蒸发系统，布置有旋风分离器、二次孔板分离器、表面排污管和加药管等内部装置。汽包技术规范见表3-7，汽水品质特性参数见表3-8。

表 3-7　　　　　　　　　　　汽 包 技 术 规 范

汽包内径	厚度	筒身长	全长	材料	汽包正常水位（0水位）
1500mm	46mm	6000mm	7648mm	20钢	汽包中心线以下50mm±50mm

表 3-8　　　　　　　　　　　汽 水 品 质 特 性 参 数

给水品质	水源	硬度	pH值	锅炉正常排污率
	地下水	约0mg/L	9.0～9.5	≤2%
蒸汽品质	钠	二氧化硅	导电度（25℃）	
	≤5μg/L	≤0μg/L	≤0.3μΩ/cm	

汽包给水管座采用套管结构，避免进入汽包的给水与温度较高的汽包壁直接接触，降低汽包壁温温差与热应力。

汽包内装有8只直径290mm的旋风分离器，分前后两排沿汽包筒身全长布置，汽水混合物采用分集箱式系统引入旋风分离器。每只旋风分离器沿上升管方向布置，以获得较好的一次分离效果，蒸汽出口处装有二次分离元件多孔板分离器，进一步保证蒸汽品质。

此外，为保证良好的蒸汽品质，在汽包内装有磷酸盐加药管（$\phi25\times3$，材质为20钢）和连续排污管（$\phi32\times4$，材质为20钢）。为防止汽包满水，还装有紧急放水管（$\phi57\times5$，材质为20钢）。

汽包上设有上下壁温的测量点，在锅炉启动点火升压过程中，汽包上下壁温差最大不得超过42℃。同样，启动前锅炉上水时为避免汽包产生较大的热应力，进水温度不得超过70℃，并且上水速度不能太快，尤其在进水初期更应缓慢。

3. 燃烧设备

燃烧设备主要有垃圾给料装置、炉排装置、排渣装置、点火燃烧器、辅助燃烧器，以及一、二次风装置。其流程为：抓斗将垃圾从垃圾坑送入落料槽，在给料机的推送下进入炉膛落在倾斜的逆推炉排上，垃圾在床面上不断翻滚、搅拌、完成干燥、着火和燃烧过程，随后在逆推炉排的末端经过一段落差掉入水平的顺推炉排床面上继续燃烧直至燃尽，最后灰渣经出渣通道由冷却水冷却后，通过出渣机排出炉外。

整套焚烧装置采用液压驱动，所有炉排部件的动作均由一套液压系统的执行元件完成。

（1）给料装置。落料槽将抓斗投入的垃圾暂时储存，再送入焚烧炉内燃烧。落料槽主要由六大部件组成：落料槽上部前壁、落料槽上部后壁、落料槽上部侧壁两件（分为左右件）、落料槽中间部及水夹套等，每一部件都用螺栓连接且在内部焊接以达到密封效果。落料槽中间部装有液压挡板门，在垃圾焚烧炉启停和紧急状态下需关闭。落料槽采用水冷方式，可避免垃圾受热自燃。

给料平台主要由给料平台框架、滑动平台、料斗后罩、推料器油缸、连杆机构等部件组成。滑动平台将从落料槽下来的垃圾推入炉膛，落入逆推炉排的床面上。给料平台的行程分为两组，一组900mm行程用于焚烧炉启动及停炉时的推料，另一组为正常运行条件下的推料，通常设定在200～400mm范围内（可根据垃圾性质的不同来调节），两组行程开关可在现场或控制室切换。滑动平台分为两件，由两支油缸同步推动。给料平台下部设置了四支收集斗，可将平台上的垃圾渗沥液收集后排出。

（2）炉排装置。炉排的技术规范见表3-9。逆推炉排本体主要由炉排支架、炉排组件、限位器、滚轮装置、拉杆装置、风室密封装置、固定密封箱、侧补偿装置等组成。

表3-9 炉排的技术规范

项　目	数　据	项　目	数　据
炉排形式	二段式（顺推＋逆推）	炉排宽度	4.16m
逆推炉排级数	12级	炉排总面积	39.3m²
顺推炉排级数	8级	额定焚烧处理量	9.375t/h
逆推炉排倾斜角度	25°	炉排最大热负荷	0.498MW
顺推炉排倾斜角度	0°	炉排最大机械负荷	262kg/(m²/h)
炉排总长度	9.45m	垃圾在炉排上的停留时间	约1h

逆推炉排面呈25°倾斜布置，固定炉排片和活动炉排片以交错方式配置，活动炉排的最大行程为420mm。整个炉排框架主要由中央构架和侧面构架组成，安装在焚烧炉的支撑架上，炉排分为两列，分别由一只油缸驱动，且相位相反。炉排采用耐热铸钢制成，顶端设有出风孔，炉排片在横向方向用螺栓连接，一端固定，整体向另一端膨胀，在炉排片的两侧设有弹簧补偿装置，保证炉排片在受热状态下始终紧贴侧补偿块，杜绝非正常漏风现象。

顺推炉排本体主要由顺推炉排支架、挡板装置、活动支架、驱动装置、炉排组件、出灰支座、侧补偿装置等组成。顺推炉排采用水平布置形式，位于逆推炉排下方，与逆推炉排有600mm左右的高度差，顺推炉排的固定炉排片和活动炉排片同样以交错方式配置，活动炉排的最大行程为320mm。顺推炉排的驱动装置设置在炉体的外侧，不受高温和灰尘的影响，维护和检修方便。顺推炉排分两列，每列炉排分别由两支油缸驱动，顺推炉排的液压系统采用精密的伺服机构，以确保严格的同步。顺推炉排的外形以及炉排片横向的热补偿装置结构均与逆推炉排相似。

风室及放灰通道由逆推风室、顺推风室、逆推吹灰管、顺推吹灰管以及相应的附件等组成。通过炉排间隙掉进风室的细小颗粒，将由清灰风机定期自动吹入出渣机内。炉排密封系统主要由密封风机和风管组成，通过风机的鼓风，可将热空气压回风室，防止风室内的鼓风向外泄漏。气动除灰装置由气动三连件、气动阀等组成，与炉排风室的放灰门相匹配，用于控制放灰门的启闭。

（3）排渣装置。出渣通道用于连接顺推炉排出口和出渣机，通道中间设有柔性膨胀节，以吸收炉膛本体的热膨胀，出渣通道的内侧敷设了可更换的衬板，以解决灰渣的磨损问题。焚烧炉燃尽的灰渣落入液压出渣机的水槽急速冷却后被推出炉外，出渣机为液压驱动方式，采用了水封结构，具有完整的气密性。

（4）一、二次风装置。

1）鼓风装置。逆推炉排鼓风从炉排底部引入总风室。顺推炉排鼓风通过左右侧风道引入风室。二段式炉排下部设有 9 个独立的风室，各风室之间互不串风，各风室设有独立的调节门。逆推炉排风室采用独特设计的扇形风门，所有风门通过连杆连接到炉前的控制箱，所有风门均可联动，以实现最佳的燃烧效果。顺推炉排的进风由一台电动调节风门控制，与逆推风门可联动，也可单独调节。风室与炉膛被炉排相隔，逆推炉排的横断面为 4160mm×3220mm，其上均匀布置 526 只风孔，风孔出口直径为 14mm。鼓风通过这些风孔均匀进入炉膛，与垃圾混合燃烧。风门调节箱及调节杆用于逆推炉排的调风，采用电动方式。四组风门分别对应炉排上的四个燃烧区，通过连杆连接到控制箱中，系统可在自动状态下根据燃烧状况同步调节风门的开度，也可在现场进行风门的单独调节。在调节箱上标有刻度，可直观显示各风门的开度。

2）二次风装置。二次风通过分布在炉膛前后墙上的二次风管喷嘴分别送入炉膛下部不同高度的空间，前后墙二次风喷嘴数量各有 16 个。每个二次风喷嘴的中心间距为 240mm。

（5）点火燃烧器及辅助燃烧器。一台点火燃烧器布置在第一通道炉膛后侧，一台辅助燃烧器布置在第一通道炉膛侧墙。燃烧器由点火油枪、高能电子点火器及火检装置组成。油枪为机械雾化，燃料为 0 号轻柴油。油枪所需助燃空气由专用风机提供，空气和油燃烧后形成850℃左右的热烟气均匀送入炉内，具体参数见表 3-10。

表 3-10　　　　　　　　　点火燃烧器及辅助燃烧器相关参数

项　　目	参　　数	项　　目	参　　数
型式	RSQ300 转杯式	最大喷油量	300kg/h
转杯转速	5200r/m	配电机型号	Y100L-2
功率	3kW	皮带型号规格	A/710
油罐	2 个	油罐容量	10m³
油泵	2 台	油泵型号	2CY-2/1.45
供油量	2m³/h	注油压力	
配电机型号	YB100L1-4	功率	2.2kW

4. 过热器系统及其调温装置

过热器布置在第三烟气通道蒸发器之后，它共分高中低三级五组，每组由 26 片蛇形管组成。沿烟气流程方向分别为低温级Ⅰ（双管圈顺列逆流布置）、高温级（双管圈顺列顺流布置）、中温级（双管圈顺列逆流布置）、低温级Ⅲ和Ⅱ（双管圈顺列逆流布置）、二级喷水减温器、喷水减温器采用套管结构。

蒸汽流向：饱和蒸汽从汽包由 2 根 $\phi108\times4.5$ 的管子引至低温过热器的入口集箱，然后依次进入低温过热器Ⅰ、Ⅱ、Ⅲ、一级喷水减温器，中温过热器，二级喷水减温器，高温过热器，集汽集箱，经过上述行程的蒸汽在集汽集箱出口汽温达到 400℃。过热器蛇形管片由 $\phi38\times4.5$ 管子制成，根据各过热器的工作壁温选择合适的材料，过热器通过蒸发器的吊挂管的悬吊结构，悬吊于顶部梁格上。

5. 省煤器

尾部竖井烟道中设有一组光管省煤器，采用 $\phi38\times4.5$ 高压锅炉管，错列布置。在汽包和省煤器入口集箱之间设有再循环管道，以确保锅炉在启动过程中省煤器必要的冷却。锅炉尾部烟道内的省煤器管组之间，均留有人孔门，以供检修之用。省煤器出口集箱设有排放空气的管座和阀门，省煤器入口集箱上设有两只串联 DN20 的放水阀与酸洗管座。

6. 空气预热器

根据锅炉烟气特性和燃烧条件要求，将空气预热器设计成管式烟气空气预热器和炉外蒸汽预热器（暖风器），冷空气经过蒸汽预热器预热至 100℃后，再进入烟气空气预热器进行加热至燃烧空气温度。

管式烟气空气预热器布置在省煤器后，烟气从管内通过，空气在管外流动。管箱式结构，四行程，冲刷长度为 8m，管子为 $\phi89\times3.5$ 材料为碳钢，横向和纵向节距分别为 130mm 和 110mm，管子上部同管板胀接，下部为一个特殊密封结构，以利于膨胀。为防震，结构上采取了特殊的分隔结构。

蒸汽预热器（暖风器）采用螺旋鳍片管，管箱式结构。

7. 锅炉范围内管道、安全装置

给水管道（$\phi76\times4.5$，材质为 20 钢）。给水操作台为三路管道给水，一路去锅炉，一路去一级减温器，一路去二级减温器，锅炉给水管径为 $\phi57\times3.5$，通过 3 支调节阀实现对锅炉给水和蒸汽出口汽温的调节。

锅炉装有各种监督、控制装置，如水位表、两只安全阀以及压力表、连续排污管、紧急放水管、加药管、再循环管、自用蒸汽管等管座。

定期排污通过各水冷壁下集箱到定期排污母管，最后进入定期排污扩容器。

主汽集箱上装有点火和反冲洗管路，安全阀，以及压力表、疏水、旁路等管座。

此外，在减温器和主汽集箱上均装有供监测和自控用的热电偶插座。为了监督运行，装设了给水、锅水、饱和蒸汽和过热蒸汽取样装置。

在主汽集箱装有电动闸阀，作为主蒸汽出口阀门。

8. 吹灰装置

为了清除受热面上的积灰，保证锅炉的效率和出力，本锅炉在尾部烟道侧墙设置 21 台脉冲吹灰器，共分为 10 组，蒸发器前 2 台为第一组，高温过热器前 2 台为第二组，中温过热器前 2 台为第三组，低温过热器前 2 台为第四组，低温过热器中 2 台为第五组，拉稀管前 2 台为第六组，一级省煤器前 2 台为第七组，二级省煤器前 2 台为第八组，三级省煤器前 2 台为第九组，空气预热器前 3 台为第十组。具体参数如下：

脉冲吹灰器型号：XT-18　　　　　　　点火间隔范围：330s

点火电极间隔：0.1～0.5s　　　　　　点火功率：≤30W

燃气消耗量：＜3.5m³/h　　　　空气消耗量：＜200m³/h

燃气压力：0.1～0.15MPa　　　空气压力：0.1～0.25MPa

9. 炉墙及密封装置

（1）炉墙。炉膛炉墙为砌砖结构，其中需防磨防腐蚀部分采用耐火砖，材质为高耐磨耐火砖，其余部分材料为高耐磨浇注料，炉墙为支撑结构。

上部炉墙为膜式壁结构，因而采用敷管结构炉墙，尾部烟道为护板框外铺设保温材料结构。

下部炉膛用护板密封，上部锅炉本体密封采用膜式壁和炉体密封件密封，尾部为钢制烟道密封，各处穿墙管处均用特殊的密封结构。上下部的结合处采用特殊的密封结构。

（2）膨胀系统。为了使锅炉更安全可靠，本锅炉设置了膨胀中心，位于第二、三通道的隔墙中心线上，在标高为 26 350、21 950、17 550mm 三圈刚性梁上设置了导向装置，使锅炉膨胀沿膨胀中心统一膨胀。

二、垃圾特性

垃圾特性见表 3-11。垃圾的入炉无须任何前处理。锅炉点火用 0 号轻柴油。

表 3-11　　　　　　　　　　　　垃　圾　特　性

项　　目	最高	设计值	最低
低位发热量 $Q_{net,ar}$（kJ/kg）	8374	6908	4605
水分 M_{ar}（%）	37.45	41.10	52.31
含灰量 A_{ar}（%）	21.92	25.65	21.71
可燃质（%）	40.63	33.25	25.98
含碳量 C_{ar}（%）	24.76	18.81	14.81
含氢量 H_{ar}（%）	3.41	3.08	3.52
含氧量 O_{ar}（%）	12.09	11.02	7.19
含氮量 N_{ar}（%）	0.29	0.26	0.41
含硫量 S_{ar}（%）	0.08	0.08	0.05

三、锅炉辅助设备

1. 引风机

（1）锅炉引风机采用双吸离心式，从电机端看为逆时针旋转，每炉一台，由成都望江风机厂制造。引风机的技术规范见表 3-12。

表 3-12　　　　　　　　　　　引风机技术规范

型号	风量	全压	轴承润滑方式	轴承冷却方式
HBY16.0-08	105 000m³/h	5800Pa	油池稀油润滑	水冷

（2）引风机的启动步骤：

1）关闭引风机入口挡板；

2）打开引风机冷却水；

3）发出引风机启动指令；

4）确认引风机电机已启动；

5）调整引风机入口挡板至100％；

6）调整引风机电机的频率调整引风量。

（3）引风机的停止步骤：

1）调整引风机的电机频率至"0"；

2）关闭引风机入口挡板；

3）待引风机电机转速为"0"时停引风机；

4）关闭引风机冷却水。

2. 鼓风机

（1）锅炉鼓风机采用离心式，从电机端看为逆时针旋转，每炉一台，采用入口挡板调节＋改变电机频率调节。由成都望江风机厂制造。鼓风机的技术规范见表3-13。

表 3-13　　　　　　　　　　　　　　鼓风机技术规范

型号	风量	全压	风机转速	轴承润滑方式	轴承冷却方式
HBG13.0-07	46 000m³/h	5800Pa	1450r/min	油池稀油润滑	水冷

（2）鼓风机的启动步骤：

1）确认引风机在运行；

2）关闭鼓风机入口挡板；

3）打开鼓风机冷却水；

4）发出鼓风机启动指令；

5）确认鼓风机电机已启动；

6）调整鼓风机入口挡板至100％；

7）调整鼓风机电机的频率调整风量。

（3）鼓风机的停止步骤：

1）调整鼓风机的电机频率至"0"；

2）关闭鼓风机入口挡板；

3）待鼓风机电机转速为"0"时停鼓风机；

4）关闭鼓风机冷却水。

3. 二次风机

（1）锅炉二次风机采用离心式，从电机端看为逆时针旋转，每炉一台，采用入口挡板调节。由武汉鼓风机有限公司制造。鼓风机的技术规范见表3-14。

表 3-14　　　　　　　　　　　　　　二次风机技术规范

型号	全压	风机转速	轴承润滑方式	轴承冷却方式
BH-ER850D（SAP）	6000Pa	1480r/min	油浴自润滑	水冷

（2）二次风机的启动步骤：

1）确认引风机已启动；

2）关闭二次风机入口挡板；

3）打开二次风机冷却水；

4）发出二次风机启动指令；

5）确认二次风机电机已启动；

6）调整二次风机入口调节挡板。

（3）二次风机的停止步骤：

1）关闭二次风机入口调节挡板；

2）停二次风机；

3）关闭二次风机冷却水。

4. 清灰风机

锅炉清灰风机采用离心式，从电机端看为逆时针旋转，每炉一台，采用入口挡板调节。武汉鼓风机有限公司制造。鼓风机的技术规范见表 3-15。

表 3-15   清 灰 风 机 技 术 规 范

型号	风量	全压	风机转速
9-26-11NO4.5A II	4000m³/h	4000Pa	2900r/min

5. 液压系统

主油泵、蓄能器充液泵技术规范见表 3-16。

表 3-16   主油泵、蓄能器充液泵技术参数

名称	额定工作压力	排油量	电机功率	电机转速
主油泵	16MPa	71cm³/rev 即 102L/min	30kW	1470r/min
蓄能器充液泵	16MPa		2.2kW	1430r/min

6. 空压机技术规范

（1）空压机技术规范见表 3-17。

表 3-17   空 压 机 技 术 规 范

型号	额定排气量	排气温度	分额定排气压力	压缩机转速	传动方式
LGD-15/8-X	18m³/min（标准状态下）	≤100℃	0.8MPa	1480r/min	齿轮直联

（2）空压机油气分离器技术规范见表 3-18。

表 3-18   空压机特性油气分离器技术规范

型号	容积	设计温度	设计压力	最高工作压力	生产厂家
015	0.241m³	150℃	1.2MPa	1.0MPa	无锡压缩机总厂

（3）气、油冷却器技术规范见表 3-19。

表 3 - 19 气、油冷却器技术规范

名称	型号	换热面积	设计温度	设计压力	进汽压力
气冷却器	015	10m²	150℃	0.8MPa（管）/1.0MPa（壳）	0.8MPa
油冷却器		10m²		0.8MPa（管）/1.0MPa（壳）	0.8MPa

7. 其他锅炉辅助设备

（1）定期排污、连续排污扩容器技术规范见表 3 - 20。

表 3 - 20 定排、连排扩容器技术规范

扩容器	型号	规格	工作温度	工作压力	容积
定期排污	DP-3.5	φ1500	≤127℃	0.15MPa	3.5m³
连续排污	LP-3.5	φ1500	≤170℃	0.15MPa	3.5m³

（2）汽包、过热器安全门技术规范见表 3 - 21。

表 3 - 21 汽包、过热器安全门技术规范

安全门	型号	规格	工作温度	动作压力
汽包	弹簧式	PN6.3 DN80	≤127℃	4.43MPa
过热器		PN6.3 DN50	≤170℃	4.01MPa

（3）出渣输送机技术规范见表 3 - 22。

表 3 - 22 汽包、过热器安全门技术规范

输送机	型号	输送量	数量	胶带速度	耐温
固定式	TD75 1200×5.521		三台	0.8m/s	
固定航架式	HQ69 1200×14.01	80T/h	两台	1.25m/s	180℃
固定航架可调式			一台		

复习思考题

3 - 1 我国城市生活垃圾焚烧发电有哪几种方式？

3 - 2 2010 年新投入运行的生活垃圾焚烧发电厂主要分布在哪里？

3 - 3 简述垃圾焚烧发电厂工作过程。

3 - 4 为保证垃圾的完全燃烧，炉排炉的燃烧应满足哪些条件？

3 - 5 绘制焚烧工艺流程图。

3 - 6 对城市生活垃圾焚烧炉烟囱有哪些技术要求？

3 - 7 垃圾在机械炉排炉中的燃烧过程大致分几阶段？

3-8　垃圾在机械炉排炉燃烧过程中一次助燃空气、二次助燃空气的作用有哪些?

3-9　绘制焚烧发电厂的典型热力系统图。

3-10　分体式垃圾锅炉和一体式垃圾锅炉有何区别?

3-11　创冠集团垃圾焚烧发电机组有哪几项专利技术?

3-12　介绍创冠锅炉引风机的启、停步骤。

3-13　介绍创冠锅炉鼓风机型号规范及启、停步骤。

第 四 章

流 化 床 焚 烧 炉

第一节 流化床焚烧的概念

一、流化床焚烧的概念与特点

流化床是指固相颗粒在流体（锅炉中为气体）作用下形成流态化的床层。无论是第一代鼓泡流化床锅炉（BFBB）还是第二代循环流化床锅炉（CFBB），流态化都是其燃烧、传热等过程的基础，对设备的性能具有决定性的意义。

流化床的流体动力特性决定了锅炉辅机的能耗、热量分配、温度分布、燃烧状况、床内物料量和磨损等。良好的流态化组织是合理设计和运行循环流化床锅炉的基础。

当流体（液体、气体）向上流过固体颗粒床层时，其速度增大到一定值后，颗粒被流体的摩擦力所承托，呈现飘浮状态，颗粒可以在床层中自由运动，这种状态称为"流态化"。当气体以一定速度流过固体颗粒床层时，只要其对固体颗粒所产生的作用力（托浮力）与固体颗粒所受的外力（重力）相平衡时，固体颗粒便呈现出类似于液体状态的现象，即流态化现象。按流化介质的不同可分为液-固流态化、气-固流态化。垃圾焚烧流化床属气-固流态化范畴。

流化床具有流体的某些性质：

（1）任一高度的静压等于此高度以上单位截面内固体颗粒的重量。

（2）床压高度差太小，说明颗粒太细；床压高度差太大，说明颗粒太粗。

（3）床表面总保持水平。无论床层如何倾斜，床料保持水平，当停止供风时，床层静止后，如水面一样平。

（4）有连通器的作用。床内固体颗粒可以像流体一样从底部或侧面流出。

（5）大而轻的物体浮在床表面。密度大于床层表观密度的固体颗粒在床内会下沉；反之，密度小于床层表观密度的固体颗粒在床内会上浮。

（6）床内颗粒混合良好，因此加热床层时，整个床层温度基本均匀。

二、鼓泡流化床焚烧炉

流化床焚烧炉结构如图 4-1 所示。其工作原理是：炉体是由多孔分布板组成，在炉膛内加入大量的石英砂，将石英砂加热到 600℃以上，并在炉底鼓入 200℃以上的热风，使热砂沸腾起来，再投入垃圾。垃圾同热砂一起沸腾，垃圾很快被干燥、着火、燃烧。未燃尽的垃圾密度较小，继续沸腾燃烧，燃尽的垃圾密度较大，落到炉底，经过水冷后，用分选设备将粗渣、细渣送到厂外，少量的中

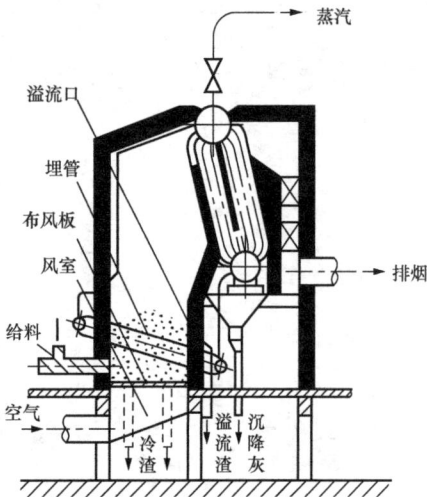

图 4-1 流化床焚烧炉结构

等炉渣和石英砂通过提升设备送回到炉中继续使用。

特点：①炉体结构紧凑占地小、设备投资较低；②从塑料类到污泥均不需要分类；③石英砂保持很大的热容量，所以启、停炉容易；④炉内无转动机械，维护方便；⑤焚烧炉温度较高，垃圾焚烧充分（即使是水分多的垃圾，燃烧的完全程度较高），炉内燃烧控制较好，是适合中国国情的工艺流程；⑥烟气中灰尘量大；⑦操作复杂，运行费用较高；⑧对燃料粒度均匀性要求较高；⑨需大功率的破碎装置；⑩石英砂对设备磨损严重，设备维护量大。

三、循环流化床焚烧炉

循环流化床不设炉排，以惰性物取代，在炉内铺设一定厚度、一定粒径范围的床料，通过底部布风板鼓入一定压力的空气，将床料吹起、滚动、搅拌、翻转，被吹出炉膛的高温固体颗粒通过旋风分离器和返料器被送回炉膛，形成炉内物料的平衡，流化床内气固混合强烈，垃圾入炉后与炽热的床料迅速混合，垃圾被充分加热、干燥、燃烧、燃尽。流化床燃烧温度控制在850～900℃之间，可有效地提高出口蒸汽的参数，满足发电、供热要求。

循环流化床焚烧锅炉基于循环流态化组织垃圾的燃烧过程，以携带燃料的大量高温固体颗粒物料的循环燃烧为重要特征。固体颗粒充满整个炉膛，处于悬浮并强烈掺混的燃烧方式。但与常规煤粉炉中发生的单纯悬浮燃烧过程比较，颗粒在循环流化床燃烧室内的浓度远大于煤粉炉，并且存在显著的颗粒成团和床料的颗粒回混，颗粒与气体间的相对速度大，这一点显然与基于气力输送方式的煤粉悬浮燃烧过程完全不同。循环流化床焚烧炉示意如图4-2所示。

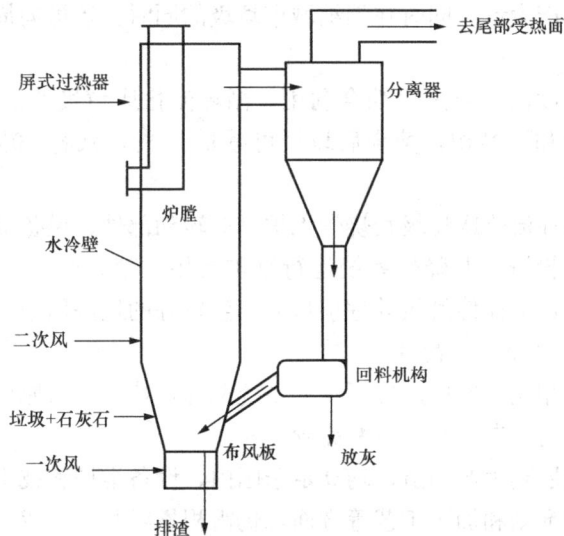

图4-2 循环流化床焚烧炉示意

预热的一次风（流化风）经过风室由底部穿过布风板送入炉膛，炉膛内固体处于快速流化状态，垃圾在充满整个炉膛的惰性床料中燃烧。较细小的颗粒被气流夹带飞出炉膛，并由飞灰分离器收集，通过分离器下部的回料管与飞灰回送器（返料器）送回炉膛循环燃烧；垃圾在燃烧系统内完成燃烧和高温烟气向工质的部分热量传递过程。烟气和未被分离器捕集的细颗粒排入尾部烟道，继续与受热面进行对流换热，最后排出锅炉。

循环流化床焚烧炉炉内高速流动烟气与其湍流扰动极强的固体颗粒密切接触，垃圾的燃烧过程发生在整个固体循环通道内。在这种燃烧方式下，燃烧室内，尤其是密相区的温度水平受到燃烧过程中的高温结渣、低温结焦和最佳脱硫温度的限制，料层温度过高将形成因灰渣熔化的高温结渣，温度过低则易发生垃圾的低温烧结结焦，也不利于垃圾的燃烧，一旦结渣或结焦发生将迅速增长。因此，燃烧室密相区必须维持在 850℃ 左右，这一温度范围与最佳脱硫温度吻合。在远低于常规煤粉炉炉膛的温度水平下燃烧的特点带来了低污染物排放和避免燃煤过程中结渣等问题的优越性。

四、循环流化床垃圾焚烧炉的主要特点

1. 循环流化床垃圾焚烧技术的优点

（1）适合焚烧发热量低的垃圾。有关资料表明，我国生活垃圾具有发热量低、水分高的特点，为使焚烧炉内保持 850℃ 左右的温度，需要添加辅助燃料。炉排炉一般加轻柴油，运行成本高，而循环流化床焚烧炉可用煤作为辅助燃料，加上焚烧炉内含有一定量的床料，炉内气固流体强烈混合，垃圾入炉即和炽热床料充分混合，垃圾从加热、干燥到燃烧、燃尽全过程完成迅速，床内蓄热量大，着火条件好，燃烧稳定性好。

（2）环保且节能。循环流化床锅炉燃烧温度控制在 850～900℃ 之间，氮氧化物排放低。垃圾焚烧处理方式的另一重要问题是焚烧时产生氯化氢和二噁英有毒气体，根据国外科学实验研究，垃圾焚烧产生二噁英的条件为：燃烧温度低于 800℃，炉内燃烧温度不均匀，垃圾不完全燃烧导致二噁英前体（cp、cbs）的生成。循环流化床垃圾焚烧炉燃烧温度稳定且均匀，在炉型设计上使烟气在炉内停留时间加长，因此破坏了有毒、有害气体的产生环境，从根本上降低了有毒气体产生量。同时在消纳城市垃圾的同时，还可向周围供热、供电，是一项节能且环保的工程。

（3）垃圾减量化程度高，灰渣可综合利用。循环流化床垃圾焚烧炉对垃圾的燃尽率最高，灰渣中不含有机物和可燃物，焚烧后垃圾可减量 80%，减容 90% 以上，灰渣无异味，可直接填埋或综合利用。

（4）运行情况。循环流化床垃圾焚烧炉无炉排等转动部件，设备故障率低，维修工作量小，能有效控制设备总投资，并降低系统运行维护费用，焚烧产生的热能可实现连续、稳定、高效地供热或发电，从而使垃圾处理项目能产生较好的经济回报。

2. 循环流化床垃圾焚烧技术的缺点

（1）与机械炉排炉相比，发展历史不长，系统配套，特别是与原生垃圾不作分选处理相关的给料、排渣设备还需长期考验，不断完善。

（2）虽然从技术发展到生产制造，均立足于国内，设备维护和技术更新都更加方便、经济、快捷，但对在设计准则和加工工艺等方面，仍需积累经验、形成实用可行的行业标准。

（3）一般循环流化床焚烧炉飞灰比例较高，灰量较大。按照我国目前有关法规，焚烧炉飞灰需按危险废弃物作专门处置，处置成本较高。需要从减少飞灰量和降低飞灰毒性两个方面入手，探求解决方案，采用多渠道排灰和发展相应排灰安全处置的技术。

第二节　循环流化床垃圾焚烧锅炉构成

循环流化床锅炉燃烧系统由流化床燃烧室和布风板，飞灰分离、收集装置，飞灰回送器等组成，有的还配置外部流化床热交换器。与燃煤粉的常规锅炉相比，除了燃烧部分外，循

环流化床锅炉其他部分的受热面结构和布置方式与常规煤粉炉大同小异。典型的循环流化床垃圾焚烧发电厂如图4-3所示，循环流化床垃圾焚烧发电厂流程如图4-4所示。

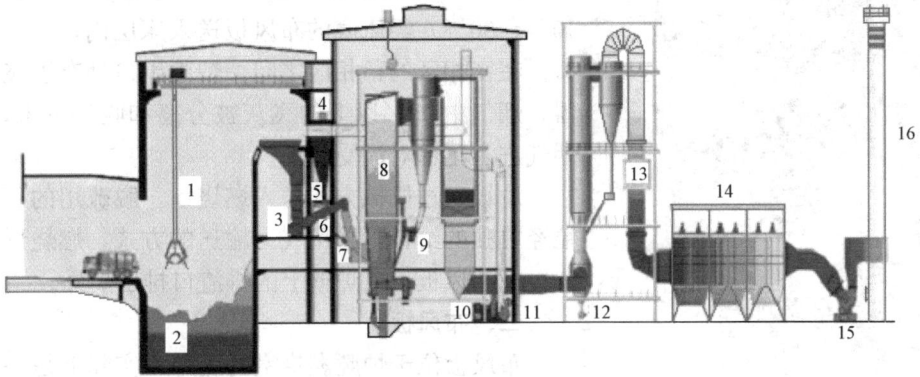

图4-3　典型的循环流化床锅炉垃圾焚烧发电厂示意

1—抓吊行车；2—垃圾储坑；3—破碎机；4—给煤间；5—输煤机；6—给料机；7—干燥床；8—焚烧炉；
9—细灰回送机；10—一次风机；11—二次风机；12—烟气除污装置；13—活性炭喷射器；
14—袋式除尘器；15—引风机；16—烟囱

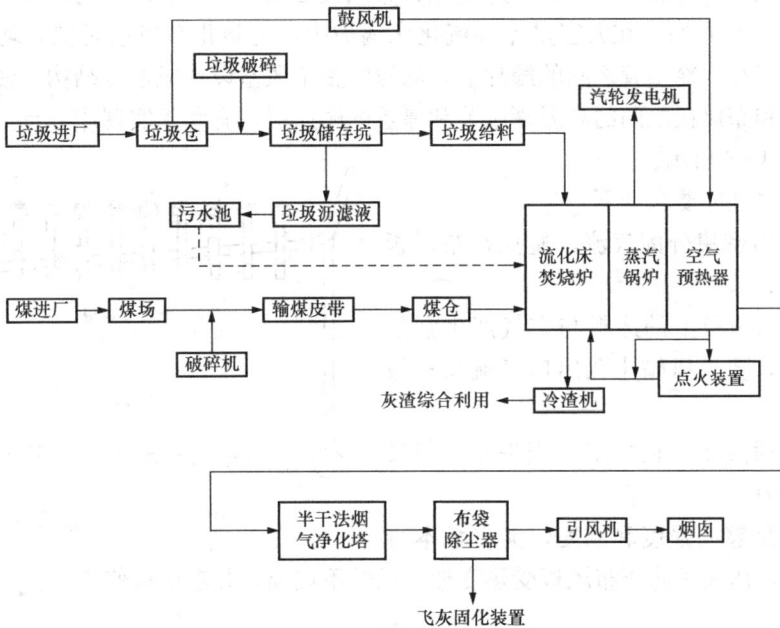

图4-4　循环流化床垃圾焚烧发电厂流程

一、燃烧室

循环流化床锅炉燃烧室的截面为矩形（见图4-5），其宽度约为深度的2倍左右，下部为锥形结构，底部为布风板。燃烧室下部区域为循环流化床的密相区，颗粒浓度大，是燃料发生着火和燃烧的主要区域，此区域的壁面上敷设耐热耐磨材料，并设置循环飞灰返料口、给料口、排渣口等；燃烧室上部为稀相区，颗粒浓度较小，壁面上主要布置水冷壁受热面，

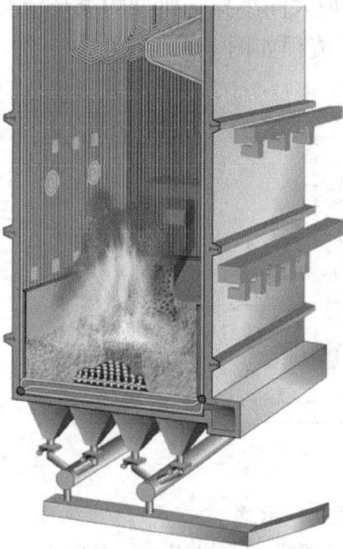

图 4-5　流化床焚烧炉燃烧室

也可布置过热蒸汽受热面，通常在炉膛上部空间布置悬挂式的屏式过热器受热面，炉膛内维持微正压。

流化风（也称为一次风，额定负荷下占总风量的40%～60%）经床底的布风板送入床层内，二次风风口布置在密相区的稀相区之间。炉膛出口处布置飞灰分离器，烟气中95%以上的飞灰被分离和收集下来，然后，烟气进入尾部对流受热面。

垃圾经过机械方式送入燃烧室，脱硫用的石灰石颗粒经单独的给料管采用气力输送的方式，燃烧形成的灰渣经过布风板上或炉壁上的排渣口排出炉外。

二、布风板

布风板位于炉膛燃烧室的底部，实际上是一个其上布置有一定数量和型式的布风风帽的燃烧室底板，它将其下部的风室与上部炉膛隔开。它一方面起到将固体颗粒限制在炉膛布风板上，并对固体颗粒（床料）起支撑作用；另一方面，保证一次风穿过布风板进入炉膛达到对颗粒均匀流化。为了满足均匀、良好流化，布风板必须具有足够的阻力压降，一般占烟风系统总压降的30%左右。在大容量循环流化床锅炉中，为防止布风板过热，均采用水冷布风板，风帽固定在水冷壁管之间的鳍片上，同时将整个风室设计成水冷结构，使其可以减少用于水冷风箱和布风板之间的高温膨胀节和厚重的耐火层，有利于实现床下点火和锅炉的快速启动，如图 4-6 所示。

对布风装置性能要求如下：

（1）能均匀密集分配气流，避免在布风板上形成停滞区。

（2）能使布风板上的床料与空气产生强烈的扰动和混合，要求风帽小孔出口气流具有较大的动能。

（3）空气通过布风板的阻力损失小，但又需要一定的阻力。

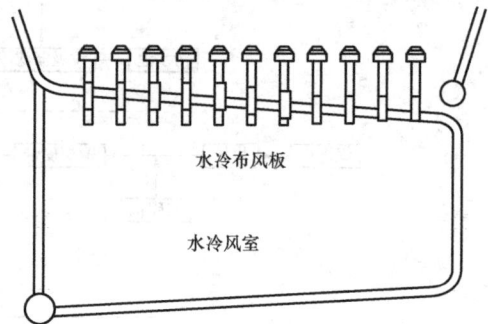

图 4-6　水冷布风板

（4）具有足够的强度和刚度，能支承本身和床料的质量，压火时防止布风板受热变形，风帽不烧损，并考虑检修方便。

三、风帽

风帽是循环流化床焚烧炉实现均匀布风以及维持炉内合理的气固两相流动和安全运行的关键部件之一，它能使布风更加均匀，同时定向风帽可控制气固两相的流动方向，有利于大渣的排出。风帽按形状可分为钟罩式风帽和定向风帽，如图 4-7 与图 4-8 所示。钟罩式风帽孔径较小，风速较快，易磨损，阻力大，但布风板水冷风室不易漏渣，罩体上孔径大（φ22.5mm）使其不易被颗粒堵塞；定向风帽孔径大，风速较慢，阻力小，不易磨损，但水冷风室漏渣严重。

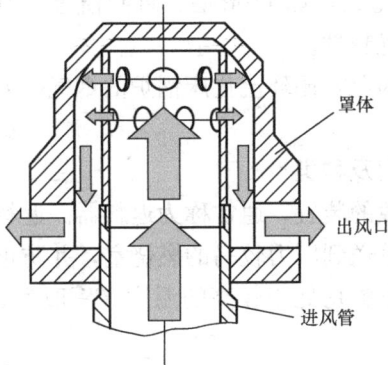

图 4-7　钟罩式风帽

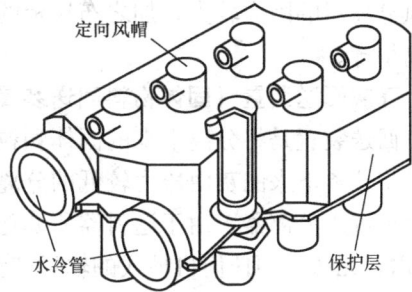

图 4-8　定向风帽与水冷布风板

四、飞灰分离器

飞灰分离器是保证循环流化床垃圾焚烧炉固体颗粒物料可靠循环的关键部件之一，布置在炉膛出口的烟气通道上，工作温度接近炉膛温度。它将炉膛出口烟气流携带的固体颗粒（灰粒、未燃尽的焦炭颗粒和未完全反应的脱硫吸收剂颗粒等）中的 95％以上分离下来，再通过返料器送回炉膛进行循环燃烧，如图 4-9 所示。分离器的性能直接影响到炉内燃烧、脱硫与传热，循环流化床锅炉分离器的主要作用在于保证床内物料的正常循环，而不在于降低烟气中的飞灰浓度，分离器对某一粒径范围的颗粒的分离效率必须满足锅炉循环倍率的要求。

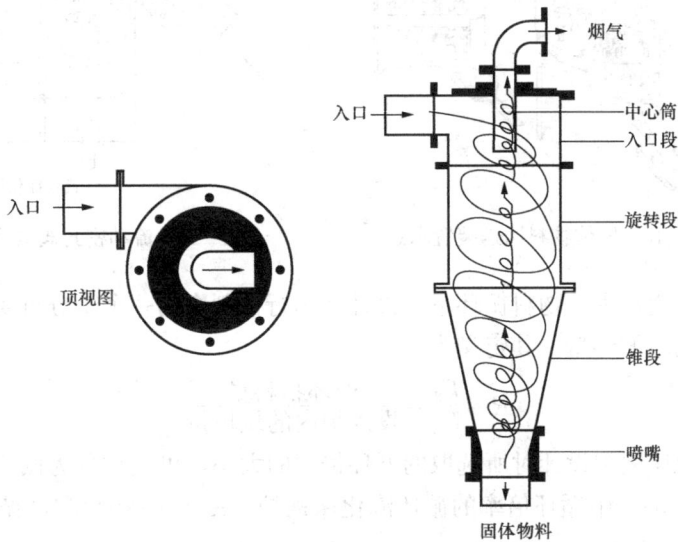

图 4-9　分离器示意

目前，最典型、应用最广，性能也最可靠的是旋风式分离器，一台锅炉通常采用两台或四台分离器。旋风分离器使含灰气流在筒内高速旋转，固体颗粒在离心力和惯性力的作用下，逐渐贴近壁面并向下呈螺旋运动，被分离下来；烟气和无法分离下来的细小颗粒由中心筒排出，送入尾部对流烟道。

除了旋风分离器之外，还有许多其他的分离器型式，如 U 形槽、百叶窗等，但旋风分离器在大型循环流化床锅炉中具有更高的可靠性和优越性。

旋风分离器的阻力较大，加之布风板的阻力，因此，循环流化床锅炉的烟气阻力比常规煤粉炉高得多。

五、飞灰回送装置（固体物料回送装置）的作用及种类

飞灰回送装置是将分离下来的固体颗粒送回炉膛的装置，通常称为返料器。返料器的主要作用是将分离下来的灰由压力较低的分离器出口输送到压力较高的燃烧室，并防止燃烧室的烟气反窜进入分离器。由于返料器所处理的飞灰颗粒均处于较高的温度（一般为 850℃左右），所以，无法采用任何机械式的输送装置。

目前，均采用基于气固两相输送原理的返送装置，属于自动调整型非机械阀。典型的返料器相当于一小型鼓泡流化床，固体颗粒由分离器料腿（立管）进入返料器，返料风将固体颗粒流化并经返料管溢流进入炉膛，如图 4-10 所示。由于分离器分离下来的固体颗粒的不断补充，从而构成了固体颗粒的循环回路。图 4-11 所示为流动密封阀（U 形）。

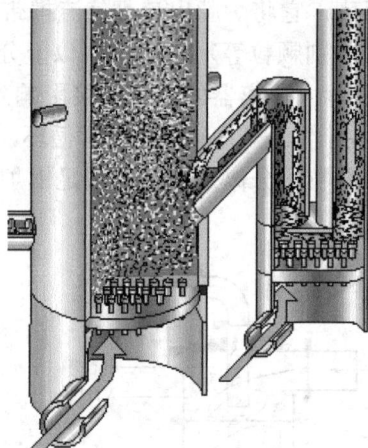

图 4-10　固体物料回送装置示意　　　图 4-11　流动密封阀（U 形）

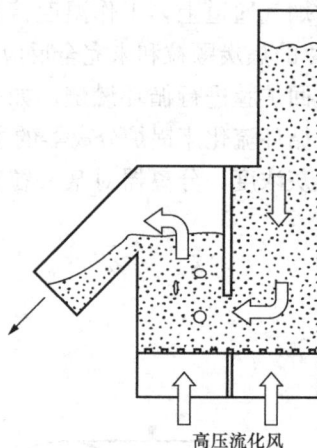

在循环流化床锅炉中，物料循环量是设计和运行控制中的一个十分重要的参数，通常用循环倍率来描述物料循环量，其定义为

$$R = \frac{F_S}{F_C} = \frac{\text{循环物料量}}{\text{投入炉内的垃圾量}} \tag{4-1}$$

根据循环流化床锅炉设计时所选取的循环倍率的大小，可大致分为低循环倍率的循环流化床锅炉（$R=1\sim5$）、中循环倍率的循环流化床锅炉（$R=6\sim20$）和高循环倍率的循环流化床锅炉（$R=20\sim200$）。

循环流化床锅炉燃烧系统主要特征在于飞灰颗粒离开炉膛出口后经气固分离装置和回送机构连续送回床层燃烧，由于颗粒的循环，使未燃尽颗粒处于循环燃烧中，因此，随着循环倍率的增加，会使燃烧效率增加。但另一方面，由于参与循环的颗粒物料量增加，系统的动力消耗也随之增加。

对固体物料回送装置要求如下：

（1）物料流动稳定。保证在回送装置中不结焦，流动通畅。

（2）无气体反窜。保证产生足够的压差来克服负压差，既起到气体密封作用，又能将固体颗粒送回床层。

（3）物料流量可控。能平稳开启、关闭固体颗粒的循环，能调节或自动平衡固体物料的流量，适应锅炉运行工况变化的要求。

六、外部流化床热交换器

循环流化床锅炉可以带有外置式热交换器（见图4-12），外置热交换器的主要作用是控制床温，但并非循环流化床锅炉的必备部件。它将返料器中一部分循环颗粒分流进入一内置受热面的低速流化床中，冷却后的循环颗粒再经过返料器送回炉膛。根据有无外置式流化床换热器所设计的循环流化床锅炉已经在制造领域形成对应的两大流派，各自具有不同的特点。

七、点火系统

锅炉点火是通过某种方式使床层温度提高，保持投燃料着火所需最低温度，实现正常稳定运行。循环流化床锅炉的点火操作是将静止的、常温状态下的固体物料转变为流化状态下正常燃烧的一个动态过程，这一过程比煤粉炉或层燃炉的启动点火要困难得多，其难度主要在于床温的控制。大容量的循环流化床锅炉的点火均采用床下风道燃烧器（见图4-13），通常在炉膛水冷风室下部前一次风道内布置有两台风道点火器，将送入布风板下的一次风加热到900℃左右，使高温烟气通过布风板，流过并迅速加热颗粒物料床层。同时，还常辅助以床上点火油枪。

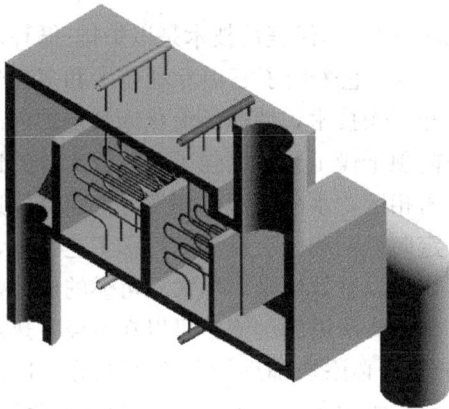

图4-12　外置式热交换器

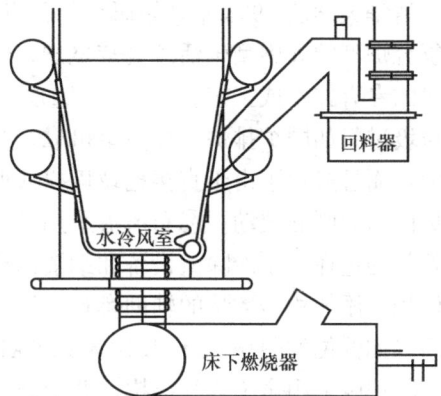

图4-13　床下风道燃烧器

点火过程如下：

（1）床料加热。用外来燃料作热源，把床料从室温加热到投料可以燃烧的温度。

（2）试投燃料。床料达到一定温度后，试投燃料，观察是否着火，并用燃料燃烧放热进一步使床温升高。

（3）过渡到正常运行。用风量控制床温，并适时给料，调节好风量与燃料的比，逐步过渡到正常运行参数。

影响循环流化床焚烧炉点火的因素有：①床料的厚度、筛分特性、床料的性质及配比；②埋管受热面积；③点火方式和风量配比。

图4-14所示为绍兴新民热电公司的一台煤与垃圾掺烧的循环流化床垃圾焚烧炉，入炉燃料的设计比例为煤占总燃料量的20%。

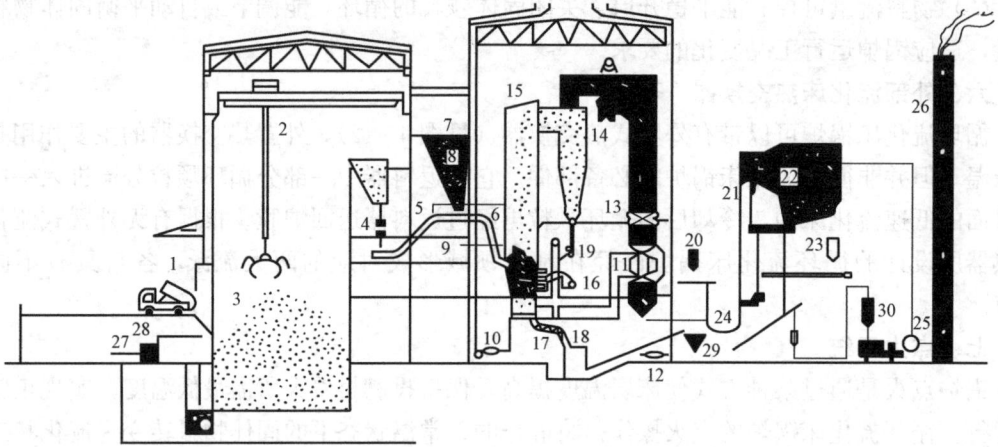

图4-14　绍兴新民热电公司循环流化床焚烧炉

1—垃圾车；2—垃圾行车；3—垃圾仓；4—双螺旋给料机；5—链板输送机；6—拔轮机；7—皮带输送机；8—煤仓；
9—螺旋输送机；10——一次风机；11—空气预热器；12—二次风机；13—二次风空气预热器；14—高温旋风分离器；
15—流化床炉膛；16—外置热交换器；17—冷渣器；18—砂石提升机；19—返料器；20—活性炭料仓；
21—反应塔；22—布袋除尘器；23—石灰料仓；24—消化增湿器；25—引风机；26—烟囱；
27—渗滤水；28—渗滤水箱；29—渣仓；30—灰仓

清华大学从1994年开始研究、开发生活垃圾焚烧炉，其代表性技术是以炉排-循环流化床复合炉型的大中型生活垃圾焚烧炉，如图4-15所示，它采用了三项专利技术和多项独家开发的专有技术或工艺。主要有：①采用炉排进料和干燥技术，使循环流化床焚烧炉内的生活垃圾进料如同炉排炉一样简单可靠，同时采用炉内预干燥工艺，增强了对垃圾水分的适应能力，而且避免了由于直接把垃圾投入循环流化床密相区，水分闪蒸、挥发分快速释放造成的炉内压力剧烈波动；②布风板采用了空间形状、定向风帽和床上排渣的特殊工艺技术，配合外部的选择性水冷除渣设备和细渣循环回送系统，可以有效地排出粗大不可燃的成分，不必依赖于添加相当数量的辅助燃料（煤）来形成排出粗渣所需的细渣，可以在垃圾发热量足够高（如低位发热量大于$4.18\times1200kJ/kg$）时完全不必添加辅助燃料即可充分、稳定燃烧；③炉膛采用全膜式壁结构，并全部敷设耐火材料，既避免了炉内腐蚀，又保证了低发热量燃料在半绝热条件下的充分燃烧；④采用四级配风，充分适应垃圾中可燃成分以挥发分为主的特点，实现垃圾的分级燃烧，既保证了较低的初始排放水平，又能保证充分燃烧。

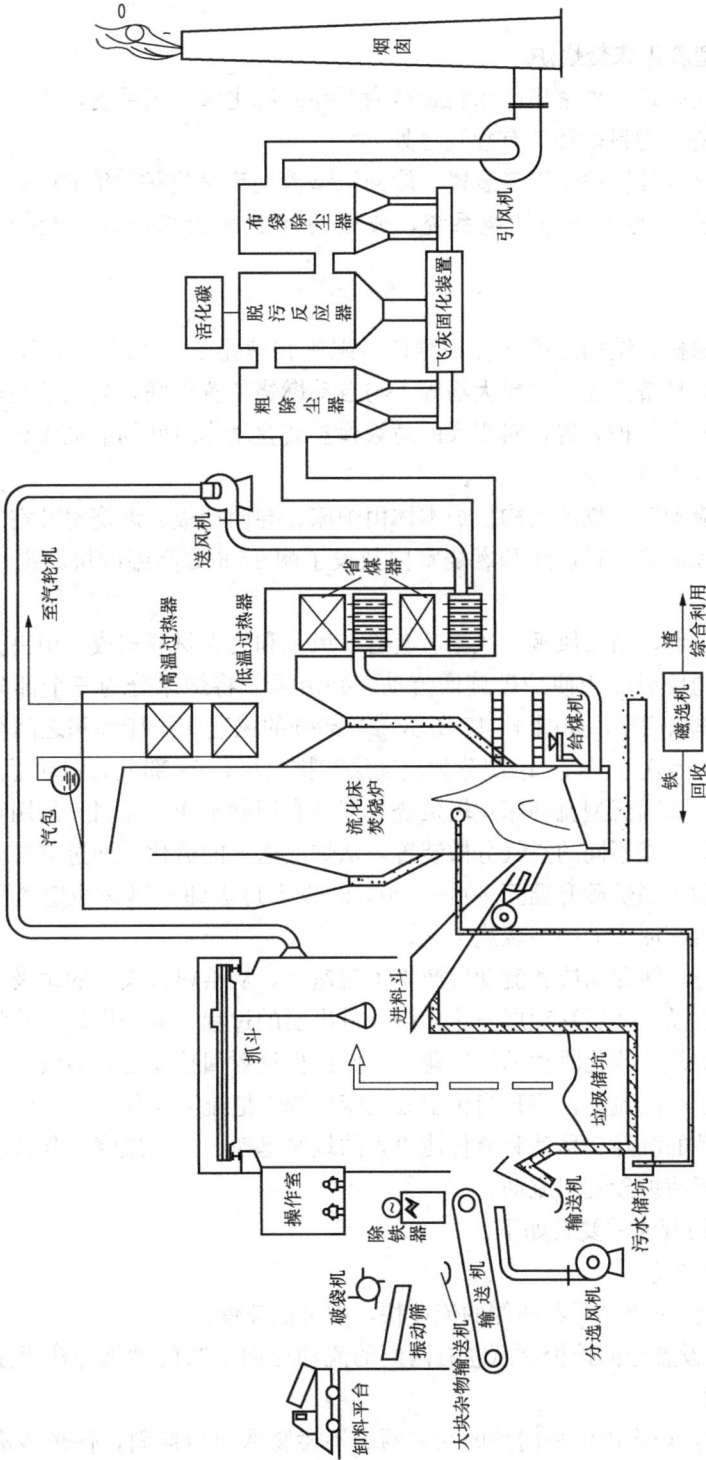

图 4-15 260t/d 垃圾焚烧系统

第三节　TIF 旋转型流化床焚烧炉

一、TIF 旋转型流化床焚烧炉

TIF 旋转型流化床是一种密相区床料旋转内循环的流化床工艺系统，仍属于第一代流化床。但该工艺在排渣、物料循环上有独到之处。

TIF 旋转型流化床焚烧炉以进料装置、旋回流型流动床焚烧炉（TIF）和不燃物取出装置三个单元构成了完善的无破碎焚烧系统，典型的 TIF 旋流型流动床焚烧炉如图 4 - 16 所示。

1. 进料装置

双轴式螺旋输送机，结构简单、容易维修。螺旋转速是 2～10r/min，属于低转速，并具有很大的扭力，容易挤碎袋子和粗大物等。与自动燃烧装置串联，自动控制进料量。粗大垃圾进入时，备有安全保护装置，对粗大的垃圾保护装置动作时间间隔加大。

2. 旋回流型流动床焚烧炉

（1）旋回流型流动床焚烧炉结构。炉本体由炉床、导向挡板、燃烧室及空气分散装置构成。为了防止磨损和散热，在炉床和燃烧室内敷设了耐 1500℃ 高温的抗磨损性耐火绝热浇注料。

炉床一般呈人字形，由布风板、风帽、套管、风室和耐火材料构成，中央突起，坡向两边，通过导向挡板的反射作用使炉砂旋回流动，并由风室将炉床分为三个部分，即"移动层"、"流动层"、"排出层"，如图 4 - 17 所示。各部分的风速和炉床面积之间个关系分别是 $v_1 = v_3 > v_2$，$A_1 = A_2 = A_3$。A_1、A_3 部分为流动层和排出层，A_2 部分为移动层。

（2）工作原理。旋回流型流动床垃圾焚烧处理是利用砂子作为床料，采用特殊的炉床结构，并在炉床上布置功能不同的空气分散装置，从炉底送入的流化风通过空气分散装置将炉砂吹起并作旋回流动，当炉砂升温至 600～700℃ 时投入垃圾即可迅速稳定燃烧，不燃的残渣及飞灰均由特定机构取出的一种焚烧工艺。

由于 $v_1 = v_3 > v_2$，使移动层和流动层产生了流速差，从给料口投入的垃圾在重力作用下被剧烈流化的炉砂吞没，经历移动层→流动层→排出层的过程，充分燃烧，并将不燃物经排出层和下渣口排到炉外。流化跳动的炉砂碰到导向挡板反射回移动层，继续加热垃圾使其充分燃烧，从而形成了旋回流动，TIF 旋转型流化床焚烧炉把流动、移动、排出有机地组合成一个整体，通过炉砂的沉降、移动和流化使投入的垃圾迅速、稳定燃烧，其特色在于炉内不需任何驱动装置即可使炉砂旋回流动。

（3）构成 TIF 回旋流的要素如下：

1）适量的流化空气。

2）流化空气的流速差。左右两侧的流速快，中央流速慢。

3）导流效果。设置导向挡板，从左右两侧的流动层向上吹的砂被导流板阻挡回流到炉床的中央移动层落下。

4）倾斜式炉床，炉床由中央向炉的左右两端不燃物取出口倾斜，使炉砂沿着倾斜的炉床移动。

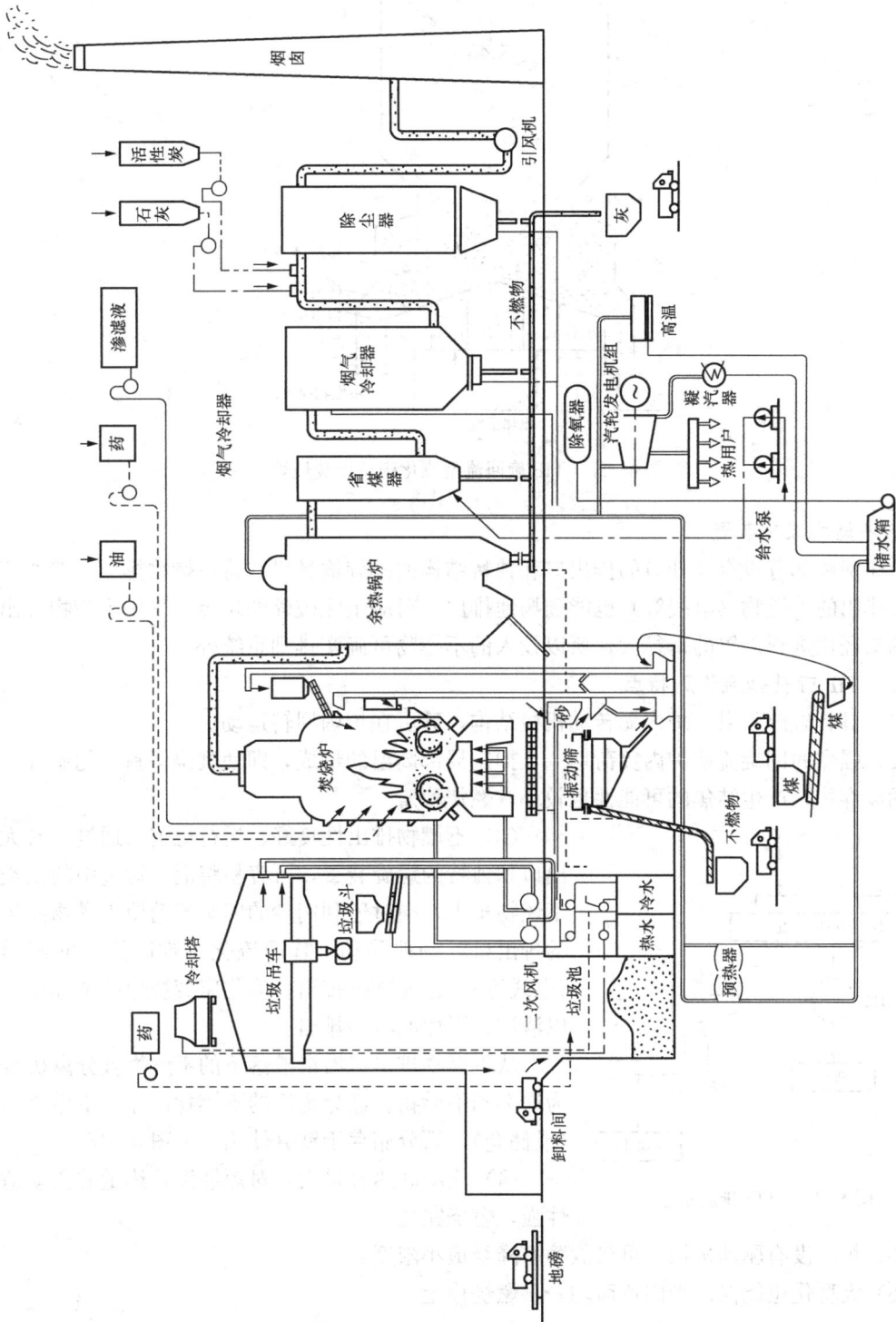

图 4-16 TIF 旋回流动型流化床垃圾焚烧炉系统

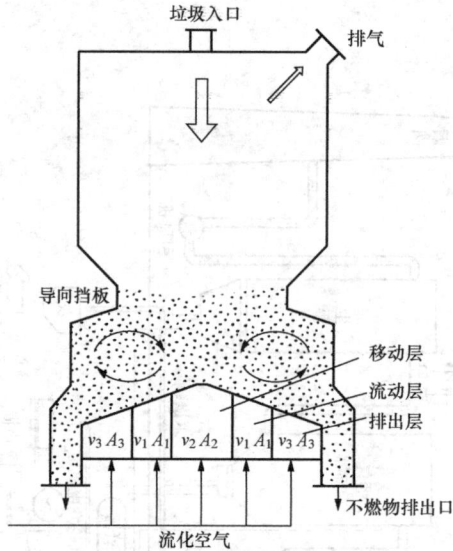

图 4 - 17　TIF 旋回流型流化床垃圾焚烧炉

3. 不燃物取出装置

炉床两侧部分设有大开口的排出口和独特结构的螺旋输送机，将不燃物排出。普通流化床难以排出的不燃物（电线等）也能顺畅地排出。对应于无破碎的垃圾，采用不燃物排出口装置的口径比进料装置的口径大，所以投入的不燃物可确实排到系统外。

二、TIF 旋转型流化床特点

（1）具有破碎效果。炉内无转动机械结构，砂可在炉内回转运动。

（2）强烈的回旋流使炉内负荷均一，抑制局部高温的形成，即使焚烧塑料、轮胎等发热量高的废弃物，产生结焦的可能性也较小，燃烧稳定。

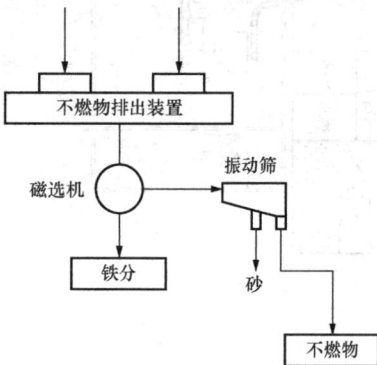

图 4 - 18　TIF 排渣示意

（3）不燃物排出性良好、运行稳定。通过具有大排出口和独特的螺旋装置，可容易将混入垃圾中的铁类和不燃物排出，同时还利用砂的回旋流动使不燃物向炉底的排出口顺畅地移动。普通流化床难以排出的不燃物（电线等），也能顺畅排出。流化床焚烧炉的全部排出物以清洁、干燥的状态排出。

从不燃物排出口沿滑槽落下的不燃物被分离机分离为铁类和不燃物。经分离后的不燃物储存于不燃物储箱（或储仓），铁分储存于铁分储箱，见图 4 - 18。

（4）流动砂热容量大，对短期性发热量的变动适应性强，燃烧完全。

（5）炉内没有驱动机械，可将故障率降至最小限度。

（6）大型化也能保证炉内负荷均一，燃烧稳定。

第四节　哈尔滨垃圾焚烧发电厂锅炉设备

一、工程概述

哈尔滨垃圾焚烧处理发电厂位于哈尔滨市，厂区面积 4000m²，厂房高度 26m，地下 9m。垃圾处理量为 200t/（天·炉），处理对象为生活垃圾以及与一般生活垃圾性质相近的商业垃圾。配套一台 WHB19.4-2.5/270 型余热锅炉及一台 3MW 发电机组，计划年运行天数 320 天，年发电量约 2100 万 kW·h，蒸汽量 7.2 万 t。

烟气处理设备由布袋除尘器、二噁英类清除装置，干式有害气体清除装置和无催化剂脱氮装置构成，使烟气中有害气体的排放浓度符合 GB 18486—2001，垃圾污水采用高温氧化的处理方式，并回收残渣中的废金属。

锅炉设备包括 TIF 流化床焚烧炉＋余热锅炉＋省煤器＋减温塔＋布袋除尘器，其中 TIF 型旋回流式流化床焚烧炉由日本荏原公司生产。垃圾进入焚烧炉内温度控制为 850～950℃。该机组的技术规范见表 4-1。

表 4-1　　　　　　　　　　　TIF 流化床焚烧炉机组技术规范

项 目		数 值	项 目	数 值
（1）TIF 流化床焚烧炉技术规范	设计容量	200t/d	有效容积系数	0.78
	焚烧残渣热灼减量	5% 以下	垃圾低位发热量	6280kJ/kg（1500kcal/kg）
	质量（体积）增减率	1/5（1/10）	烟囱高度	60m（底部内径 2.3m，顶部内径 2.0m）
（2）垃圾接收设备	垃圾倾卸门	3 组	垃圾吊车	1 台，载重 2.4t（6m³）
	垃圾储坑	3000m³，可储存 3～5 天的垃圾焚烧量	地衡	3t 一台
（3）垃圾焚烧设备	炉床	1 组	形式	TIF 旋回流型
	处理量	8.33t/h	炉床面积	16.8m²
	炉膛温度	850～950℃	炉膛容积	287m³
	炉床热负荷	-2.15×10^5 kJ/m²·h $[-9 \times 10^5$ kcal/(m²·h)]	烟气在炉内停留时间	大于 5s
（4）供排气设备	流化空气送风机	20 000m³/h	二次空气送风机	30 000m³/h
	引风机	5500m³/h	最大排烟流速	17.14m/s
（5）余热回收设备	余热锅炉	1 台	蒸汽产量	19.3t/h
	蒸汽温度	270℃	蒸汽压力	2.26MPa
（6）废气处理设备	袋式除尘器	烟尘 80mg/m³（标准状态下）以下	消石灰喷入装置	HCl 80mg/m³（标准状态下）以下
	活性炭喷入装置	二噁英 1.0ng/m³（标准状态下）以下	脱硝装置	NO_x 400mg/m³（标准状态下）以下

该机组自 2002 年 10 月正式投产以来，运行正常，在焚烧低发热量垃圾方面积累了成功的经验。全套设备自动化程度高，除少数设备现场操作外，大部分设备的运行操作都集中在中央控制室进行，采用三台冗余的工业计算机对运行参数进行监控，并且配备了三台工业电视对炉膛燃烧情况、汽包水位及进料斗等重要部位直观监视。

二、主要系统

垃圾供给设备将垃圾池中的垃圾用垃圾吊车投入到一套能将垃圾进行粉碎的特殊双轴螺杆输送装置，使简单粉碎后的垃圾能连续定量地送入焚烧炉内均匀焚烧，双轴螺杆输送机的输送量是 8.33t/h。

1. 垃圾焚烧及点火油系统

垃圾在焚烧炉内的燃烧工况与垃圾给料量、垃圾低位发热量、流化风量、二次风量以及炉床温度等密切相关，这些因素相互影响、相互制约，在垃圾正常焚烧时缺一不可。因此，该焚烧炉设有垃圾给料及辅助燃料系统和轻油点火加热系统。

（1）垃圾给料及辅助燃料系统。焚烧炉设计基准：垃圾低位发热量 6280kJ/kg，垃圾处理量为 200t/d，炉床温度不低于 620℃，炉顶温度为 850～900℃。当垃圾低位发热量低于 6280kJ/kg 时，应适当添加辅助燃料（煤），以维持炉床温度。夏季垃圾发热量较低，水分多，给煤量有所增加。当垃圾低位发热量高于 10 048kJ/kg 时，炉顶温度可能超过 900℃，需喷水降温。

（2）轻油点火加热系统。焚烧炉在启动点火和故障停运后，再次重新启动时，均是轻油自动点火，热态启动时，即启动流化风机，炉床温度在 550℃ 以上时，可直接投入辅助燃料系统，炉床温度达到 620℃ 后，再投入垃圾给料系统。如果炉床温度低于 550℃，则需要将砂子加热升温至 620℃。根据运行经验，冷态启动大约需 12h，耗油量较多。利用原化工热电厂的轻油罐，经输油泵将柴油输送至垃圾处理厂房内 1.5m³ 的日用油箱，然后经供油泵将柴油送至炉内，多余的油回流至日用油箱中。

2. 焚烧炉本体系统

该炉本体由炉床、导向挡板、燃烧室及空气分散装置构成。为了防止磨损和散热，在炉床和燃烧室内，敷设了耐 1500℃ 高温的抗磨损性耐火绝热浇注料。

该炉的炉床由布风板、风帽（700 余个）套管、风室和耐火材料构成，中间隆起，向甲乙两侧下倾斜 20°，运行中流化风量 14 500m³/h，使砂流化移动。给料机转速控制垃圾给料量，由燃煤控制炉床温度为 600～700℃，流动层的炉砂被流化风吹起后打到导向挡板上反射回移动层，移动层的炉砂不断向流动层补充，同时排出层将不燃物移向排出口由不燃物排出装置排到炉外，从而形成了旋回流动。

3. 焚烧炉风、烟系统

送风系统的主要功能是：①保证炉砂正常流化所需的空气量；②提供垃圾完全燃烧所需的空气量。

流化风机、二次风机吸入口均设置在垃圾池上方，并带有滤网。流化风由流化风机经流化风预热器加热后，从炉床底部的风室和风帽吹入炉膛，提供炉砂流化和垃圾燃烧所需的空气量。助燃风由二次风机经二次风预热器加热后，从炉床上部的二次风喷口送入炉膛，流化风预热器和二次风预热器视炉内燃烧工况投入运行。产生的高温烟气经余热锅炉、省煤器、烟气冷却器、布袋除尘器由引风机通过烟囱排到大气中。

4. 不燃物及炉砂循环系统

该系统作为垃圾焚烧的重要组成部分，主要作用是将炉膛内的不燃物及时排到炉外，确保焚烧炉内垃圾稳定燃烧和炉砂良好的流化状态。炉床四角共有四个排砂口，四个排渣口底部与螺旋式不燃物输送机相连，可将热砂及不燃物（炉渣）送入振动筛将不燃物中夹带的砂子分离回收，砂由提升机返送回炉内循环利用，床压高时可排到砂箱备用，不燃物则清运填埋。

此外，在启停炉时的加砂、运行中的补砂也是由该系统完成的。焚烧炉正常运行时，砂温约为 660℃，稳定运行时，炉砂粒径为 0.4～0.8mm，砂粒大小对流化效果影响较大。当需要更换全部炉砂时，使用 JIS4 号（0.7mm）和 JIS5 号（0.4mm）砂各一半，若砂粒太大很难使砂子流化起来，砂粒太小则易被引风机抽走造成损失。

5. 仪表控制系统

垃圾焚烧和有害气体的处理，都是由 DCS 协调控制完成，该系统是日本山武（YA-MATAKE）研发的 HAMONAS R110，它能很好地完成垃圾给料量、蒸汽温度、蒸汽压力等各项参数的控制。对采集到的实时数据计算分析后，输出给执行机构，真正达到了在线控制功能。并将一些重要数据存储在历史趋势和报表管理文件中，为安全经济生产提供了可靠的技术保证。并且能够很方便地实现各种控制参数的调整和变更。操作站（HSS）和控制器（HC）的冗余配置和 PLC 数据的光纤传输为连续安全运行提供了良好的硬件支持。

三、污染防治措施

1. 废气处理

本工程采用布袋除尘器、消石灰喷射装置、活性炭喷射装置和无催化脱硝装置去除烟气中的污染物。

（1）布袋除尘器主要去除烟气中粉尘污染物，去除效率可达 99.8％以上，同时布袋除尘器也能去除废气中 HCl、SO_x、二噁英和重金属。

（2）消石灰喷射装置是去除烟气中 HCl、SO_x 的设备。去除方式是在布袋除尘器入口烟道上喷入干消石灰粉末，使其附着在布袋除尘器滤布表面与废气中的 HCl、SO_x 等酸性气体反应生成无害盐类与粉尘一起除去。

（3）布置在布袋除尘器入口烟道上活性炭喷射装置，利用活性炭的吸附作用去除二噁英和重金属，并随粉尘一起排入布袋除尘器。

（4）废气中的氮氧化物（NO_x）通过脱硝装置喷入的尿素水在焚烧炉燃烧区域去除。

2. 废水处理

本工程垃圾储坑渗滤液由垃圾喷射装置喷入焚烧炉高温氧化处理，生活污水以及余热锅炉排污水由化工热电厂污水处理车间处理并回收。

3. 臭气防止

流化风机和二次风机入口均设置在垃圾储坑上方，将臭气送入焚烧炉供垃圾焚烧用。臭气经高温氧化，并使储坑维持负压状态，控制室及储坑外部为正压，臭气不准外泄。

4. 灰渣处理

不燃物残渣及飞灰加湿后送卫生填埋场填埋。

四、运行中的结焦

1. 结焦现象

（1）结焦初期床温出现偏差，中期床温大幅波动，后期各测点出现不同反应，或急剧上升至 880～900℃，或逐渐下降至与流化风温相同。

（2）初期垃圾焚烧基本正常，焚烧炉出力略有下降；中期炉内时亮时暗，垃圾爆燃，火焰呈白色，正压频繁，烟浓白色；后期炉内不着火，炉内含氧量上升；引风机入口挡板关小，电流下降。

（3）床压指示值波动很小；不燃物系统排渣困难或排不下渣。

（4）垃圾压床，向上堆积堵塞下料口，垃圾给料机突然过载跳闸。

2. 结焦原因

结焦分高温结焦和低温结焦两种。

（1）高温结焦是由于运行中床层整体温度过高，但流化正常，床料燃烧异常猛烈，温度急剧上升，当温度超过灰的熔化温度时就会发生高温结焦。主要原因是启动过程和正常运行中，监盘不认真或调整不当。给煤过多过快，床料中含碳量过高，未及时调整一、二次风量；加减煤和风时大起大落，煤和风比例失调；放渣或排砂过多使料层太薄，造成床温忽涨忽落不稳定；热工控制系统不完备，仪表配置不合理，测点不足，床温测点失准未及时修复，司炉盲目操作等。

（2）低温结焦是床层整体温度低于灰渣变形温度，因为流化不良使局部达到着火温度，此时的风量足以使物料迅速燃烧，致使该处物料温度超过灰熔点而引起的结焦。该厂目前所发生的均是低温结焦。主要原因有：点火前，没有做常规冷态临界流化试验；运行流化风量过小，或低于临界流化风量运行；在运行中没有根据床压进行分析和排渣，造成料层太厚，导致流化形成泡状状态。布风系统设计和安装质量不好、风帽错装、堵塞等；锅炉在压火期间操作不当。

（3）振动筛工作的好坏直接影响渣的分离和排出，筛缝是最关键的。筛板因磨损需定期更换，几乎每次更换后都会出现砂渣分离不好的问题，现场处理效果差，滞留炉内的渣不断增多。2004 年 6 月 8 日 22 时，锅炉灭火。停炉检查，床料厚度高出正常值一倍，渣约占床料的 2/3，最大粒径 15mm，有较多焦块；未燃垃圾堆积严重。

（4）不燃物系统设备工作条件恶劣，内部炙热床料对设备磨损严重。铁件常使设备卡涩跳闸。振动筛还要承受冲击荷载，易故障损坏。常停运 4h 以上甚至超过 24h。因无法排渣，只能停炉。如果停垃圾不及时或设备恢复运行后急于投垃圾，易大量积渣，其蓄热能力低、透风，易流化不良结焦。2008 年 7 月 15 日，振动筛检修 6h 后投入运行，立即投垃圾加负荷，18 时炉灭火，停炉检查，床中部塌陷形成凹坑。炉前侧有多个大焦块，乙后侧排砂口被焦块堵死。有 11 个风帽脱落，多个风帽堵塞。结焦直接原因是炉内大量积渣，而根本原因是渣由损坏的风帽漏入风室造成风量分配不均，床料不能充分流化而结焦。

（5）煤湿时常堵塞下煤管，被迫钎捅锤震下煤管，邻近的炉墙也会受到破坏；运行中垃圾燃烧不正常导致正压；点炉升温过快、频繁加减负荷，均会使炉膛耐火材料松动脱落。另外，炉床内有铁板等异物，也造成床料流化不良。2009 年 2 月 1 日，不燃物输送机冷却水套漏水，被迫停炉处理。意外发现后侧炉墙（下煤管附近）耐火材料大面积（8m×2m）脱落，造成乙后侧、甲前侧排砂口堵塞，其附近有焦块出现。

3. 结焦的预防措施

结焦一旦产生便会迅速增长，焦块长大速度越来越快，因此预防和及早发现结焦并予以清除是运行人员必须掌握的原则。运行中由于火焰、飞灰影响，炉床的流化状态是看不到的，只能从运行实际着手。

（1）启动过程和燃烧工况调整，保证良好的流化、移动工况，防止床料沉积。

改善运行设备健康水平，要利用锅炉检修时间，对炉内的耐火材料、风帽、热工设备等进行全面检修；清理杂物；启动时应进行冷态临界流化试验，确认床层布风均匀，流化良好，床料面平整。

点火过程中严格控制进煤时间和煤量，要特别注意氧量和床温的变化，当床温超过1050℃，虽经减煤加风措施，床温仍然上升，此时必须立即停炉压火，一般待床温低于800℃再启动。

启动过程中，为保证耐火材料的安全，应严格控制炉内任一点的温度变化小于100℃/h，防止浇注料与金属膨胀不均。运行中保持负荷稳定，炉膛负压为 $-0.6\sim$ -0.5kPa。

正常运行中流化良好时火焰是跳跃闪烁的。控制锅炉出口烟气含氧量不低于6%；合理调整一、二次风比例使燃烧工况良好，经过分析研究，对一二次风进行了合理配比，合理组织燃料在密相区和稀相区的燃烧份额（比例为3:4左右），一次风量满足密相区燃烧的需要，使密相区主要处于还原性气氛，二次风保证燃料的完全燃烧，以降低飞灰可燃物含碳量；尽量保持较高的床温，减少灰渣含碳量。

正常运行中必须保证流化风量不小于临界值，不同的床压应有不同流化风量；认真监测流化层、移动层温差，如果温差超出50℃，说明流化不正常，下部有沉积或结焦，此时可短时间加大流化风量吹散焦块。如不能清除，应立即停炉检修。每班高风量（18 000m³/h）吹扫炉床5min，清除流化死角。每日将五个流化风管的排砂阀开启一次，将漏入流化风室、风管的砂排掉，避免堵塞。每周取砂样一次，测砂密度（1.49~1.55kg/m³）、粒径（0.4~1.1mm），视情况补入新砂。

锅炉变负荷运行时，与热态相同的床层压降对应的一次流化风量应取上限甚至更大，保证充分流化。严格控制床温在允许范围内，做到升负荷先加风后加煤，降负荷先减煤后减风，燃烧调节要做到"少量多次"的勤调节手段，避免床温大起大落。

不燃物系统设备检修时，应及时停垃圾；恢复运行后应先排渣1~2h。振动筛筛板材质、制造工艺必须符合热态运行及筛分要求。床压的大小代表炉膛内物料的多少，严格控制床压为21~23kPa，合理排渣排砂，若排出的炉渣有焦块应汇报司炉。

进干煤，控制给煤粒度在20mm以下。做好入炉煤的搭配，改变燃煤的焦结特性。另外，做好垃圾分拣工作，避免大件进入炉内。

（2）压火时正确操作。压火时将锅炉负荷降至最小值，停止排渣并保持较高料位。停止给煤，减小二次风。维护床温为700~750℃，待床温有下降趋势时，且烟气含氧量应不低于15%，则停止二次风机、流化风机、引风机。迅速关闭各风机进出口、风道、烟道挡板，防止漏风。压火期间，加强床温下降速度的监视和分析。

（3）进行技术改造。如不燃物输送机、振动筛的入出口常被铁皮、铁丝等堵塞而使设备跳闸。在易堵部位增设了旁路及检查口，可以及时处理，简单高效。

　　在流化床锅炉运行中，良好的流化质量是防止结焦的关键，同时运行中尚应认真调整好煤量、风量关系，严格控制床温及床压等运行参数，流化床锅炉结焦是可以避免的，锅炉的安全运行就可以得到保证。

复习思考题

4-1　什么是循环流化床垃圾焚烧炉？什么是物料循环倍率？

4-2　循环流化床锅炉燃烧室主要特点有哪些？

4-3　循环流化床锅炉布风板的作用有哪些？对布风装置性能有何要求？

4-4　简述物料分离器的作用和类型。水冷或汽冷旋风分离器的特点是什么？

4-5　高温绝热型、水（汽）冷型、方型分离器各有什么优缺点？

4-6　简述固体物料返料装置的作用及基本要求。

4-7　简述 U 形回料阀的结构和工作原理？

4-8　简述布风板的结构形式？

4-9　风帽的作用是什么？常用风帽有哪些结构形式？各有何特点？

4-10　试述 TIF 旋回流型流化床焚烧炉本体结构及工作原理。

4-11　分析 TIF 流化床焚烧炉的特点。

4-12　哈尔滨垃圾焚烧发电厂机组的主要系统有哪些？

4-13　TIF 旋回流型流化床焚烧炉风、烟系统的主要功能是什么？

4-14　流化床垃圾焚烧炉结焦的现象、原因有哪些？

4-15　如何减轻或防止流化床垃圾焚烧炉的结焦？

第 五 章

垃圾填埋气体发电

第一节 填埋气体发电概述

过去认为，垃圾填埋是最简单又最廉价的垃圾处理方法。直到近10～15年，人们才认识到垃圾填埋的后续管理及运行费用很高，对环境影响很大。即使应用最现代化的填埋技术，其隐患依然存在。如果按照卫生填埋的标准建设垃圾场，并配套建设垃圾填埋气发电装置，对填埋气进行有效搜集、合理利用，则垃圾填埋方式不失为一种经济、安全、环保、高效的处理方案。和太阳能、风能一样，垃圾填埋气体也是一种可再生能源，于20世纪70年代首先在美国开始回收利用，把到处都有的城市生活垃圾堆放在一个垃圾（坑）场内填埋，填埋后垃圾中的有机物在适宜的温度和湿度下，经过一系列的物理、化学变化和生物降解作用，产生大量填埋气体（landfill gas，LFG），其主要成分是甲烷（CH_4）30％～55％、二氧化碳（CO_2）30％～45％和少量的O_2、N、CO、H_2S等微量元素气体，压力一般较低。

垃圾填埋气体的发热量相当于天然气发热量的一半，而1t家庭生活垃圾可以产生150～200m³这样的填埋气体，使这种气体具有很高的利用价值。在垃圾填埋场中设置特殊的沼气收集装置，抽出和收集这些气体作为燃料进行利用，可用来产生电能和热能。截至2011年，全世界共建成4817座垃圾填埋场，每年可回收沼气51.42亿m³。

垃圾填埋场可以是废矿井、废采石场、山沟和洼地等。现代化的垃圾填埋场在倾倒垃圾之前，在坑的内部用不渗漏的材料做一层防渗内衬，填满垃圾后封盖，上边再覆盖一层黄土，防止填埋气跑掉。经过一年左右的时间即可钻井采气。填埋气经除尘、除湿并加压，然后送入燃气轮发电机组发电，有的还回收余热，对外供热。一般可产气十年以上，填埋场表面还可以绿化、种植等。

一、填埋气体发电形式

目前利用垃圾填埋气发电主要有三种形式。

（1）利用垃圾填埋过程中产生的气体进行直接发电，也就是干发酵，在这个过程中不同物质会发生化学反应，这种气体成分相对复杂，其中含有有毒有害气体，因此所产生的气体主要用于工业发电。

（2）垃圾渗沥液发电。垃圾渗沥液发电是将垃圾填埋的渗沥液厌氧发酵后所产生的沼气进行发电。但垃圾渗沥液有机浓度较高，降解和处理难度都较大。

（3）垃圾粉碎后直接进行厌氧发酵进而产生沼气进行发电。目前国外已开展了这项技术。但这种方式要对垃圾进行很好的前处理，如分类和粉碎等，而且对前处理设备和厌氧消化器材料的耐腐蚀性、耐磨损性要求很高。

我国的垃圾填埋气发电技术多采用第一种方式，即直接收集填埋气体进行过滤发电。

填埋气发电原理是将城市生活垃圾集中填埋，由分解产生的甲烷气体燃烧发电。其工艺技术包括填埋垃圾气体的收集、填埋气体预处理（去除水分和杂质）、填埋气发电机组、尾气焚烧（火炬燃烧器）等。垃圾填埋气体发电工艺流程、发电示意图及集装箱式的发电机组示意图分别见图 5-1～图 5-3。

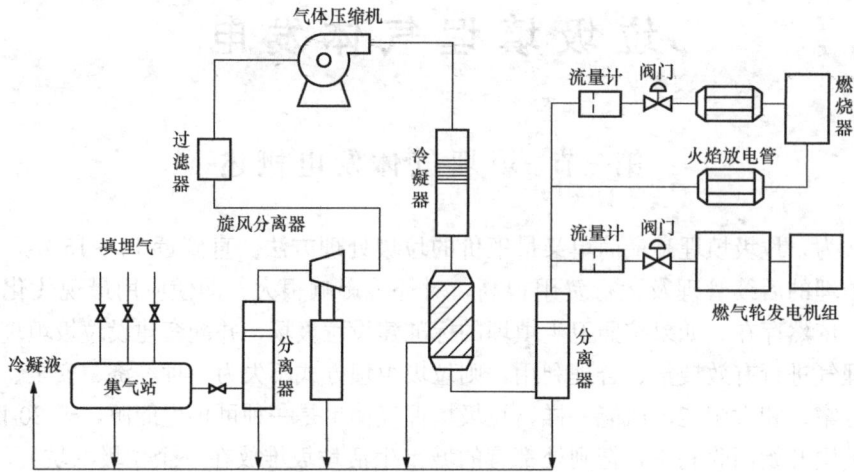

图 5-1　垃圾填埋沼气发电流程

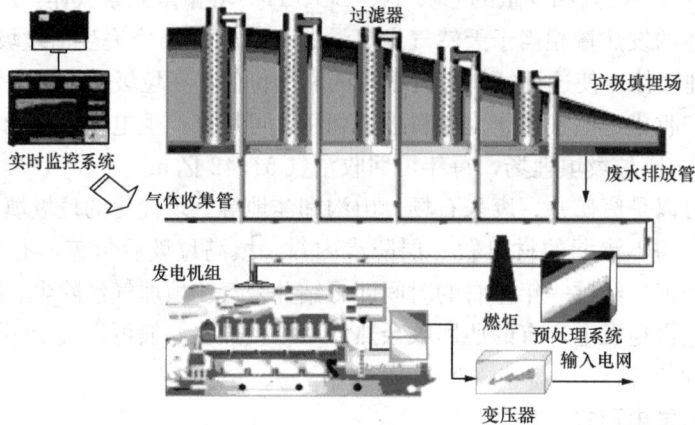

图 5-2　垃圾填埋沼气发电示意

二、垃圾填埋气发电系统

1. 前处理——气体收集系统

LFG 是依靠垂直气体收集井借压差流从垃圾中收集有用的气体，然后通过气体收集管引至集气柜，并由单个集气柜送往集气站处理。

2. 气体净化预处理系统

气体净化预处理系统主要由沼气净化装置、焚烧火炬、预处理装置组成。沼气净化预处理系统实现对沼气进行脱硫、脱水、过滤等净化处理，同时对沼气进行抽取、加压输送、稳压、稳流控制，并对沼气供给状态（流量、压力、温度、甲烷含量）和计量数值（累积消耗甲烷量）进行测量。目前市场上的预处理供应商是康达新能源公司。

（1）脱硫系统。填埋气中含有硫化氢成分，根据对填埋气的分析，硫化氢的含量为 $332\sim830\text{mg/m}^3$，超过了燃气发电机对气体中含硫量的要求，因此需对填埋气进行脱硫处

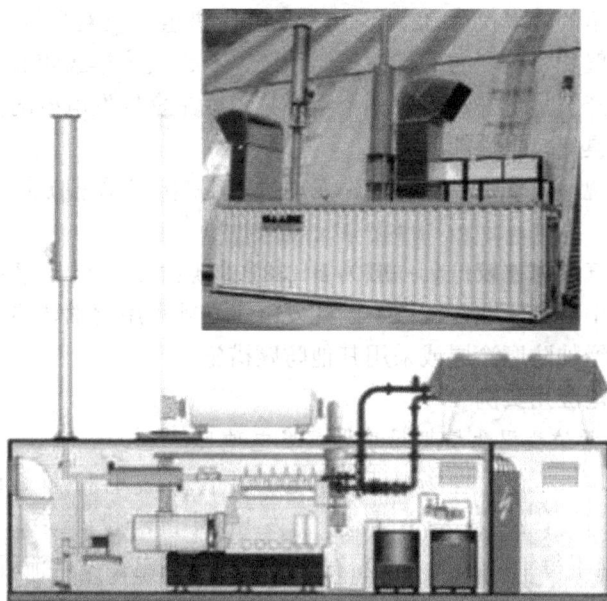

图 5 - 3　集装箱式发电机组（德国 HASSE）

理。一般采用湿法脱硫工艺，利用化学吸收的原理脱除填埋气中的硫。该工艺运行可靠，费用低。能自动控制脱硫溶液的 pH 值，保持脱硫效率。

（2）沼气处理系统。填埋气通常具有接近饱和的相对湿度，在填埋气的输送和处理过程中，当气体温度低于其露点时，就会产生凝结水，造成燃气轮机腐蚀伤害，另外，填埋气中的细微颗粒也会磨损燃气轮发电机部件。填埋气预处理模块的功能是通过对气体进行降温干燥，粗细过滤和出口压力控制（根据发电机组的要求），向燃气轮发电机组提供合格的气体。

（3）火炬系统。火炬的作用是焚烧多余的填埋气和在发电设备检修情况下处理掉输送到厂区的气体，采用封闭式火炬，这是近十年发展起来的一种新型燃烧设备，具有很多独特的优点，如火炬的火焰完全封闭，看不见火光，无光污染，没有热辐射，操作时无烟，低噪声，实现无烟燃烧，流量范围大，运行成本低，占地面积小，可靠近装置附近布置等。点火系统具有自动点火和手动点火功能，自动监测控制燃烧器的燃烧状态，燃烧塔外设有一套可燃气体监测仪，可燃气浓度超限时报警。

3. 气体发电系统

我国目前在运行的绝大多数填埋气发电机组采用进口设备，比较著名有 GE 能源的颜巴赫、DEUTZ、CAT 等。例如美国通用电气公司的燃气内燃机组，单机额定发电功率为 834kW。燃气内燃机组与汽车发动机完全类似，它将燃料与空气注入气缸混合压缩，点火引其燃烧做功，推动活塞运行，通过气缸连杆和曲轴，驱动发电机发电。同时还配套了一些辅助系统，如冷却水系统，润滑油补充系统和排气系统等。近年来国产内燃发电机组也取得了较大的进步，成熟的国产沼气发电机组的功率规格集中在 20～600kW。对甲烷含量约 50% 的填埋气，填埋气低位发热量 17.91MJ/m³（标准状态下），选用合适的沼气内燃发电机，发电量可达 1.85kW · h/m³（标准状态下）。但与国外知名品牌相比，在发电效率、填埋气适应性和排放指标上仍存在一定差距。好的进口机组发电效率高达 $42\%\sim48\%$，一般为 $38\%\sim40\%$，国产机组的效率仅为 $32\%\sim36\%$。进口机组不仅对填埋气质量和数量的适应性相对更高，而且一般配备专利的低排放控制系统，有毒气体排放较低。因此，在填埋气发电利用过程中，除了产气量之外，还有一个重要技术就是燃气发电机的性能。

三、发电机组应具备技术性能

（1）对于沼气来说，成分是不稳定的，发动机的空燃比必须根据沼气成分变化进行实时自动控制。

（2）垃圾填埋沼气压力比较低，一般为 $1\sim3kPa$，燃气轮发电机组必须采用低压进气。

（3）垃圾填埋气中含有腐蚀性气体，因此发电机必须采用化学防腐技术，在缸套、气门座圈、气门、活塞环增加防腐涂层或采用其他防腐措施。

四、垃圾填埋发电应用实例

1. 宁波鄞州区生活垃圾卫生填埋场填埋气发电项目

宁波鄞州区生活垃圾卫生填埋场填埋气发电项目于 2011 年 11 月 8 日正式投产，并顺利并网发电。此项目是宁波第一个填埋气发电项目，投产后，最大发电量将达 1620 万 kW·h，相当于每年可供 1 万户左右的居民家庭用电。发电流程如图 5-4 所示。

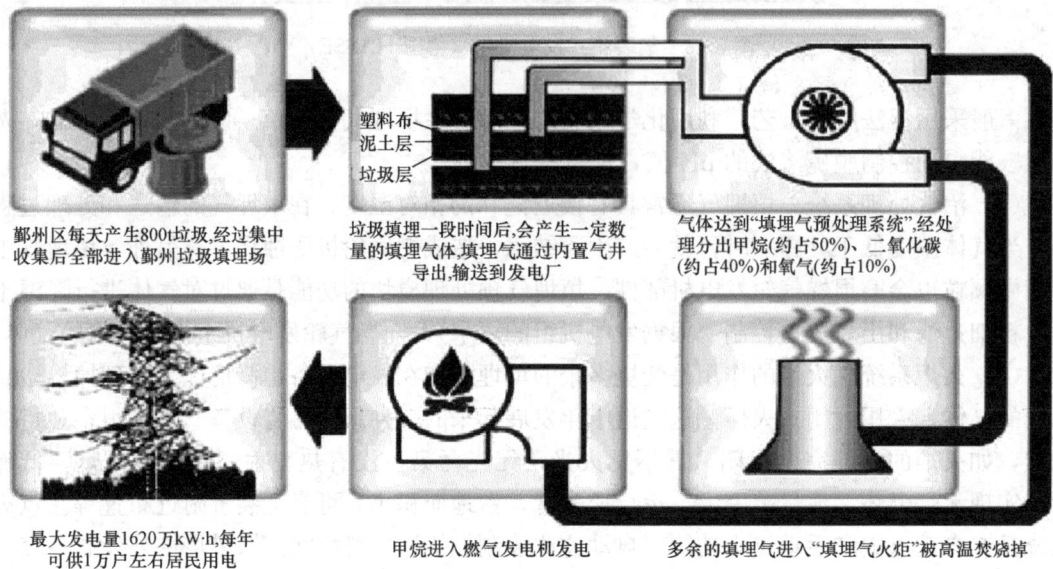

鄞州区每天产生800t垃圾，经过集中收集后全部进入鄞州垃圾填埋场

塑料布
泥土层
垃圾层

垃圾填埋一段时间后，会产生一定数量的填埋气体，填埋气通过内置气井导出来，输送到发电厂

气体达到"填埋气预处理系统"，经处理分出甲烷(约占50%)、二氧化碳(约占40%)和氧气(约占10%)

最大发电量1620万kW·h,每年可供1万户左右居民用电

甲烷进入燃气发电机发电

多余的填埋气进入"填埋气火炬"被高温焚烧掉

图 5-4　填埋气发电流程示意

一辆辆垃圾车将鄞州区各地产生的垃圾运往位于山腰的填埋基地，两辆挖掘机将垃圾填入填埋场，在填埋场四周插着输气管子。

填埋场每天可以填埋 800t 垃圾，预计填埋年限为 18 年，这些垃圾在填埋一段时间后，由于厌氧微生物的作用，产生一定数量的填埋气体，其中用于燃烧的甲烷气体占到 50%。厌氧微生物的作用是指在没有溶解氧和硝酸盐氮的条件下，微生物将有机物转化为甲烷、二氧化碳、无机营养物质和腐殖质的过程。

填埋场内敷设了气井，这些气井将填埋气体导出来，然后输送到发电厂内。在厂内有气体处理设备，将气体净化后送燃气内燃发电机组发电，多余的气体通过封闭式火炬焚烧掉。

据了解，鄞州区生活垃圾卫生填埋场填埋气发电项目按分期装机方式，总装机容量为 2126kW，年均回收填埋气 878 万 m^3，年均减排二氧化碳 72 955t。

目前填埋场已累计填埋生活垃圾约 90 万 t，这些垃圾产生的沼气已能使发电机组稳定运行，发电电压可保持相对稳定的状态。发电机组为通用电气的燃气内燃机，采用低压侧并网，然后再通过升压变压器将电压升至 10kV 后并入国家电网洞桥变百梁 A172 线，提供绿色电力。该项技术在世界属于领先水平，把沼气变成能源。

2. 海南颜春岭生活垃圾卫生填埋场填埋气发电项目

2009 年 5 月 15 日，海南首家垃圾填埋气发电厂建成投产，这一总投资 4000 万元的垃圾处理沼气收集发电项目，垃圾处理场日产生填埋气约 2.6 万 m^3，日发电量能达 4.4 万 $kW \cdot h$。电厂目前已安装 2 台 1000kW 发电机组，计划 3 年后再增加一台，以后根据气量的衰减逐渐减少至一台。预计整个项目运行时段可达 12 年，总发电量约为 2.65 亿 $kW \cdot h$，年均发电量 2200 万 $kW \cdot h$，每日的发电量能满足 8800 多户居民的生活用电需求，可实现 CO_2 减排量 8 万多吨。同时，每度电还将获得国家 0.25 元的补贴。

颜春岭垃圾填埋气发电厂主要通过垂直植入垃圾堆体里 36 根抽气井，不间断将沼气抽出，经过收集管网送至发电机机组，再经过冷却脱硫脱水、过滤净化等处理后，产生的纯沼气在发电机组里燃烧后发电，再并入电网。

颜春岭垃圾处理场是海口唯一一个生活垃圾处理场，总用地 1204 亩，有效填埋容积 81.6 万 m^3，于 2001 年 5 月建成投入使用，负责海口市及澄迈地区约 230 万人的生活垃圾无害化处理，采用堆高式卫生填埋，日处理垃圾达 1000t。颜春岭垃圾处理场建成至今，已填埋垃圾总量 296 万 t，填埋的垃圾经厌氧发酵后产生大量以沼气为主的填埋气，沼气直排空气中，不仅造成温室效应，而且易燃易爆，存在很大的安全隐患。大量的垃圾不断发生生物厌氧降解，释放出的填埋气体，其当量体积温室效应潜在值是二氧化碳的 21 倍，现在正是垃圾填埋场产气高峰期，将填埋气回收利用，不仅可以消除臭气、净化空气、消除安全隐患，而且产生一定经济效益，符合发展清洁能源、节能减排、建设环境友好型、资源节约型社会的总体要求。

据有关部门分析调查，中国可开发和利用垃圾资源潜力十分巨大。城市生活垃圾来自于千家万户，如果一个三口之家，每年可形成一吨生活垃圾，1t 垃圾全部发酵后，可产生的填埋气体量约为 $300m^3$，每立方米的可燃气体能够发电 $1.5kW \cdot h$，即每 1t 生活垃圾实际上可以给我们提供 400 多度的电能，这个数量，基本上相当于一个三口之家半年的生活用电。

第二节　垃圾填埋气体产生和特性

一、垃圾填埋准则

(1) 通过避免和减少垃圾来降低填埋的数量和体积；

(2) 禁止填埋有害垃圾；

(3) 禁止填埋含有有机物超过 5% 物质；

(4) 分类收集、分类回收利用；

(5) 中和、去除污染和稳定化（如掺水泥）；

(6) 进行生物降解；

（7）焚烧或熔化。

为实现以上垃圾填埋的准则，生活垃圾管理重点是避免产生垃圾、减少垃圾和综合回收利用。据资料显示，全国正在建设的和封场的垃圾填埋场有近千个。如果其中的一半用于建设填埋气发电装置，则可装机约 30 万 kW，年减排二氧化碳约 1400 万 t。

二、填埋气体产生和特性

垃圾填埋气体的数量和成分，主要取决于填埋垃圾的种类和数量，并受到所采用的地面处理方法、填埋深度、垃圾场温度和填埋场实际使用年限等因素影响。填埋初期，第一和第二阶段（历时 1 年左右），主要成分是二氧化碳、氮、少量氢、一氧化碳和氧；第三阶段（历时 2 年）是甲烷发酵的不稳定期，主要成分是二氧化碳和甲烷，产气量也较少；第四阶段为稳定的废气产生期，主要成分是甲烷和二氧化碳（历时 20～30 年），一般 15～16 年为产气高峰期，本阶段属于气体回收利用期。

根据网上国外资料显示，每吨湿垃圾大约产生填埋气的量可达 200～400m³；国内实测资料显示，每吨湿垃圾大约产生填埋气的量是 110～140m³。表 5-1 为国内几个填埋气发电厂实测数据供参考。

表 5-1　　　　　　　　　国内垃圾场填埋气产量实测数据

填埋场名称	产气率 (m³/t)	产气寿命 (a)	甲烷产率变化系数 (a−1)	平均气体产生率 [m³/(t·a)]
杭州天子岭	140.46	23	0.043	6.11
广州大田山	127.98	18	0.056	7.11
广州李坑	115.49	16	0.063	7.22
广州兴丰	121.74	18	0.056	6.76
香港翠谷	111.12	17	0.059	6.54
上海老港	137.34	22	0.045	6.24

1. 填埋气体的产生

在压实填埋场内的厌氧状态下，绿色植物垃圾、厨余垃圾、纸板和其他有机物在微生物作用下分解。在这个过程中，有机物产生填埋气体，反应式如下：

$$C_6H_{12}O_6 \longrightarrow 3CH_4 + 3CO_2 \tag{5-1}$$

$$蛋白质 \longrightarrow CH_4 + CO_2 + H_2S + NH_3 \tag{5-2}$$

$$脂肪 \longrightarrow CH_4 + CO_2 \tag{5-3}$$

经验表明，填埋气体在垃圾填埋后不久就开始产生并保持几十年。如果垃圾中存在有机物质，粒径小，又有足够的含水率，则形成了利于产甲烷菌生存的环境。

由于细菌中产生异构酶，垃圾中有机物质在水解作用下转换成氨基酸、葡萄糖和其他物质。由不同微生物产生出各种有机酸，其中有些菌种能把这些物质转变成氢、二氧化碳和醋酸。这些物质反过来又能被其他细菌转变成 CO_2 和 CH_4，见图 5-5。

2. 影响填埋气产生的因素

在垃圾填埋场中不确定的各种因素（含水率、营养物的分布等）会影响填埋气体的生成（见图 5-6）。填埋结束时，如果易于降解的有机物质（生活垃圾、庭院垃圾）已经降解，那

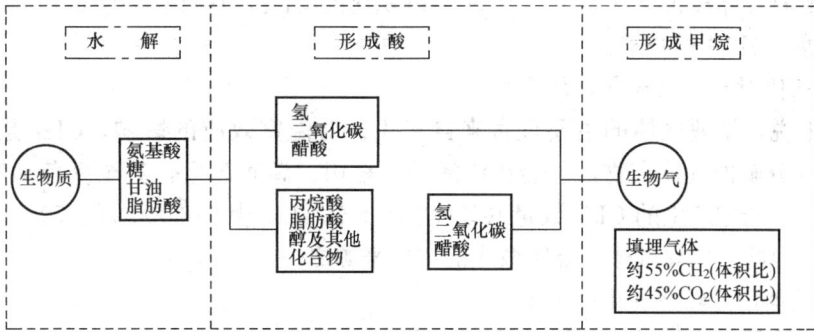

图 5-5 厌氧分解过程示意

么填埋气体的生成或许比预计的快得多,而垃圾中的化学性质可能延缓填埋气体生成的强度。

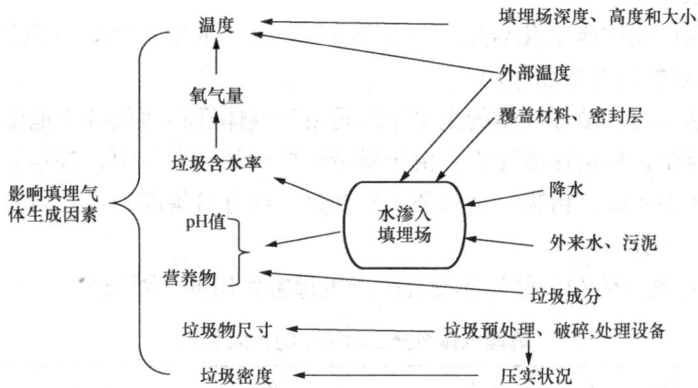

图 5-6 填埋气体生成的环境因素

3. 填埋气体的组成与特性

根据填埋垃圾的来源和组成不同,填埋气体主要由甲烷(30%~55%)、二氧化碳(30%~45%)、空气和其他微量物质组成。微量物质包括 H_2S、CO、芳香烃、卤化烃、硅化合物等,如从残余溶剂和洗涤剂释放出来的芳香烃,从残余的稀释剂、酸洗剂和杀虫剂以及泡沫塑料里的膨胀剂释放出来的卤化烃。这些微量物质易挥发、难溶于水,难被吸附。

有时也测出来自电子垃圾的硅化合物,在填埋气体浓度较高。含硅化合物的填埋气体焚烧时会造成燃气轮发电机汽缸严重结垢,从而增加维修费用。

如果气体中的 CH_4 大于 45%(体积比),且 O_2 含量小于 1%(体积比)、有害气体或者更确切地说是微量气体在特定限值内〔卤化物总量在 $100mg/m^3$(标准状态下)以下〕,这种填埋气体质量较高,适合于送入燃气轮发电机发电。

如果气体中的 CH_4 降至 25%~40%(体积比),且 O_2 含量为 1%~3%(体积比)、有害气体或者更确切地说是微量气体含量很高,只有在高温火炬燃烧条件下转变为惰性气体,那么这种填埋气体质量差。

在中国 1t 生活垃圾估计含有大约 30%(质量比)的有机碳,15 年中理论上能产生 $200\sim250m^3$ 的填埋气体。每 $1m^3$ 填埋气体相当于 $0.5m^3$ 天然气或者 0.5L 燃油的发热量。

例如，$1m^3$ 填埋气体按正常状态下含有 50％体积比的 CH_4，它具有的能量约为 $5kW \cdot h$ 或者说发热量等于 $5kW \cdot h/m^3$。

4. 填埋气体对地球（大气）的影响

从数量上说，填埋气体的主要危害来自 CH_4。对温室效应的影响，CH_4 是 CO_2 的 20 倍。CH_4 作为分解的气体产物，也会在沼泽地、稻田、湖底产生，甚至反刍动物的消化过程中也会产生。全球产生的 CH_4 数量共计 4 亿～6 亿 t/a，其中 3000 万～7000 万 t 是由填埋场产生的，因此，填埋气体是温室效应的主要来源之一。

5. 填埋气体的毒理学和生态理学

填埋气体的某些组分对人类可能有各种不同的毒理作用：

（1）CO_2（窒息性气体）：呼吸困难、昏迷、停止呼吸；

（2）CO（血液中毒）：头晕、昏迷、丧失呼吸能力；

（3）H_2S（刺激性物质，神经和细胞中毒）：刺激眼睛和呼吸器官、恶心、痉挛、由于丧失呼吸能力而致死；

（4）芳香族和卤化的碳氢化合物（可能致癌）：潜在的中毒危害（刺激物、神经中毒、血中毒等），最重要的是有致癌作用。

在生态病理学方面，填埋气体的主要作用是由于气体迁移而代替土地中的空气，因而植物根部的氧气被排走，植物逐渐死亡。由于微量气体排放到大气中，基本上就是把有毒和致癌物质带进周围生态系统（植物、动物和人）并且一部分富集起来，其内在关系是错综复杂的，目前仅了解一部分。

表 5-2 列出填埋气体和各种气体燃烧时产生毒害作用的主要成分。

表 5-2　　　　　　　　　　　　填埋气体组分及对环境的重大影响

成分	浓度	来源	对生态的影响	对人的毒害	说明
甲烷	0～80% 体积比	微生物过程	强烈的温室气体并破坏臭氧层	窒息气体	4.9%（体积比）以上会爆炸
二氧化碳	0～80% 体积比	微生物过程	温室气体	窒息气体 MWC=9000mg/m³（标准状态下）	很易溶于渗沥液
一氧化碳	0～3% 体积比	如甲烷氧化	破坏臭氧层	血中毒 MWC=55mg/m³（标准状态下）	—
硫化氢	0～0.01% 体积比	微生物过程	酸雨	刺激细胞和神经中毒 MWC=15mg/m³（标准状态下）	—
硫醇	0～0.012% 体积比	微生物过程	不明	不明	强烈气味

成分	浓度	来源	对生态的影响	对人的毒害	说明
芳香物 （苯、二甲苯、甲苯等）	$0\sim0.001\%$ 体积比	溶剂、洗涤剂油泥、焦油	不明	部分致癌 $MWC\approx50\sim200mg/m^3$ （标准状态下）	—
卤化烃 （如氯化物）	$0\sim0.01\%$ 体积比	发酵剂、制冷剂、杀虫剂、微生物过程	破坏臭氧层	神经中毒，刺激物，血中毒、部分致癌 $MWC\approx1\sim500mg/m^3$ （标准状态下）	在填埋场中的含量经过几年后减少

注 MWC为工作点最大浓度。

6. 填埋气体爆炸或着火危险

填埋气体易燃易爆。填埋气体从填埋场地下迁移、聚集易引起爆炸或着火，给填埋垃圾的工作人员或当地居民造成严重危害。由填埋气体迁移引起的事故如下：

(1) 气体进入建筑物地下室或井内；

(2) 进入填埋堆体上面的垃圾或建筑物；

(3) 进入排水管道，从排水管道进入相邻住宅。

这种情况下火源（如香头、电灯开关等）足以引起火灾或爆炸（见图5-7），有时会造成严重后果。还有的填埋气体着火但看不见，许多填埋场工作人员由于未注意到填埋气体着火而被烧伤。植物也会由于填埋气体迁移而受害（见图5-8）。

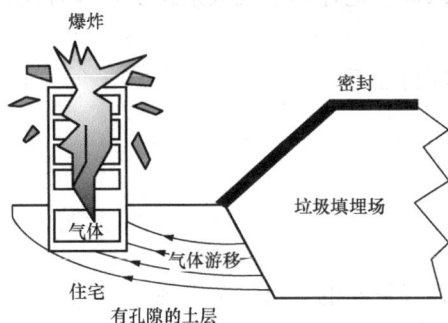

图5-7 在地表测出释放的CH_4浓度超过5%具有爆炸危险

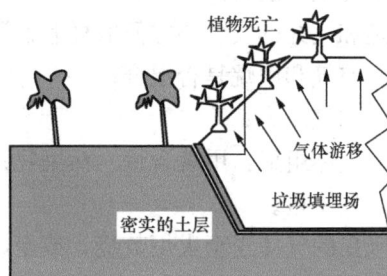

图5-8 在地表测出释放的CH_4浓度超过100mg/L时对于填埋场堆体表面的植物有害

第三节 垃圾填埋气体收集

一、垃圾填埋气体收集

1. 气体溢出位置

根据测量与观察，填埋场边缘和未覆盖斜坡填埋气体浓度最高（见图5-9）。由于空气沿斜坡进入堆体危险很大，沿斜坡布置导气井有限。最好是用黏土或土工膜与下面的导气井共同覆盖斜坡面（见图5-10）。

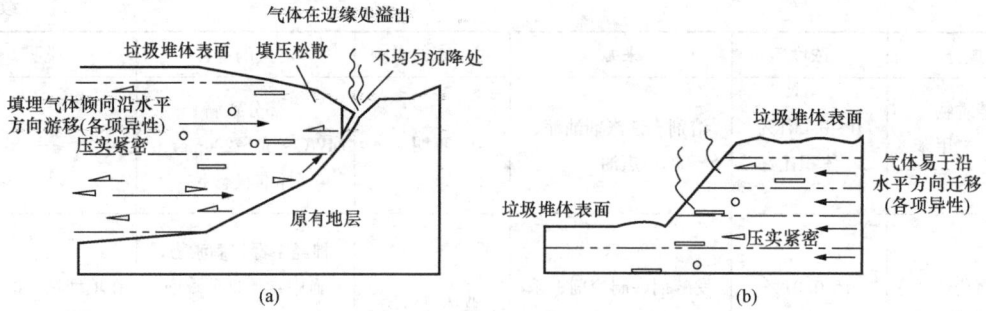

图 5-9 填埋场气体排放
(a) 填埋场附近气体排放；(b) 从斜坡溢出的填埋气体

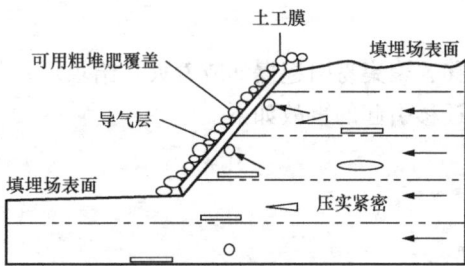

图 5-10 斜坡覆盖方式

2. 填埋场集气井

各种空穴可作为气体收集器。敞开的气井散发的气味太大，并有着火爆炸的危险。即使那些填埋场区外的井，只要与渗沥液排水系统或填埋场相连的集气井管，必须通风且不渗漏。只有在采取严密的防范措施下才能进入，如通风、爆炸监测器、防毒面具，有两人在井外保护等。

填埋气体经过气体收集系统被抽吸出来。在覆盖、布管和设置气井时必须采取预防措施，以保证不把外部空气吸进系统，并且使管道内产生的冷凝水能自由流出。

管道和气井的安装要方便取样和监测。监测的项目如下：

(1) 空气和甲烷是否混合；

(2) 抽气压力；

(3) 气体组成：甲烷含量、污染物；

(4) 气体量。

抽吸出的气体送至火炬焚烧，或至燃气锅炉或燃气轮发电机组完全燃烧。

对每个新建反应式填埋场，从建设开始就应同时规划抽气问题。垃圾填埋开始后约半年，气体收集和热处理系统就可运营使用，已建成的填埋场需要相应配置。

全天候维护气体抽吸装置对气体排放和保证安全是非常重要的。

设计填埋气体收集装置时应考虑沉降作用、填埋场运行和每天覆盖，填埋场形状的不断变化等因素的影响。图 5-11 所示为抽气和气体回收利用的组成部分。

3. 填埋区内的气体收集

在现有填埋场上用适当的钻机或挖掘机钻开一个直径约 0.8m 的孔。根据钻孔方法和填埋场的不同井深可达 15～30m。然后用不含或少含石灰质的约 50mm 的砾石把孔填满。有时可先在中心放一个加保护层的高密度聚乙烯（HDPE）或钢做的滤管，直径约 200mm（见图 5-12）。井头是由直径为 800mm、长为 5000mm 的高密度聚乙烯管做成。理想的情况是5m 中的 4m 埋入垃圾填埋堆体，井头上方覆盖，以防空气吸入。

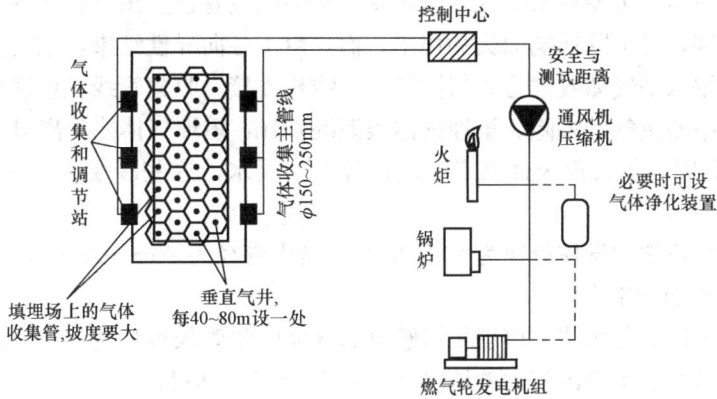

图 5-11　填埋气回收利用装置示意

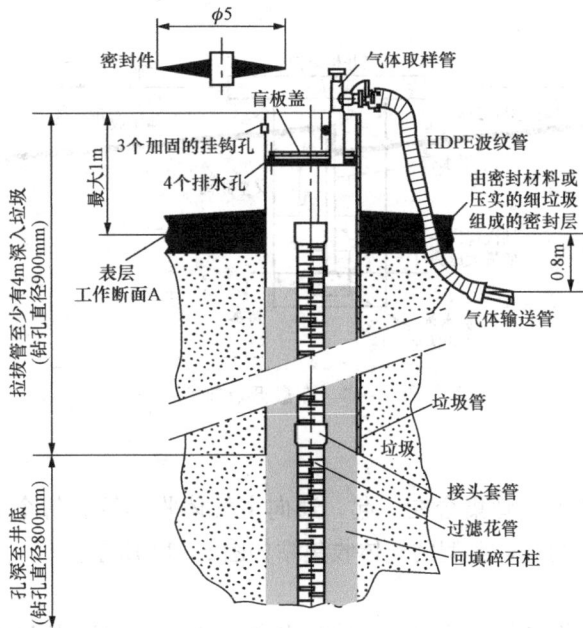

图 5-12　集气井结构

集气井的间隔根据填埋场和垃圾组分不同而变化。原则上井间距离 40～80m，在填埋场边缘部分的集气井应比填埋场中心部分更密些。

重要的是集气井能从下部排水。在特殊情况下，填埋场里的渗沥液不能排出，必须把泵装入集气井，定期把污水抽出来。充满水的井对填埋场不利（稳定性、污水排放等）。

正在运行填埋场的集气井要随每次新填埋的垃圾层的增加而升高。因此，直径 800mm、长为 5000mm 的井头要有吊钩。用挖掘机和绳索从吊钩处向上拔集气井。升高之后把上盖拿掉，提拉过滤花管，重新填入砾石。

多数集气井是上方连接管路。气体收集管是防冻的，并采用自然坡度铺设于填埋场表面。气体收集管必须随着垃圾填埋而延长。新建填埋场的集气井也可从下方抽吸气体，这有利于填埋场的操作。

在填埋场边缘地方可使用水平气体收集管，水平收集管也要用砾石包围起来。但这种设施很快会严重淤塞，受沉降影响而失去作用，而且由于各向异性结果，抽气范围很小。

有些集气井用水平气体收集管线与抽气主管线相连接。收集管线在填埋场沉降区内，有形成"水袋"而中断供气的危险。填埋气体很潮湿，1m³ 填埋气体能分离出 50g 水。假设气体产量 1000m³/h 时，每天很快就聚集出几百升的冷凝水，这些冷凝水与渗沥液一起排走，共同处理。

气体收集管内正常的气体流速为 2～10m/s。最小管径为 80～100mm，以防堵塞。使用厚壁耐压 1MPa 的 HDPE 管。

为避免较大沉降引起水堵，填埋场里敷设的气体收集管坡度应为 5%～10%，把主收集管尽量安装在填埋场边缘逐渐扩大的地段，坡度 1%～2% 即可。

气井的收集管须用补偿器与主管道连接，以便在连接处不出现超载，并且所有管线都要安装在冰冻层下面，防止阳光和紫外线照射。管道是最低点有足够长的距离保证负压抽气，如图 5-13 所示。

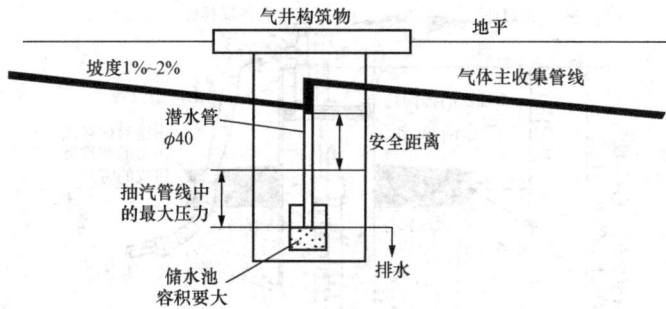

图 5-13　在最低点排水

4. 气体收集站

在气体收集站把各个支管集合在一起，通向主气体收集管。每个支管应尽量能单独调节。气体量和成分定期测量，典型的气体收集站如图 5-14 所示。

二、气体压缩机

用压缩机或鼓风机把气体从填埋场里抽吸出来并输送到回收利用装置。常用的压缩机有离心式鼓风机、旋转活塞式压缩机或者罗茨风机。

鼓风机前必须安装一个气体分析仪，保证无爆炸性的混合气体进入压缩机。

三、防止内爆

填埋场本身不产生爆炸的混合气体，由于填埋气体被抽吸到负压区，在整个管线系统和设备中可能因空气进入而存在潜在的爆炸危险。因此，整个结构设计要耐压力冲击，耐压参数为 0.6MPa，保证内部没有点火源。并防止外部点火源进入。正在运行的填埋场吸进空气尤其危险。主管线必须安装检测装置，避免经过较长时间后输送爆炸性混合气体，如图 5-15所示。

四、燃气火炬

填埋场必须不断排气，在气体利用装置故障时，多余的气体或质量不稳定的气体通过火炬在燃烧温度 1200℃左右并持续 0.3s 的工况下燃尽，以使各种有害物质矿化或破坏（如二

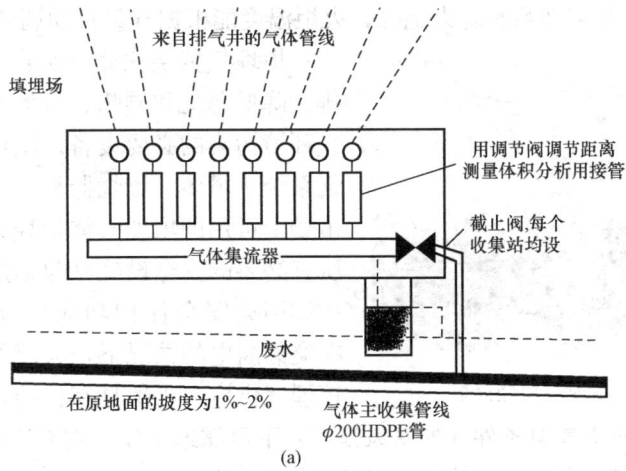

来自排气井的气体管线

填埋场

用调节阀调节距离
测量体积分析用接管

截止阀,每个
收集站均设

气体集流器

废水

在原地面的坡度为1%~2%

气体主收集管线
φ200HDPE管

(a)

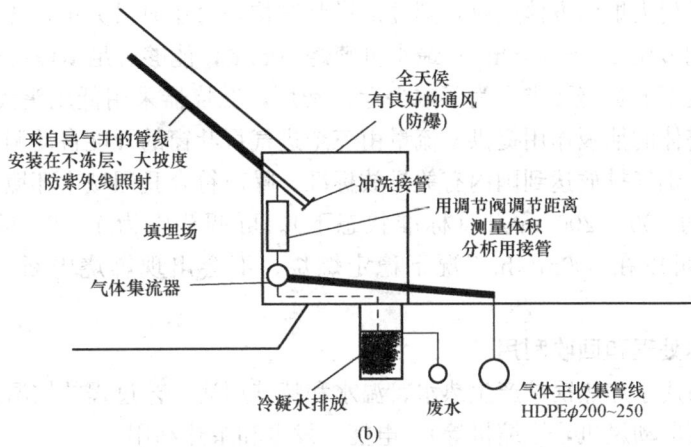

全天侯
有良好的通风
(防爆)

来自导气井的管线
安装在不冻层、大坡度
防紫外线照射

冲洗接管

用调节阀调节距离
测量体积
分析用接管

填埋场

气体集流器

冷凝水排放　　废水

气体主收集管线
HDPEφ200~250

(b)

图 5-14　气体收集站

（a）前视图；（b）断面图

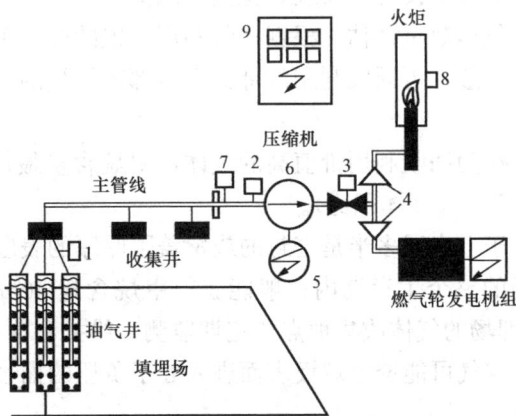

9

火炬

8

压缩机

主管线

7　2　　6　　3

4

收集井

5

燃气轮发电机组

抽气井

填埋场

图 5-15　火炬系统

1—保证不产生火花的测试接管；2—氧气监测；3—快速关断阀；4—火焰反冲安全阀温度监测；5—防爆的压缩机电机；
6—压缩机（离心式，带旁通道式或旋转活塞式）以及全部管路都是耐压力冲击的；7—流量监测；8—火炬火焰监测；
9—设在气体监控设备外面的电气开关柜

噁英等）。因此，井管必须有防火绝缘，火炬温度能根据气量自动调节。

图 5-16　填埋气焚烧火炬

填埋气焚烧火炬（见图 5-16）是温室气体减排、降低恶臭和异味、垃圾填埋场安全生产以及防止环境污染的必要设备。填埋气焚烧火炬一般由输气系统、塔体、燃烧器和自动控制装置组成。目前市场上可用的填埋气体焚烧火炬能自动运行，配有所有必要的安全设施（包括熄火保护、断电安全保护和回火安全保护功能），操作方便，运行安全。在突然断电的情况下，火炬的快速开关阀自动切断填埋气供应。火炬具有自动点火和烟气温度控制等功能，能在各种恶劣气象条件（如暴风暴雨）下可靠地工作。在系统设计和设备选型上充分考虑了火炬连续长周期运行的特点，保证火炬有较长的使用寿命。

康达开发的系列火炬为方体底座，圆柱形塔状结构，每小时最大可焚烧填埋气 $3000m^3$，负荷调节灵活，调节比 $100～3000m^3$；最小可焚烧 $100m^3$，能够满足填埋气产气高峰期和产气量逐年减少情况下的焚烧要求。为了减少运行费用，燃烧器采用低压头大气式燃烧方案，燃烧空气靠火炬塔体的抽吸作用提供，流量由三个进气百叶窗的开度自动调节。燃烧器火焰稳定，燃烧完全，烟气排放达到国内有关排放标准。噪声符合我国城市环境区域噪声标准。

火炬的容量为 $500～2000m^3/h$（标准状态下）。可调范围为 1：6，即一个标准容量 $1500m^3/h$ 的火炬可以在 $300m^3/h$ 工况下稳定燃烧，不会出现燃烧中断或燃烧不充分的现象。

五、填埋气体处理和回收利用

填埋气体一般用于加热锅炉产生热水、温水和特殊用途工艺过程的加温；用于燃气轮机生产机械能（直接驱动风机，压缩机等）、电能、发电和余热利用。

在考虑回收利用填埋气体之前，必须确定能提供多少年 CH_4 含量高的气体。条件之一是有完好的气体收集系统，如对集气井、收集管线、压缩机、排水设备、调节测试仪表和各种装置要求很高，应由专业人员设计、安装、检查和维护。

对产生的和可利用的气体数量评估。根据回收利用装置的能力和投资风险的不同来确定可回收利用的气体数量。一般，可回收利用的部分占全部产气量的 50%～80%。

1. 对气体质量要求

（1）甲烷和氧含量。作为回收利用价值高的气体，甲烷含量最低为 40%（体积比），出于安全考虑，氧含量最大为 3%（体积比）。

在封闭的填埋场，由于上表层多半是密封的或覆盖了厚厚的表层土，能避免外部空气进入收集气体中。在填埋场的整个生存期内一般能获得甲烷含量 40%～50%，氧含量 1%～3% 的填埋气。运行中填埋场的气体收集地点要定期监测、维护和覆盖。

敞开式垃圾填埋场，空气可能透过垃圾表面进入处于负压的抽气系统，因此收集气体的地方必须经常维护和覆盖。

（2）水含量和粉尘。填埋场气体中水蒸气是饱和状态，管线系统冷却会产生大量冷凝水，冷凝水具有腐蚀性（pH=3～6）并含有有害物质，系统中出现冷凝水的地方，需要使用耐腐蚀材料。良好的水分离及后续的气体冷却或加温能延长回收装置使用寿命。

（3）硫化氢（H_2S）。填埋气体中 H_2S 浓度低于 200mg/L，燃气轮机生产厂家认为填埋气体 H_2S 含量低于 1000mg/L 时，不需预处理，否则要预处理。

（4）卤化烃。各种填埋气体在回收利用之前必须检测化验卤化烃的含量，卤化烃对燃气轮机有很强的腐蚀作用，因为卤化烃燃烧时产生盐酸（HCl）和氢氟酸（HF）。由于大量酸的聚积，燃气轮机润滑油严重酸化。根据抽气试验，若填埋气体卤化烃浓度大于 $100mg/m^3$ 时，则需要安装一个气体处理装置。

（5）硅酸盐。许多研究人员和使用者正在设法解决内燃机里硅酸盐沉淀及由此造成的活塞和气缸磨损问题。关于硅烷来源和可能解决途径的讨论目前尚未结束。用低温冷却到 $-20℃$ 是目前解决内燃机硅酸盐沉淀和磨损的好办法。用冷凝水也能部分地分离硅酸盐化合物。

2. 气体净化

如前所述，填埋气体中含有惰性气体（CO_2，N）以及许多有害微量气体（H_2S、HCl、Cl_2、F_2 等）。如果有害成分，特别是 Cl_2、F_2 以及硫的含量过高而影响气体回收利用（尤其是使用发电机组）时，就需要对填埋气体进行处理。处理的方法包括吸附、吸收和冻干法。

（1）吸附。吸附的主要作用是分离微量气体，如硫、氯、氟。固定床反应器里专门适合吸附微量气体的活性炭（结构表面大）是填埋气体处理采用的方法，一般低温高压吸附效果最佳。活性炭吸附饱和后，必须更换或再生。

吸附过程通常使用低压蒸汽（可利用填埋气体）。残余的污水含有大量的有机溶剂，需要多级处理，处理成本很高。污泥中含有有害物质（溶剂）必须在专门的垃圾焚烧装置里处理掉。此工艺复杂，建议只在特殊情况下使用。

（2）吸收。这种工艺是利用液体（清洗剂）通过物理化学反应吸收处理需要分离的异物。水适合把二氧化碳气分离出来。一些特殊清洗剂适于吸收填埋气体中微量气体。反应塔装满填料，以扩大反应表面积。吸收后的清洗剂可加热再生。解析出的微量污染物需专门焚烧处理。该处理方式成本较高，一般只在特殊情况下使用。

（3）冻干法。根据填埋气体中有害物质含量不同，只通过冰点冷却就能达到某种程度的气体处理。而采用冻干法使气体达到 $-30 \sim -10℃$ 却能收到良好的效果（见图 5-17）。在这个过程中，有害气体或微量物质会随着由骤冷产生的冷凝水一起分离出来。

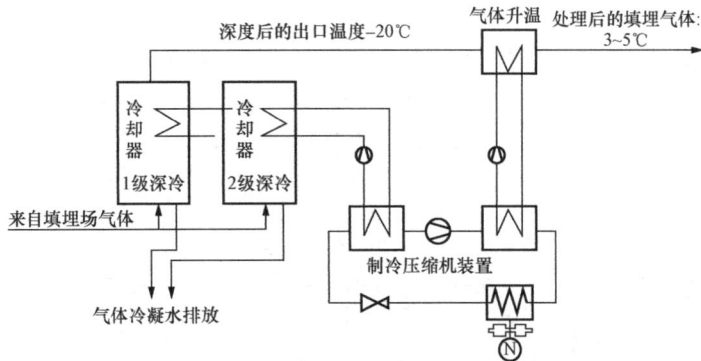

图 5-17　填埋气回收利用前处理深度冷却工艺

复习思考题

5-1 利用垃圾填埋气发电有哪几种形式？

5-2 试述垃圾填埋气燃烧发电原理及主要组成部分。

5-3 试述垃圾填埋气体产生、特性及组成。

5-4 垃圾填埋气体收集系统主要有哪几部分组成？

5-5 分析垃圾填埋气体焚烧火炬的作用、焚烧火炬的组成及要求。

5-6 对用于焚烧发电的填埋气体的品质有何要求？

5-7 绘制填埋气回收利用前处理深度冷却工艺图。

5-8 试述垃圾填埋气体的主要用途。

第 六 章

生活垃圾焚烧排放及控制

第一节 垃圾焚烧排放主要污染物

一、相关概念

垃圾净化系统：对烟气进行净化处理所采用的各种处理设施组成的系统。

烟气净化的目的是通过减少排放数量而减轻污染物对生物圈的影响。

排放（Emission）：由移动式和固定式污染源产生的污染形式，释放到大气层、水或地面中，包括噪声、放射和热量。

侵入（Immission）：影响人类和动植物的空气、水和地面的污染，包括影响人类及动植物的噪声、地震、放射和热量。污染物从大气、水、地面向"受体"上转移，与"排放"的意义相反。

污染空气含有许多种成分，包括用光学仪器甚至肉眼都能看见的颗粒物。空气中颗粒污染物的种类及定义如下：

颗粒物：固体或液体细小颗粒状分布于空气流中，这类污染物需要进一步划分。

烟尘：固体颗粒由于受较大机械力的作用，暂时悬浮于介质中，通常比气溶胶颗粒❶大些，烟尘的直径为 $0.5 \sim 500 \mu m$。

气溶胶：固液微粒分散于气态介质体中，在可见状态称为烟或雾。升华过程❷和冷凝过程以及通过化学反应（粒子的直径为 $1.0 \sim 0.01 \mu m$）都会产生气溶胶。实际上，气溶胶是悬浮于气体介质中的胶体。

空气中颗粒污染物不仅要考虑烟尘、而且要考虑气溶胶。

进入空气中的排放物除了颗粒物，还含有一些有毒有害气体。垃圾焚烧厂的气体污染物包括：气态无机氯化物、气态无机氟化物及硫氧化物（SO_2）。

硫酸（H_2SO_4）的悬浮物是否应被视作气体还不明确。

二、垃圾焚烧排放的主要污染物

垃圾焚烧产生的污染物主要有二氧化硫（SO_2）、氮氧化物（NO_x）、CO、可吸入颗粒物（IP）、二噁英（TCDD）和呋喃（TCDF）、重金属等。

1. 颗粒物

城市生活垃圾焚烧厂所产生的颗粒物主要包括：

(1) 硅酸盐，重量约占 30%。

(2) 金属氧化物，如锌、铝、钙、铅、锰、铁、铜、镉的氧化物。

(3) 盐：$CaSO_4$、$NaCl$、CaF_2。

---

❶ 分散颗粒的大小在 $0.2\mu m$ 以下，可视显微镜刚好无法看到，不过比普通分子或小分子要大得多。实际上，其最小尺寸大约 $0.005\mu m$。

❷ 升华：固体在沸点不经过液体直接转化成气体，升华物升华的逆向过程所产生的物质。在 1 个大气压的条件下，碘（I）和氯化汞（$HgCl_2$）可形成升华物。

城市生活垃圾焚烧炉出口处烟气含有 $3\sim5g/m^3$ 的颗粒物，经过处理后，烟气中的颗粒物含量不到 $10mg/m^3$。

2. 悬浮物

悬浮物的直径比颗粒物小。通过使用冷凝和凝聚等方法增加悬浮物的尺寸，使悬浮物能被有效去除。

在垃圾焚烧过程中，悬浮物有可能在以下阶段中产生：

（1）氯化氢（HCl）含量足够高。当在洗涤器里冷却下来时，烟气就会形成 HCl 悬浮物。

（2）当烟气中的氮化合物因添加氨水（NH₃）而被去除时，在（4NO＋4NH₃＋O₂）反应期间，NH₃ 有可能和酸性气体发生反应，产生盐悬浮物，比如氯化铵（NH₃＋HCl＝NH₄Cl）。

（3）当烟气在洗涤器冷却时，汞蒸气冷凝成悬浮物。

3. 气态物

气体和蒸汽通过颗粒或液体吸收很容易被去除。表 6-1 是垃圾焚烧厂锅炉出口烟气的典型成分（数据是指锅炉出口处的气体状态）。

表 6-1　　　　　　　　　　垃圾焚烧厂焚烧炉出口烟气中的典型成分

项　目	数　值	项　目	数　值
烟气数量	$4000m^3/t$（标准状态下）垃圾	氯化氢（HCl）	$500\sim600mg/m^3$（标准状态下）
空气（21%O₂，79%N₂）	38%比体积	氟化氢（HF）	$5\sim25mg/m^3$（标准状态下）
氮（N）	37%比体积	二氧化硫（SO₂）	$150\sim1000mg/m^3$（标准状态下）
水蒸气（H₂O）	16%比体积	氮氧化物（NOₓ）	$300\sim500mg/m^3$（标准状态下）
二氧化碳（CO₂）	9%比体积		

（1）二氧化硫。SO_2 的污染属于低浓度长期污染，对生态环境一般是一种慢性叠加性长期危害，它会对自然生态平衡、人类健康、工农业生产、建筑物、材料等方面造成一定程度的危害。

SO_2 是通过呼吸道系统进入人体，与呼吸器官作用，引起或加重呼吸器官的疾病。如鼻炎、咽喉炎、支气管炎、支气管哮喘、肺气肿、肺癌等。大量资料表明，SO_2 与大气中其他污染物协同作用，对人体健康的危害更大。

植物对 SO_2 特别敏感，主要通过叶面气孔进入植物体内，在细胞或细胞液中生成 SO_3^{2-} 或 HSO_3^- 和 H^+。如果其浓度和持续时间超过本身的自解机能，就会破坏植物的正常生理机能，从表面看，叶片出现伤斑、发黄、枯卷、落叶、落果或生长缓慢等，严重时则会枯死。同时会使植物对病虫害的抵抗力下降，造成间接危害。

SO_2 对金属的腐蚀。大气中的 SO_2 会引起钢结构的腐蚀。由于金属腐蚀造成的直接损失远大于水灾、火灾、风灾和地震造成损失的总和。据统计，每年发达国家因金属腐蚀而带来的直接经济损失占国民经济总产值的 $2\%\sim4\%$。金属腐蚀威胁到工业设施、交通设施和生活设施的安全。

生活垃圾焚烧中产生的 SO_2 来源于垃圾中含硫物质的氧化。

（2）氮氧化物 NO_x。氮氧化物通常是指一氧化氮（NO）和二氧化氮（NO_2），NO 是一种无色无味气体，在空气中能与氧（O_2）或臭氧（O_3）反应生成 NO_2。NO_2 是红棕色气体，有刺激性，NO_2 在阳光作用下能形成 NO 和 O_3。

NO 是无色、无刺激气味的不活泼气体，但它能作用于动物的中枢神经系统，NO 在高浓度时（如 $3057mg/m^3$）几分钟即可引起动物麻痹和惊厥，甚至死亡。它还能和血红蛋白结合，形成亚硝基血红蛋白，使血液中高铁血红蛋白含量增加，导致红细胞携带氧的能力下降。

NO_2 是棕红色有刺激性臭味的气体。NO_2 对人体健康危害最大，可引起肺损害，甚至造成肺水肿，慢性中毒导致气管及肺部发生病变。NO_2 可刺激肺部，使人较难抵抗感冒之类的呼吸系统疾病，呼吸系统有问题的人士如哮喘病患者，较易受 NO_2 影响。

NO_2 还可危害植物，NO_2 对植物的危害比 NO 严重得多。具体症状是：在叶脉间或叶片边缘出现不规则水渍状伤害，使叶子逐渐坏死，变白色、黄色或褐色斑点，造成农作物减产或死亡。

氮氧化物与氮氢化物在紫外线照射下会发生反应形成有毒烟雾，称为光化学烟雾。光化学烟雾具有特殊气味，会刺激眼睛，伤害植物，使大气能见度降低。光化学烟雾能加速橡胶制品老化，腐蚀建筑物和衣物，缩短其使用寿命。不同浓度的 NO_2 对人健康的急性影响见表 6-2。

表 6-2　　　　　　　　　　　不同浓度的 NO_2 对人健康的急性影响

浓度（mg/m^3）	对人体毒作用
1.3～3.8	呼吸道阻力增加
7.5～9.4	除呼吸道阻力增加外，还能导致肺 CO 弥散功能降低
70	黏膜刺激作用，能承受几个小时
140	只能坚持 30min，可引起支气管炎和肺炎
220～290	可立即发生肺水肿
560～940	致命性肺水肿
1460	迅速死亡

生活垃圾焚烧产生的氮氧化物（NO_x）主要来源于含氮化合物的分解，如果是层燃方式焚烧垃圾，还可能有微量空气中的 N_2 氧化生成。

（3）一氧化碳（CO）。CO 是一种无色、无味、无刺激性的有毒气体，比空气略重。吸入的 CO 通过肺泡进入血液，与血红蛋白结合生成碳氧血红蛋白（COHb）。CO 与血红蛋白结合力比氧与血红蛋白的结合力大 200～300 倍，而碳氧血红蛋白的离解速度仅为氧合血红蛋白的 1/3600，所以 CO 可降低红细胞的携氧能力。碳氧血红蛋白还有抑制、减缓氧合血红蛋白离解释放氧的作用。

CO 中毒的程度主要取决于血液中的 COHb 饱和浓度，COHb 饱和度达 7% 时，发生轻度头昏；12% 时，发生中度头昏与眩晕，25% 时，严重头痛；45%～60% 时，发生恶心与昏迷；90% 时死亡。

生活垃圾焚烧时产生的 CO 主要来源于垃圾的不完全燃烧。

（4）氯化氢（HCl）。HCl 是无色有刺激性气味的发烟性气体，极易溶于水，其水溶液称为盐酸。它的毒性很强，空气中允许浓度为 $2.95mg/m^3$，即使少量也会刺激眼睛、皮肤和黏膜。表 6-3 列举 HCl 对人体健康影响。干燥的 HCl 性质不活泼，对金属没有腐蚀作用，但在潮湿状态下腐蚀作用则很强。

表 6-3　　　　　　　　　　　空气中 HCl 浓度对人体健康的影响

HCl 浓度(mg/m^3)	对人体的影响	HCl 浓度(mg/m^3)	对人体的影响
2.95	允许浓度	29.5～59	1h 以内安全
5.9	几小时以内安全	590～1180	30min～1h 就会发生危险
20.65	刺激气管的最低浓度	767～1180	很快死亡

垃圾焚烧产生的 HCl 主要来源于含氯塑料（如 PVC）和无机氯盐（如 NaCl）在一定条件下的转化。

（5）烟尘。烟是指燃烧不完全的直径小于 $1\mu m$ 的炭粒，尘是指直径大于 $1\mu m$ 的炭粒、工业粉尘和自然灰尘。粒径大于 $10\mu m$ 时，因其自身重力作用可降落到地面者称为降尘；颗粒粒径小于或等于 $10\mu m$ 者称为飘尘，能长时间浮游在空中，又称为可吸入颗粒物。不同粒径的可吸入颗粒物滞留在呼吸道的部位不同。大于 $5\mu m$ 的多滞留在上部气道，小于 $5\mu m$ 的多滞留在细支气管和肺泡。颗粒物越小，进入的部位就越深。$1\mu m$ 以下的在肺泡内沉积率最高，但小于 $0.4\mu m$ 的颗粒能进入肺泡随呼吸气体排出体外，故沉积较少。垃圾焚烧产生的可吸入颗粒物成分较复杂，除含有碳、二氧化硅、石棉外，还含有许多重金属，如铅、铬、镍、镉、铁、铍等，并具有很强的吸附性，常吸附一些有害气体和致癌性碳氢化合物，是多种有害物质的载体，对人体危害极大。因此，对垃圾焚烧炉的除尘要求较高，其粉尘排放指标是各种炉窑中最为严格的。

（6）铅。单质铅是一种银灰色软质的重金属，在空气中易氧化。铅不是人体必需元素，但正常人体内含极少量的铅。环境中的铅可经消化道、呼吸道进入人体。经口摄入的铅通常仅有 5%～10% 被吸收，其余的随粪便排出。进入肺部的铅，有 70%～75% 仍随呼气排出，每日排出量为 0.02～0.08mg。汗液、头发、乳汁、唾液等也是排铅的途径。吸收进入血液的铅，形成可溶性磷酸氢盐及蛋白质结合物，被运送至肝、肾、脾、肺、脑中。血铅浓度对人健康的有害作用见表 6-4。

表 6-4　　　　　　　　　　　血液中铅浓度和对人健康的有害作用

血液中的铅浓度 （$\mu mol/L$）	人体反应	血液中的铅浓度 （$\mu mol/L$）	人体反应
1～2	红细胞 δ-ALAD 活性降低	3～4	神经衰弱综合症，消化不良
2～2.5	尿 ALA 增高	4～5	贫血，腹绞痛
2.5～3	神经传导速度降低	5 以上	脑血

垃圾焚烧时，由于铅的熔点低，垃圾中的铅燃烧后聚集在烟气中，烟气中的微小烟尘颗粒是铅的载体，大约 50% 的吸附在粒度小于 $1\mu m$ 的微粒上，大约 88% 以上的铅吸附在粒度小于 $2\mu m$ 的颗粒上。

（7）镉。单质镉是银白色的金属，略带淡蓝光泽。大气中含镉烟尘经自然沉降和雨水冲淋降落到地表，可在土壤中逐步积累。含镉废水是重金属废水中毒性最大的一种。人体中镉主要储存于肾、肝，储存量约为体内总镉量的 50%，其次为脾、胰腺、甲状腺、肾上腺和睾丸。一般成年人体内存有镉 540mg。人体中镉的排出速度很慢，在体内存留时间长，生物半衰期 10 年以上。吸收后主要经尿排出，少量随唾液、乳汁排出。长期过量吸收镉主要损害肾小管和干扰肾脏近端肾小管对蛋白质的重吸收作用，引发蛋白尿、糖尿、氨基酸尿，并导致尿钙及尿磷增加。国际癌症研究中心认为，镉是人类的致癌物，可引起肺癌、前列腺癌及肾癌。镉燃烧后形成氧化镉，氧化镉又在 900～1000℃时分解。镉可慢慢溶解于酸中，但不溶于碱，它的盐往往成为溶解液状，同锌一样形成络合物。垃圾焚烧产生的飞灰中镉含量较高，约占镉总量的 60%。

（8）汞。单质汞是银白色液态金属，常温下即可蒸发，污染大气。汞中毒的危害是严重的，不过由环境汞污染引起的急性无机汞中毒则很少见，无机汞对人体损伤的部位，以肝脏和肾脏为主。无机汞的慢性中毒则常由于长期少量的职业接触而引起的，其典型的临床特征为易兴奋、震颤、口腔/牙龈炎。

生活垃圾中的汞主要来自烧碱生产工艺的残渣，日光灯管和塑料纸的颜料。来自灰尘、汞电池和破碎的温度计的汞废料也是常见的。

汞对人体的危害与人体对它的吸收、积累状况关系密切。金属汞经过消化道时几乎不被吸收，可溶性无机汞吸收率为 5%～10%；烷基汞在消化道极易被吸收，其中甲基汞吸收率接近 100%；苯基汞化合物吸收率约为 40%，无机汞在人体内主要聚集于肾脏，其次是肝脏和脾脏；甲基汞除能聚集于肾脏和肝脏外，还可聚集于脑内。无机汞主要从肾脏排除，甲基汞主要从肠道排除。甲基汞从体内排出比无机汞要缓慢得多。所以甲基汞比无机汞的聚集性更大。甲基汞在人体内生物半衰期平均为 70～74 天，在脑内的半衰期为 240 天左右。

（9）铬。单质铬是一种银白色有光泽的、坚硬而耐腐蚀的金属。铬污染大气、食物、饮水，通过呼吸道、皮肤和黏膜入侵人体，在体内主要蓄积在肝、肾、分泌腺中。通过呼吸道吸收，易蓄积于肺中。其排泄途径主要是随尿及粪便排出，也可从乳汁中排出。

在铬化合物中六价铬毒性最强，三价铬次之，二价铬和铬本身毒性很小或无毒。六价铬在体内影响氧化、还原和水解过程，在体内与核酸核蛋白结合。六价铬还可以促进维生素 C 氧化，使血红蛋白变成高铁血红蛋白，致使红细胞携带氧的功能发生障碍。

铬经过皮肤接触可引起接触性皮炎、湿疹、溃疡、铬疮。经过呼吸道进入体内，可引起鼻炎、鼻中隔穿孔、咽炎、支气管炎、哮喘、肺气肿等。经消化道进入体内引起口腔炎、胃肠道的烧伤、肝肾损害和继发性贫血等。

（10）砷。砷在自然界中分布很广泛，多以重金属的砷化合物和硫砷化合物的形式存在于镉矿石中。五价和三价砷在体内可相互转化，如摄入的五价砷，可还原成三价砷。三价砷的毒性大于五价砷，元素砷的毒性很低，而砷的氧化物绝大部分毒性很高。例如三氧化二砷（又名砒霜）就是一种剧毒物质，人经口致死剂量为 100～300mg，急性中毒剂量为 10～50mg。国际癌症研究中心认为，砷是人类的致癌物。尽管砷不属于金属，但其毒性和理化性质，与上述重金属较为接近，故一般也把砷列入控制的重金属范围内。

（11）二噁英类（PCDD/Fs）。PCDD/Fs 是引起人们强烈关注的一类有毒物质，是多氯代二苯并二噁英 PCDD 和多氯代二苯并呋喃 PCDF 的合称，统称为二噁英（dioxin）类物质。在 PCDD/Fs 的 210 种同素异形体中，2，3，7，8-PCDD 是毒性最强的一种，其毒性是氰化物的 130 倍、砒霜的 900 倍，有世纪之毒之称，国际癌症研究中心已将其列为人类一级致癌物。除了剧毒之外，二噁英之所以可怕是因为它溶于脂肪，难以降解，半衰期时间长，属于持久性污染物，一旦进入人体，7 年甚至 10 年都很难排出，而一旦累计到一定程度，就会致人死亡。通过动物试验，得出 2，3，7，8-PCDD 与其他异构体二噁英类的毒性进行比较，在 Guinea 猪和老鼠身上的实验结果见表 6-5。

表 6-5　　　　　　　　　　　　PCDD/Fs 毒性　（LD50＝30μg/kg）

Cl 原子的位置	Guinea 猪	老鼠	Cl 原子的位置	Guinea 猪	老鼠
2，8	超过 300 000		1，2，4，7，8	1，125	超过 5000
2，3，7	30 000	超过 3000	1，2，3，4，7，8	72.5	825
2，3，7，8	2	284	1，2，3，6，7，8	70～100	1250
1，2，3，7，8	3.1	338	1，2，3，7，8，9	60～100	超过 1440

　注　LD50/30，半数致死量，表示 30 日后 50％动物的致死剂量，单位 μg 表示药剂量，kg 表示动物体重，该值越小表示毒性越高。

表 6-5 显示，2，3，7，8-TCDD 毒性最高，100 个 Guinea 猪，吸收 2μg/kg 体重的剂量后，30 天后只有 50 只存活。

以上简要介绍了生活垃圾焚烧可能排放的污染物及危害，为了控制污染、避免对人们健康的危害，需要不断寻找处理这些污染物的方法。

三、垃圾焚烧污染物排放标准

1. 生活垃圾焚烧厂大气污染物排放限值

为了使污染物排放控制在基本不危及人类健康的水平上，各国根据各自的经济实力、科技水平、认识程度分别制定了相应的污染排放标准。目前国内已建成运营的生活垃圾焚烧厂烟气排放均执行生活垃圾污染物控制标准（GB 18485—2001）或欧盟 1992 标准。随着环保要求的日益严格及国家有关节能减排政策的实施，国内已有部分筹建的生活垃圾焚烧厂烟气排放执行欧盟 EU2000/76/E C 标准。垃圾焚烧污染物排放标准见表 6-6。

表 6-6　　　　　　　　　　　　一些国家垃圾焚烧排放标准

污染物	GB 18485—2001	欧盟 1992	欧盟 EU2000/76/E C
烟尘（mg/m³）	80	30	10
HCl（mg/m³）	75	50	10
HF（mg/m³）		2	1
SO_x（mg/m³）	260	300	50
NO_x（mg/m³）	400		200
CO（mg/m³）	150	100	50
TOC（mg/m³）		20	10
Hg（mg/m³）	0.2	0.1	0.05
Cd（mg/m³）	0.1	0.1	0.05

污染物	GB 18485—2001	欧盟 1992	欧盟 EU2000/76/E C
Pb（mg/m³）	1.6		≤0.5
其他重金属（mg/m³）		6	≤0.1
PCDD/Fs（ng-TEQ/m³）	1.0	0.1	0.1
烟气黑度/格林曼级	1		

注 1. 各项标准限值，均以标准状态下含 11%O_2 的干烟气为参考值换算。

2. 烟气最高黑度时间，在任何 1h 内累计不得超过 5min。

3. GB 18485—2001 中 HCl、HF、SO_x、NO_x、CO 为小时均值，而欧盟 1992、EU2000/76/E C 为日，其余污染物为测定均值。

从排放标准来看，对二噁英排放的限制相当严格。尽管二噁英的毒性很高，但垃圾焚烧烟气中的达标排放量很少。以一个 1000t/d 的垃圾焚烧厂为例，每吨垃圾焚烧产生的烟气按 4000m³（标准状态下）估算，烟气中的二噁英按达标的最大值（我国标准为 1ng-TEQ/m³）（标准状态下）计算，该厂每日从烟气释放的二噁英量仅为 4000μg，若人的标准体重按 50kg 计算，二噁英毒性致死量取表中的 2μg/kg〔1998 年 WHO 规定二噁英美日安全摄取量为 1~40Pg/(kg·d)〕，这些排出的二噁英全部被人吸收后，一天的毒性当量可达到 40 人的致死量。但是，该厂达标排放时的 SO_2 为 1040kg/d、CO 为 600kg/d、HCl 为 300kg/d，就致死量而言，其毒性比 PCDD/Fs 更甚。但因为二噁英在自然界中降解缓慢、富集快，二噁英的毒性也不能简单地按致死率来计算，其更为可怕的是对生殖系统的影响、致癌性、免疫抑制性以及在人体脂肪内积累造成的长期危害等。

2009 年，国际知名的化学科学杂志《Chemosphere》发表了论文，题目为《中国市政固体废物焚烧厂的二噁英/呋喃排放》。作者是中科院大连化学物理所和中科院研究生院的科研团队，他们历时一年，对中国 19 个市政生活垃圾焚烧炉的二噁英排放进行了检测和分析，19 个企业的二噁英/呋喃物质的排放量变化为 0.042~2.461ng-TEQ/m³，平均值为 0.423ng-TEQ/m³，远高于欧盟标准（0.1ng-TEQ/m³）。

正是基于报告中数据的敏感性，论文的作者拒绝透露所涉及的焚烧炉的详细位置，但称，检测分析的结果已经反馈给所有接受检测的焚烧炉所在企业。这份难得的科研报告提供了部分了解中国垃圾焚烧炉二噁英排放确切水平的依据。

2. 生活垃圾焚烧厂恶臭厂界排放限值

氨、硫化氢、甲硫醇和臭气浓度厂界排放限值根据生活垃圾焚烧厂所在区域，分别按照 GB 14554 相应级别的指标执行。恶臭污染物厂界标准限值见表 6-7。

表 6-7　　　　　　　　　　　恶臭污染物厂界标准限值　　　　　　　　　　　mg/m³

污染物名称	H_2S	NH_3	三甲胺	甲硫醚	甲硫醇
标准限值	0.06	1.5	0.08	0.07	0.007

3. 生活垃圾焚烧厂工艺废水排放限值

生活垃圾焚烧厂工艺废水必须经废水处理系统处理，处理后的水应优先考虑再循环利用，必须排放时，废水中污染物最高允许排放浓度按照 GB 8987 执行。

第二节　生活垃圾焚烧原始排放及控制

一、影响生活垃圾焚烧原始排放的相关因素

垃圾焚烧的目的是将垃圾经高温焚烧处理后，使其对人类的危害最小，最大限度地实现无害化、减量化和资源化的目标。垃圾焚烧如果处理不当，污染物排放不达标，使固态污染物转化为气态污染物或其他形式的污染物继续污染环境，危害人类健康。生活垃圾焚烧排放的污染物与垃圾成分、焚烧炉结构和焚烧的工艺条件等有关，本节主要介绍如何在垃圾焚烧的过程中，在燃烧阶段将焚烧的原始排放降低到最小。

1. 生活垃圾成分的影响

在相同的工艺条件下，生活垃圾中所含的产生污染物的源体物质越多，对应污染物的原始浓度就越高。所谓源体物质，是指在焚烧过程中能够产生相应污染物的生活垃圾成分，如塑料、重金属等。废旧电池越多，重金属排放就越高；含氯塑料越多，HCl 排放就越高。表 6-8 列举了 2001 年北京地区生活垃圾的成分。从中可以看出，即使是同一城市，不同街区的垃圾成分也是不一样的，因而焚烧后的污染物成分与浓度也是不同的。

表 6-8　　　　　　　　　　　北京市新鲜生活垃圾成分

地点	可农用部分				生活废品类			难分解物质类			化学合成物类			污染类
	菜叶果皮	灰土	纸类	粮食	木竹	棉毛	皮革	玻璃	砖石	金属	化纤	塑料	泡沫塑料	电池
崇文	33.12	37.08	9.11	0.94	1.65	0.57	0.32	1.81	3.75	0.51	0.70	9.77	0.35	0.32
宣武	32.01	37.66	8.62	1.18	1.78	0.72	0.54	1.69	3.39	0.76	0.64	10.08	0.39	0.54
丰台	28.29	40.46	7.53	0.98	1.44	1.00	0.28	2.99	3.82	1.23	1.00	9.81	0.39	0.54
朝阳	64.85	20.54	2.01	1.47	0.78	0.75	0.10	0.65	2.56	0.26	0.50	5.18	0.14	0.21
东城、西城、海淀总和	33.86	45.15	3.26	2.00	1.55	1.20	1.87	1.27	1.70	0.25	1.47	5.42	0.72	0.28
平均	43.28	34.70	4.56	1.50	1.32	0.91	0.78	1.36	2.64	0.54	0.92	6.83	0.47	0.28

2. 焚烧炉对工艺条件的影响

工艺条件对污染物原始浓度的影响比生活垃圾成分更为重要，也是焚烧系统设计、运行中主要的技术着眼点。因为对某一特定的城市而言，生活垃圾源一定，问题就归结为如何控制焚烧工艺条件，尽量降低各种污染的原始浓度。掌握焚烧工艺条件对污染物原始浓度的影响、对控制焚烧炉污染物排放有着重要的意义。

影响污染物原始浓度的工艺条件包括温度、烟气在焚烧炉内的停留时间、焚烧炉内气体的湍流度、过量空气系数、生活垃圾在炉排上的运动形式等，其中：

（1）焚烧温度是最为显著的影响因素。较高的温度有利于生活垃圾中有机物的充分燃烧，从而使烟气中 CO 和有机物的原始浓度降低。

（2）烟气在垃圾焚烧炉高温区内的停留时间越长，燃烧效果就越好，烟气中 CO 和有机类污染物的原始浓度降低。温度与停留时间是一对相互影响的因素，例如我国规定，当燃烧温度高于1000℃时，烟气在焚烧炉内高温区的停留时间不小于1s。

（3）适当的过量空气系数有利于完全燃烧，可降低不完全燃烧类污染物的原始浓度。如果过量空气系数过大，可导致焚烧炉内温度降低，使不完全燃烧类污染物原始浓度增加，而太小的过量空气系数会使垃圾焚烧炉内氧气不足，同样是燃烧不充分。

（4）生活垃圾在炉排上的运动形式取决于垃圾焚烧炉型。生活垃圾有效的翻动、跌落、破碎等均有利于完全燃烧，使不完全燃烧污染物的原始浓度降低。烟气中颗粒物的含量主要与垃圾焚烧炉型有关，良好的垃圾焚烧炉型可以减少烟气中飞灰的含量。

对于不同的污染物，其控制生成的手段是不同的，有些甚至是相互矛盾的。下面介绍几种主要污染物的控制方法。

二、CO 的原始排放与控制

在入炉垃圾成分、焚烧炉结构一定的条件下，烟气中的 CO 浓度取决于燃烧组织状况，因此烟气中 CO 浓度一般可作为判断是否完全燃烧的指标。另外，由于 CO 和 NO_x 之间存在相互牵制的关系，设计燃烧设备时必须考虑 CO 和 NO_x 之间的关系。

图 6-1 简单总结了在燃烧过程中 CO 的成因，CO 的主要发生原因是碳氢（CH）化合物的不完全燃烧，除此以外，还有燃烧中的热分解等。

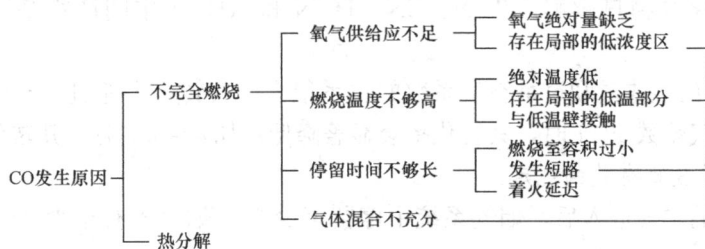

图 6-1　CO 产生的原因示意

CO 和 O_2 一样对碳氢化合物的燃烧起重要的作用，但是 CO 单独存在时却难以发生燃烧。在 CO 的燃烧反应中，如果存在氢（H）或者水蒸气（H_2O）等氢的发生源将促进 CO 的氧化反应，并且在温度较高时将在很广的温度范围内进行高速氧化反应，即

$$CO + HO \longrightarrow CO_2 + H \tag{6-1}$$

然而在低温时，自由基的再结合反应将停止，下式反应将成为主导反应，即

$$CO + H_2O \longrightarrow CO_2 + H_2 \tag{6-2}$$

在 CO 的脱除反应中，当过量空气系数为 1.1～1.4，CO 原始浓度为 0.1% 时，在 1200～1300℃时 CO 的氧化反应速度最快。

针对 CO 产生的特点，在设计焚烧炉时，要保证燃烧室有足够的温度和垃圾在燃烧室有足够的停留时间，增加炉膛二次风的穿透能力。

三、NO_x 的原始排放与控制

1. NO_x 的产生方式

垃圾燃烧产生的 NO_x 主要有 NO、NO_2 和微量的 N_2O。垃圾焚烧过程中，NO_x 的生成量和排放量不仅与反应系统中总的含氮量（分子氮和燃料氮）有关，还与燃烧方式（特别是燃烧温度和过量空气系数等）密切相关，燃烧形成的 NO_x 主要有燃料型（fuel NO_x）、热力型（thermal NO_x）和快速型（prompt NO_x）三种。

（1）热力型 NO_x（$T\text{-}NO_x$）。热力型 NO_x 是由于燃烧空气中的 N_2 与 O_2 在高温条件下反应生成的，温度对热力型 NO_x 的生成具有决定性影响，燃烧温度越高，NO_x 的产生率就越大，排放的 NO_x 也就越多。除了反应温度外，热力型 NO_x 的生成，还与 N_2 浓度以及停留时间有关。也就是说，过量空气系数和烟气在高温区的停留时间对热力型 NO_x 的生成有很大影响。

控制热力型 NO_x 产生的措施有：①减少燃烧最高温度区域范围；②降低燃烧峰值温度；③使燃烧在远离理论空气比的条件下进行；④缩短燃料在高温区的停留时间；⑤降低局部氧气浓度。

（2）快速（瞬时）型 NO_x（$P\text{-}NO_x$）。瞬时反应型 NO_x 是由于燃料挥发物中的碳氧化合物高温热分解生成的 CH 自由基和空气中的氮反应生成 HCN 和 N，再进一步与氧作用以极快的反应速率生成的 NO_x，其形成时间只需约 60ms。燃烧过程中生成的热反应型和瞬时反应型 NO_x 中的 N，都来自空气中的氮。

（3）燃料型 NO_x（$F\text{-}NO_x$）。燃料型 NO_x 是燃料中的氮化合物在燃烧过程中氧化而形成的。在 $600\sim800℃$ 时就会生成燃料型 NO_x，因此温度对它的生成影响不大。在垃圾焚烧中所形成的三种形式 NO_x 中，燃料型是主要的。在生成燃料型 NO_x 的过程中，首先是由燃料中含有的氮有机化合物热裂解产生 N、CN、HCN 和 NH_i 等中间产物基因，然后再氧化成 NO_x。

燃料型 NO_x 的生成量和过量空气系数的关系很大，其转化率随过量空气系数的增加而增加。在过量空气系数 $\alpha<1$ 时，其转化率会显著降低；如 $\alpha=0.7$ 时，其转化率接近于零。

2. 与 NO_x 排放物有关的规定

（1）在最后的空气进入后，烟气系统中停留至少 2s。烟气含有至少 6% 的 O_2，且温度保持在至少 850℃。

这一规定只在德国有效，不过瑞士所有新建立的净化系统实际上都能满足这些要求。高温易产生 NO_x，因此这一规定使 NO_x 排放量不可避免地会增加。在瑞士苏黎世的城市垃圾焚烧厂，通过对 NO_x 排放水平的检测使这一副作用得到证实，氧气含量低时，会减少 NO_x 的产生，这一假定已在瑞典有控制的系统运行中间接得到证实。

（2）确定的可接受的 NO_x 排放量。

德国：最大日平均 $200mg/m^3$（标准状态下）干基，其中含 $11\%O_2$ 干基；最大半小时平均 $400mg/m^3$（标准状态下）干基，其中含 $11\%O_2$ 干基。

瑞士：最大数小时以上平均 $80mg/m^3$（标准状态下）干基，其中含 $11\%O_2$ 干基。

采用两种措施，可以控制城市生活垃圾焚烧厂的 NO_x 排放（在焚烧温度高于 650℃ 时，约 $95\%NO$ 和 $5\%NO_2$）。一种措施为减少垃圾中的氮、改善燃烧室的结构、合理布风、送风和控制过量空气，如燃料分级燃烧和空气分级燃烧（见图 6-2）；另一种措施是处理已经形成的 NO_x 分子，通常是把这些分子分解成氮（N_2）和氧化物，如以蒸汽形式存在的 H_2O。第二类措施还可以分为干处理或湿处理。湿处理涉及将 NO 氧化成 NO_2 或 NO 直接还原 N_2。在洗涤液吸收之前或之后这两种反应都可能发生。干式工艺过程如 SCR、SNCR 和电子束工艺等。城市垃圾焚烧炉的 NO_x 抑制界限为 $114\sim136mg/m^3$（标准状态下），如果要进一步降低 NO_x 浓度，一般采用选择性非催化剂脱硝法（SNCR）或选择性催化剂脱硝法（SCR），但成本很高。

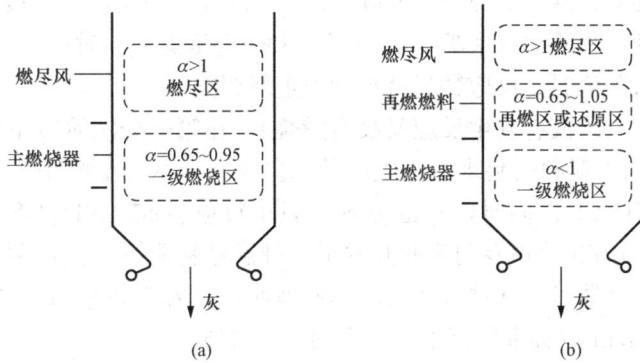

图 6-2　空气与燃料分级原理
(a) 空气分级燃烧；(b) 燃料分级燃烧

3. 干式 SNCR（选择性非催化还原）工艺

　　这一工艺过程采用美国 Exxona 公司开发的技术，在 20 世纪 80 年代中期以前，它仅用于发电厂，典型的 SNCR 工艺如图 6-3 所示。大约在同一时期，欧洲的公司（德国 Bremerhaven 和 Von Roll 公司、瑞士 Lucerne 和 Sulzer 公司和 Basel 的 Noell 公司）开始使用同一工艺过程来对城市生活垃圾焚烧厂生产的烟气进行脱氮处理。在 20 世纪 80 年代，VOV ROLL 公司开始使 SCNR 工艺过程的实验。

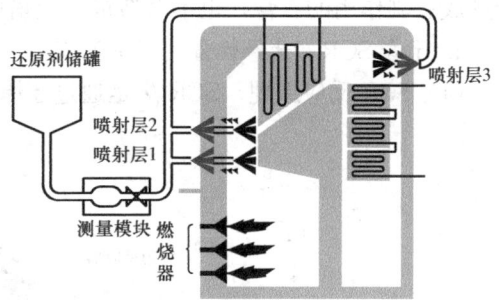

图 6-3　典型的 SNCR 工艺

　　SCNR 脱氮过程是依据氮氧化物 NO_x 和氨水 NH_3 之间发生的化学反应。如果周围温度足够高，这些反应不需要催化剂就可发生。这里有三种重要的反应：

$$4NO + 4NH_3 + O_2 = 4N_2 + 6H_2O \tag{6-3}$$

$$4NH_3 + 5O_2 = 4NO + 6H_2O \tag{6-4}$$

$$4NH_3 + 3O_2 = 2N_2 + 6H_2O \tag{6-5}$$

式（6-3）是所希望发生的反应，它把氮氧化物还原成氮和水，这一反应发生在 850～1000℃ 之间。超过 1000℃，不利的反应式（6-4）和式（6-5）就会占主导地位。这两种反应发生在氨燃烧期间。如果加入氮时温度下降到 850℃ 以下，反应式（6-4）即使没有催化剂也会发生，不过反应的速度过慢，除非添加大量的 NH_3。

　　采用这种脱氮工艺最好配置湿式净化系统，这样可以在较低温度范围内进行这一过程并且使 NH_3 的燃烧保持在最少。然而，要达到成功运行，需要 3 倍于理论需要量的 NH_3。大量的剩余 NH_3 被喷洒到湿净化器里并在此溶解。NH_3 以 25% 的氨水形式喷洒到废热锅炉的辐射部分。

　　城市生活垃圾焚烧锅炉里的温度分布波动大，因此需要调节氨水加入量。在锅炉侧边，注料阀直接嵌入水平管壁以保证喷射范围涵盖尽量多的气流区。在德国 Bremerhaven 焚烧厂，总共有 3 个氨水注入区和 13 个注料阀安装在不同高度，朝着气流反向喷射。在燃烧室的顶端紧挨对流区的附近即在烟气进入多管热交换器之前安装着一个参考温度计。温度计与一个触发器相连，在接近理想的温度约 650℃ 的注料位置，触发器放出液体氨。通过使用专门设计同时能喷射两种物质的双束喷嘴增加蒸汽来产生氨雾气。对已净化 NO_x 的烟气进行连续监测。一旦接近限值时，反应物量就自动地重新调整。

　　剩余的氨气分子（既没有发生反应又没有燃烧），在第一酸洗阶段不断地转化为离子形式（NH_4^+）从而可以重新利用起来。烟气中的一些剩余氨水与盐酸 HCl 在 300℃ 以下发生反应生成氯化铵（NH_4Cl）。同时，它也与 SO_2 发生反应生成（NH_4）$_2SO_4$。这些悬浮物实质上是盐类物质。Symalit 公司专门为此开发了一种悬浮物质沉降法，利用该方法可以把这些悬浮化合物留在洗涤器里。这种方法可以把处理前含量为 $200mg/m^3$（标准状态下）的悬浮化合物降低为 $5mg/m^3$（标准状态下）以下的清洁气体。

　　对这种烟气净化系统所产生的废水中的过量氨必须进行特殊处理。这是在一个充满蒸汽的汽提塔里进行的，其废水先经过石灰水中和处理。通过把氨水的 pH 值从 0.5 提高到大约 11，铵离子转化为氨溶液。由于石灰水用作中和剂，因而污泥中就不会有二氧化硫，从而不会形成有副作用的石膏，也不会造成汽提塔的堵塞。

　　4. 干式 SCR（选择性催化还原）工艺

　　（1）SCR 反应原理。SCR 法是通过还原剂（例如 NH_3）在适当温度并有催化剂存在的条件下，将烟气中的 NO_x 还原为无害的 N_2 和 H_2O 的一种脱硝方法。与 SNCR 相同，这种工艺之所以称为选择性，是因为还原剂 NH_3 优先与烟气中的 NO_x 反应，而不是被烟气中的 O_2 氧化。烟气中 O_2 的存在能促进反应，是反应系统中不可缺少的部分。SCR 脱硝化学反应流程如图 6-4 所示，SCR 脱硝化学反应原理如图 6-5 所示。

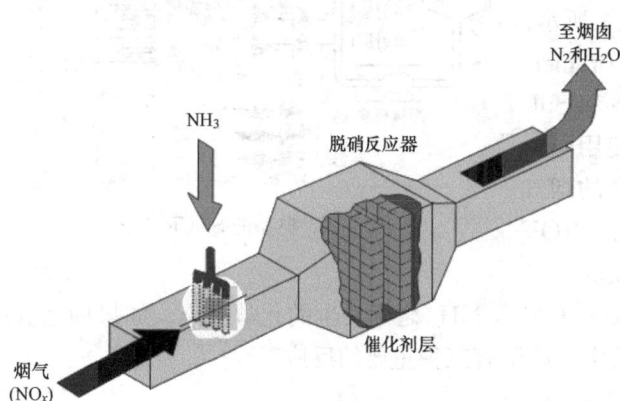

图 6-4　SCR 脱硝反应流程示意

　　这里是从 Brockhaus 词典摘录下来的对"催化作用"的简要定义："催化作用"：通过添加一种比较少量的其他物质来加速化学转换。那些反应加速剂被成为催化剂（在生物反应中被成为"酶"）。它们的作用是降低反应的活化能使化学反应分阶段进行。在反应过程中催化剂不会被消耗的。偶尔在使用一段时间后会失去活性。它们对化学平衡状况没有任何影响，换言之，它们对任何逆反应同样催化。

　　脱氮过程使用非均相催化剂。与发生化学反应的媒介物气体相比，它是一种固体。催化剂容易中毒、失效（接触中毒，如重金属），可能影响甚至抑制反应的发生（如装有催化剂的无铅引擎中有含铅石油）。

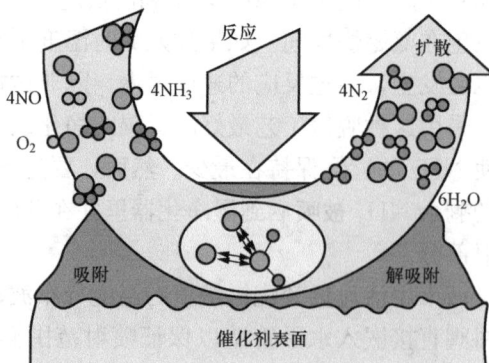

图 6-5　SCR 脱硝化学反应原理

催化脱氮的工艺过程是在日本最早发明的。1984 年 6 月 20 日，日本一项新的关于空气污染的国家立法，强制大阪、东京和神奈川等地区大幅度降低本地区长期 NO_x 排放物，要求这些地区的城市生活垃圾焚烧厂必须在 1985 年 3 月 31 日之前使用新的设备以使 NO_x 排放物降低到所要求的水平。在最初借用用于电厂的催化剂试验失败后，制造商们联合决定建立一座与东京现有的一家城市生活垃圾焚烧厂相结合的实验厂。经过长期的试验后，两座城市生活垃圾焚烧厂于 1987 年被改进为催化工艺流程。欧洲现有多套使用基于催化剂的脱氮装置。

（2）SCR 化学反应式。引起 NO_x 还原的反应与非催化剂脱氮是一样的，但没有发生氨的燃烧。催化剂使反应能在 400℃以下发生。式（6-6）～式（6-9）是全部有关反应：

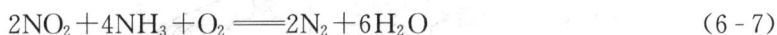

$$4NO+4NH_3+O_2 = 4N_2+6H_2O \qquad (6-6)$$

$$2NO_2+4NH_3+O_2 = 2N_2+6H_2O \qquad (6-7)$$

$$6NO+4NH_3 = 5N_2+6H_2O \qquad (6-8)$$

$$6NH_2+8NH_3 = 7N_2+12H_2O \qquad (6-9)$$

城市生活垃圾焚烧过程排放的气体中氧气成分相对较高（体积比为 7%～12%），而 NO_2 成分相对较低（体积比小于 10%），保证反应式（6-6）能处于主要地位（因为 O_2 在有催化剂的情况下加快了这一反应）。SCR 工艺化学反应过程如图 6-6 所示。

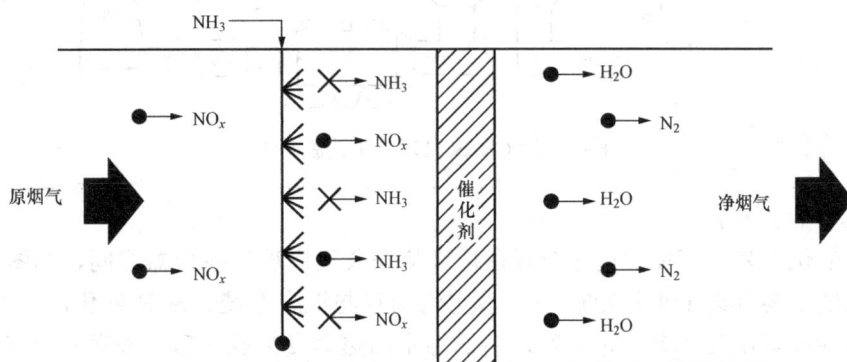

图 6-6　SCR 工艺化学反应过程

SCR 工艺与 SNCR 工艺的比较见表 6-9。

表 6-9　　　　　　　　　SCR 工艺与 SNCR 工艺的比较

工艺名称	选择性催化还原法（SCR）	选择性非催化还原法（SNCR）
NO_x 脱除效率（%）	70～90	30～60
操作温度（℃）	200～500	850～1100
NH_3/NO_x 摩尔比	0.4～1.0	0.8～2.5
氨泄漏（mg/m³）	<3.8	3.8～15.2
总投资	高	低
操作成本	中等	中等

5. SNCR/SCR 联合烟气脱硝技术

SNCR/SCR 联合烟气脱硝技术结合了两者的优势，将 SNCR 工艺的还原剂喷入炉膛，用 SCR 工艺使逸出的 NH_3 和未脱除的 NO_x 进行催化还原反应。理论上，SNCR 工艺在脱除部分 NO_x 的同时也为后面的催化法脱除更多的 NO_x 提供了所需的氨，工艺流程如图 6-7 所示。典型 SNCR/SCR 联合装置能脱除 84% 的 NO_x，逸出 NH_3 浓度低于 $10 \times 10^{-6} mg/m^3$。

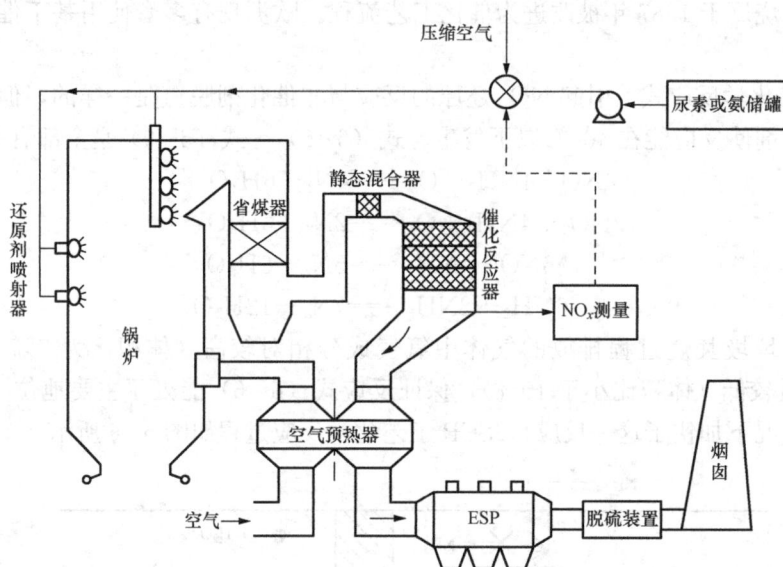

图 6-7　SNCR/SCR 联合工艺脱硝流程

6. SCR 催化剂布置

（1）前催化工艺。SCR 催化剂布置在垃圾焚烧余热锅炉与除尘器之间，如图 6-8（a）所示。该系统主要由氨气供应系统、氨气/空气稀释与混合系统、SCR 催化反应器等组成。氨储罐输出的液氨在汽化器内由 50℃ 左右的温水加热蒸发为氨气后，被送到氨气缓冲槽备用。缓冲槽的氨气经调压阀减压后送入各机组的氨气/空气充分混合后由喷嘴格栅（AIG）的喷嘴喷入烟气中。烟气与氨气混合后进入 SCR 催化反应器，当烟气流经催化剂层时，氨气与 NO_x 在催化剂的作用下发生氧化还原反应，将 NO_x 还原为无害的 N_2 和 H_2O。

这种布置方式的优点是烟气不必加热就能满足反应温度的要求。但烟气尚未经过除尘，飞灰颗粒磨损反应器并可能使催化剂堵塞；飞灰中的有害物质（K、Na、Ca、Si、As），特别是其中的 As 氧化物会使催化剂污染或中毒；催化剂处于高温烟气中，若温度过高，会使催化剂烧结或失效。由于这些情况容易造成催化剂寿命缩短，所以这种布置方式往往需要加大催化剂体积，以弥补以上各种因素对催化剂的不利影响。

（2）后催化工艺。SCR 系统催化剂布置在烟气净化系统之后，如图 6-8（b）所示。后催化工艺特点是催化剂中毒的危险很小。到这一阶段，烟气中的有毒有害物质已基本去除。但由于已经通过了湿洗涤阶段，烟气的饱和温度下降到 60~70℃。因此需要将烟气重新加热到 250~350℃。

在三菱重工的协同参与下，日本的一家研究机构已成功地为前催化工艺研制出一种催化剂。这种催化剂被包括瑞士苏黎世 Elex AG 公司的多个公司采用。这是一种基于陶器的蜂

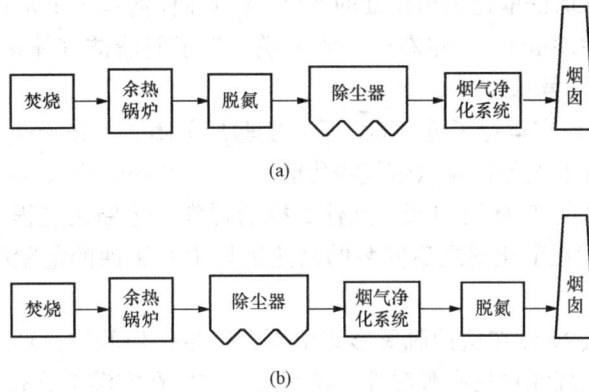

图 6 - 8 SCR 反应系统的布置方式

(a) 前催化工艺；(b) 后催化工艺

窝状催化剂，且涂有氧化钒（V_2O_5）和氧化钛（TiO_2）。事实证明，这两种重金属氧化物负载在载体上能提高转化效率和催化剂使用寿命。当使用这些物质时，烟气中的 SO_x 成分不会有任何负面影响。换言之，实际上不会有任何硫酸铵产物 $[(NH_4)_2SO_4]$（硫酸铵会腐蚀设备）。

Elex 公司在实验厂对日本这种催化剂进行了 2 年（1988～1989）的测试，测试的对象是苏黎世 Hagenholz 城市生活垃圾焚烧厂烟气，测试结果见表 6 - 10。

表 6 - 10　　　　　　　　　　试验厂典型运行数据

项　　目	数　　值	单　　位
烟气体积（0℃，0.1013MPa）	340～360	m^3/h
烟气中的水分	8～13	%
烟气中的氧分	11～12	%
烟气输送管中的烟气温度	215～230	℃
部分烟气被加热后的温度	260～265	℃
催化剂入口处的温度	260	℃
催化之前的氧化氮成分	260～440	mg/m^3
催化之后的氧化氮成分	20～100	mg/m^3
催化反应后烟气中氨浓度	小于 4	%
催化过程中气压损失	400～420	mg/m^3

焚烧炉烟道中的部分烟气在经过烟气分离器，被一个电热水热交换器重新加热到 260℃。加入氨水的气体混合物经过六个步骤的催化过程。经过催化处理后，热烟气进入热交换器，该热交换器和大型城市生活垃圾焚烧厂的废热锅炉相似。期间烟气的温度从 260℃ 冷却到 160℃。该热交换器给水温度为 125℃，并产生蒸汽。最后引风机把"试验"气体送回烟气主烟道。

实验厂的运行必须保证催化剂出口处的 NO_x 含量在任何情况下都小于 $80mg/m^3$。处理前的平均 NO_x 含量在 $340mg/m^3$ 左右。一般来说，为了使清洁气体中保持安全的 NO_x 水平，每 1h 需要 $50\sim55g$ 氨水。

1989 年 3 月 30 日，在运行了近 3600h 后，实验厂关闭了。在 1990 年 10 月～1991 年 4 月期间，有持续 3800h 的类似试验（烟气净化能力 $450\sim600m^3/h$）。这些试验的目的是为了解决以下问题：①二噁英/呋喃可以减少到什么样的程度？②催化过程中会产生大量的氧化氮 N_2O（笑气）吗？③在催化剂之后安装的余热锅炉中有腐蚀的危险吗？④哪些材料最适合制造这种热交换器？

实验表明，氧化氮 N_2O 在这种脱氮形式中不会产生任何问题。然而，在余热锅炉中发现有盐类沉淀物。这些沉淀物具有吸湿性，换言之，它们在室温下具有腐蚀作用。余热锅炉在停止运行时会有被腐蚀生锈的危险。为了避免腐蚀生锈，有必要建议在不使用时保持温度在正常室温以上。图 6-9 所示为该厂脱氮系统。

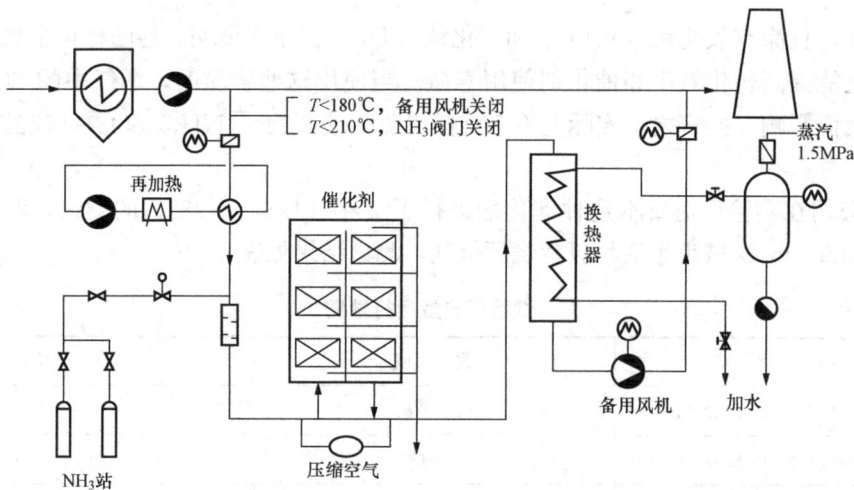

图 6-9　Hagenholz 城市生活垃圾焚烧厂脱氮氧化物中试装置

在对这些结果进行评估后，苏黎世的垃圾管理部门决定采用 SCR 脱氮工艺来改进现有的 Josnfstrasse 城市生活垃圾焚烧厂。催化过程在 260℃ 的条件下进行，试验证明这是最佳温度，催化剂是在半干烟气净化系统后安置，1992 年 4 月开始运行。由根据开始后不久在控制运行下所收集的资料得到如下统计数据（见表 6-11）。

表 6-11　　　　　　　　Josefstrasse 城市生活垃圾焚烧厂运行数据

烟气体积流量	164 000m³/h（0℃，0.1013MPa，湿） 81 150m³/h（0℃，0.1013MPa，干）
氧气含量	8.8%～10.7%
气体经预热器交换前后的温度	预热前 215℃，预热后 142℃

日本的准连续（16h/d）和连续（24h/d）的垃圾焚烧曾一度用炉排焚烧炉，从 20 世纪 70 年代后半期开始，随着垃圾中塑料、纸含量的增加，垃圾发热量急剧上升，开始逐步采

用鼓泡流化床焚烧炉。20世纪60年代中期，氮氧化物造成酸雨的危害引起了人们的广泛关注，1973年第一次对氮氧化物实行了限制，从而开始了抑制从垃圾焚烧炉中产生 NO_x 排放的研究。现在运行中的焚烧炉的 NO_x 产生量是 $56.8 \sim 102.24mg/m^3$，根据设备的运行状况，其产生量最少为 $22.72mg/m^3$，最高可达 $170.4mg/m^3$。一般炉排炉的 NO_x 生成率略高于流化床。

垃圾焚烧时，通过燃料中的氮氧化生成的 NO_x 大约占整个 NO_x 发生量的90%，减少燃烧区域的空气量对减少燃烧型 NO_x 很有效。但是为了防止垃圾中的低沸点以及腐蚀性成分产生熔渣、烧坏炉排，一般使用比燃料所需理论空气量多 $0.5 \sim 1$ 倍的空气，燃烧温度应控制在 $1300℃$ 以下。

向焚烧炉内的挥发分燃烧区喷水或进行烟气再循环，可以降低燃烧室内因空气量减少而导致的温度上升，减少因空气中氮被氧化而生成的热力型 NO_x。不过水的注入量和再循环烟气量过多时，有可能引起燃烧的不稳定和 CO 生成量的增加。表6-12列举了在焚烧炉内降低 NO_x 的方法。

表6-12　　　　　　　　　　　　　在焚烧炉内 NO_x 的降低方法

方　法		低 NO_x 原理	焚烧炉形式	效　果
	垃圾供应稳定化	需要维持其他方法所需要的稳定的炉内状态	炉排炉 鼓泡流化床 循环流化床	抑制局部高浓度氧、局部高温以及未燃气体的产生
削减过剩的氧	低空气比燃烧	降低主燃烧区的氧气量，扩大还原气氛	炉排炉 鼓泡流化床	$9 \sim 15mg/m^3/O_2$ $9\% \sim 12\%$ $9 \sim 15mg/m^3/O_2$ $9\% \sim 12\%$
	二段燃烧	在弱还原气氛下进行一次燃烧，促进氮化合物向氮气的分解。在后段进行未燃烟气的完全燃烧，二次空气供入位置要充分高于一次燃烧区	炉排炉 鼓泡流化床 循环流化床	约 $30mg/m^3$ 约 $20mg/m^3$ 约 $10mg/m^3$
降低过高的温度	喷射水	降低热力型 NO_x	炉排炉	约 $30mg/m^3$ （水/垃圾 $10\% \sim 30\%$）
	烟气再循环	降低热力型 NO_x	炉排炉 鼓泡流化床	$20 \sim 30mg/m^3/20\%$ 烟气 $10 \sim 20mg/m^3/10\%$ 烟气
	水冷却	降低热力型 NO_x	炉排炉	$20 \sim 30mg/m^3$
添加还原剂	NH_n 溶液	向火焰吹入 NH_3，NH_4OH 溶液	炉排炉 鼓泡流化床	脱去率60%，$NH_3/NO=2.3$ 脱去率40%，15%NH_3 水，$NH_3/NO=2$

四、SO_2 的原始排放与炉内控制

燃烧过程中生成的硫氧化物（SO_x）不仅对人体有害，还会引起酸雨。就环境保护而言，对硫氧化物的发生源加以控制是十分重要的。

生活垃圾中的硫分很低。生活垃圾焚烧过程中产生的硫化合物有 SO_x、H_2S、COS、CS_2。虽然生活垃圾的硫含量因垃圾成分而异，并且在燃烧过程中炉内各处生产的硫化合物不相同，但主要的硫化物气体产物是 SO_x、H_2S 和 COS。在生活垃圾燃烧的初期阶段，燃料中的硫化合物迅速分解挥发并生成了反应活性很高的中间产物，这种中间产物又进一步被氧化转变成 SO_2。与氢结合的硫化物的挥发性要比与碳结合的高。以 C-S、S-H、S-S 链状形式结合的硫要比碳或氢先挥发出来，不过 FeS 和由多环结合的噻吩硫即使在高温下也很稳定，挥发很慢。

垃圾在燃烧过程中生成的 SO_2 如遇到 CaO 等碱性金属氧化物时，会与其反应生成 $CaSO_4$ 等而被固定下来。因此，对于循环流化床垃圾焚烧炉，二氧化硫的减排可通过往炉内投入合适粒径的石灰石（$CaCO_3$）进行。脱硫过程分两步进行，一是石灰石煅烧反应，石灰石在高温下分解成 CaO，即

$$CaCO_3 \longrightarrow CaO + CO_2 \tag{6-10}$$

二是生成的 CaO 在氧化性气氛中与烟气中 SO_2 发生的脱硫反应（固硫反应），即

$$CaO + SO_2 + \frac{1}{2}O_2 \longrightarrow CaSO_4 \tag{6-11}$$

脱硫反应受温度的限制，其最佳反应温度是 $800 \sim 850℃$，这时可以得到最高的脱硫效率。温度低于或高于该范围，脱硫效率都会降低。因此，流化床内脱硫剂与烟气中 SO_2 的反应环境（温度、时间、传质等）十分有利于脱硫反应的进行。

循环流化床焚烧炉可在较低的钙硫摩尔比（Ca/S）下，得到 90% 以上的脱硫效率。这种燃烧过程中的脱硫方法比烟气脱硫（燃烧后脱硫）具有效率高、装置简单和费用低等优点。

在常规流化床焚烧炉中，Ca/S 摩尔比一般为 $2 \sim 3$。

五、HCl 的原始排放与控制

用焚烧处理城市垃圾时，不仅在不完全燃烧时会排放出各种有害气体，即使完全燃烧也会产生 HCl 等有害气体。HCl 的排放几乎不受焚烧温度影响。城市垃圾燃烧中产生的 HCl 浓度与垃圾的成分有关，通常为 $400 \sim 1000 mg/m^3$，而工业废气物焚烧炉产生的 HCl 浓度则为 $100 \sim 3000 mg/m^3$。

城市生活垃圾焚烧中产生 HCl 的主要来源有：

（1）聚氯乙烯等有机化合物；

（2）氯化钠等无机氯化合物。

含有聚氯乙烯（PVC）和聚偏二氯乙烯（PVDC）等物质的垃圾被焚烧时，有机氯化合物的分解会产生 HCl。例如，燃烧聚氯乙烯时，可通过以下反应产生 HCl：

$$CH_2CHCl + \frac{5}{2}O_2 \Longrightarrow 2CO_2 + HCl + H_2O \tag{6-12}$$

空气中当温度为 230℃ 时，50% 的聚氯乙烯被分解；当温度提高到 $600 \sim 800℃$ 时，燃烧 $10 \sim 15 min$，聚氯乙烯就能完全分解而生成 HCl。另外，垃圾中还含有 $0.2\% \sim 0.4\%$ 的有机氯化物时，高温焚烧会生成 HCl。

垃圾中的 NaCl 和 $CaCl_2$ 等无机氯化合物与排放气体中的 SO_2 反应，生成 HCl 和硫酸盐，该反应所需的温度是 $430℃ \sim 540℃$，反应式为

$$2NaCl+SO_2+\frac{1}{2}O_2+H_2O=\!\!=\!\!=Na_2SO_4+2HCl \qquad (6-13)$$

如果考虑上述反应的平衡状态，则燃烧温度越低，二氧化硫浓度越高，Na_2SO_4 就越稳定；在炉内的反应条件下，SO_2 几乎全部与 NaCl 反应生成 HCl。

此外，还可以考虑按式（6-13）发生 NaCl 与水蒸气的反应。但是，在温度为 $700\sim1300℃$，H_2O 浓度为 $10mg/m^3\sim100\%$ 时，几乎不产生 HCl。

$$2NaCl+H_2O=\!\!=\!\!=2HCl+Na_2O \qquad (6-14)$$

HCl 的脱除主要通过烟气净化处理装置进行，对于循环流化床焚烧炉，可以通过与炉内的石灰反应进行脱硫、脱氯过程，但 $CaCl_2$ 在 SO_2 存在条件下会重新分解，因此炉内脱氯是不充分的。

第三节　二噁英和呋喃

一、二噁英（PCDD）和呋喃（PCDF）

二噁英形成的先决条件是有机化合物，即所谓原子团、氧、氯及热能。氯化二苯二噁英和氯化二苯呋喃包含 C、H、O 和 Cl，见图 6-10。它们的基本结构相同（2 个苯环），不过在氯原子的数量和结构上各不相同。

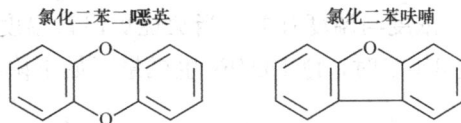

图 6-10　氯化二苯二噁英和氯化二苯呋喃

由于每个苯环上都可以取代 $1\sim4$ 个氯原子，所以共有 75 个 PCDD 异构体和 135 个 PCDF。各异构体表现出如下特性：①具有相对稳定的芳香环；②各异构体具有类似的毒性，按国际毒性当量参数（TEQ）进行比较，其中毒性最强的是 2，3，7，8-四氯二苯二噁英（2，3，7，8-PCDD），毒性约为 KCN 的 1000 倍或 HCN 的 390 倍，被称为地球上最毒的物质；③苯环上卤素含量的增加，其在环境中的稳定性、亲脂性、热稳定性以及对酸、碱、氧化剂和还原剂的抵抗能力也有所增加，所以 PCDD/Fs 在环境中能够广泛存在；④常压下 PCDD/Fs 均为固体，熔点较高，难溶于水，易溶于脂肪，所以 PCDD/Fs 容易在生物体内积累。

目前，PCDD/Fs 并无商业性的生产，也没有直接的用途。自然环境中的 PCDD/Fs 的产生有多种途径，如火山爆发、森林大火、冶金建材生产、煤燃烧、垃圾焚烧等，由于燃烧而产生的 PCDD/Fs 约占世界范围内其污染总量的 50% 以上。为了解 PCDD/Fs 源污染的产生，人们对垃圾焚烧时产生的 PCDD/Fs 进行了监测，并对其性质和结构进行了一些研究，大致了解了燃烧产生 PCDD/Fs 的一些相关因素及其可能的分解条件。

二、城市垃圾焚烧炉排放出的 PCDD/Fs 的来源

城市垃圾焚烧炉排放出的 PCDD/Fs 的来源主要有以下四种：

（1）垃圾本身含有微量的 PCDD/Fs，由于 PCDD/Fs 具有热稳定性，尽管大部分在高温燃烧时得以分解，但仍会有一部分在燃烧后排放出来。

（2）在燃烧过程中由含氯前驱物合成 PCDD/Fs，前驱物包括聚氯乙烯、氯代苯、五氯苯酚等，在燃烧中前驱物分子通过重排、自由基缩合、脱氯或其他分子反应等过程会生成 PCDD/Fs，这部分 PCDD/Fs 在高温燃烧条件下也会被分解。

（3）在 300～500℃ 的温度环境中，当燃烧不充分（烟气中产生过多的未燃尽物质）并遇到适量的触媒物质（主要为重金属，特别是铜等）时，在高温燃烧中已经分解的 PCDD/Fs 将会重新生成。

（4）垃圾中含有一些不含氯的有机物、碳以及 HCl、Cl_2、NaCl、$AlCl_3$ 等无机氯化合物，这些物质在燃烧过程中形成 PCDD/Fs。

三、城市垃圾焚烧炉排放出的 PCDD/Fs 影响因素

二噁英类可在焚烧炉内（燃烧过程中）、余热锅炉内（热回收一些排放气体冷却过程中）、除尘器内（排放气体处理过程中）等处形成。二噁英类排放途径有三个，分别为焚烧炉渣、排放烟气和飞灰。焚烧炉渣总量较多，但其所含有的 PCDD/Fs 浓度很低。排放烟气中含有的 PCDD/Fs 包括垃圾不完全燃烧产生的和在热回收——排放气体处理过程中由"从头（de novo）"合成产生的两类。飞灰中的二噁英类浓度较焚烧炉渣高，对飞灰进行安全处理时，除了应考虑二噁英类的处理以外，还需考虑飞灰中含有的 Hg、Cd、As 等低沸点金属。

1. 焚烧炉出口的二噁英浓度与温度关系

焚烧炉出口的 PCDD/Fs 浓度与温度有关，当焚烧炉出口温度低于 730℃ 时，PCDD/Fs 的生成很显著；当温度超过 800℃ 时，PCDD/Fs 生成量开始下降，这种现象已在国外多数焚烧炉的运行中得到证实。

2. 排放烟气中的 PCDD/Fs 浓度与一氧化碳浓度关系

排放烟气中的 PCDD/Fs 浓度与一氧化碳浓度之间存在近于正比的关系（见图 6-11，图中二噁英浓度是未经毒性当量折算的原始浓度），尤其在同一炉的二噁英浓度与一氧化碳浓度之间，往往呈现出很明显的相关性。这正是一些国家常用 CO 作为监测、控制 PCDD/Fs 排放的指标的原因。

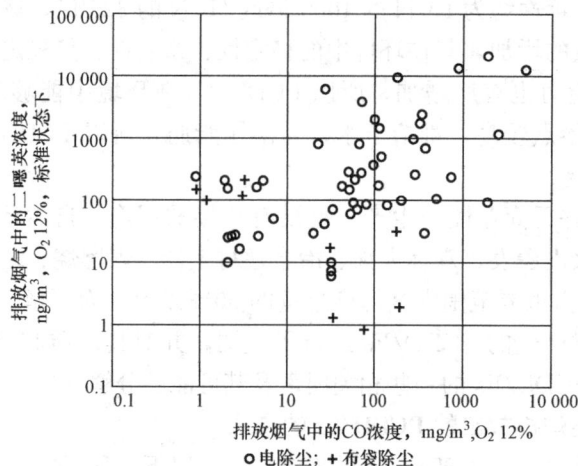

图 6-11　排放烟气中二噁英浓度与 CO 浓度的关系

3. 排放烟气中 PCDD/Fs 浓度与除尘温度的关系

排放烟气中 PCDD/Fs 浓度与除尘温度之间的关系如图 6-12 所示，在 100～300℃ 范围内呈现正比关系；而图 6-13 则表示排放气体中的二噁英浓度与垃圾中塑料制品所占比例之间并不存在明确的关系。

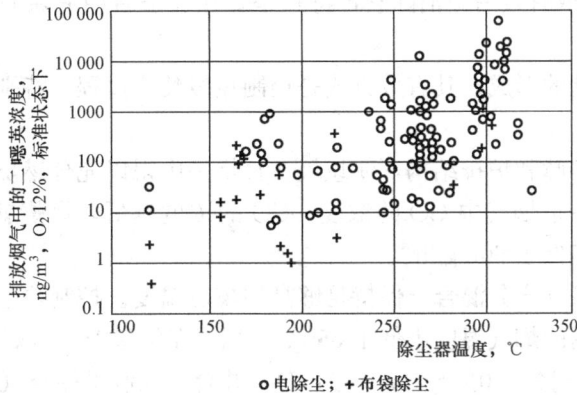

○电除尘；+布袋除尘

图 6-12　排放烟气中二噁英浓度与除尘温度之间的关系

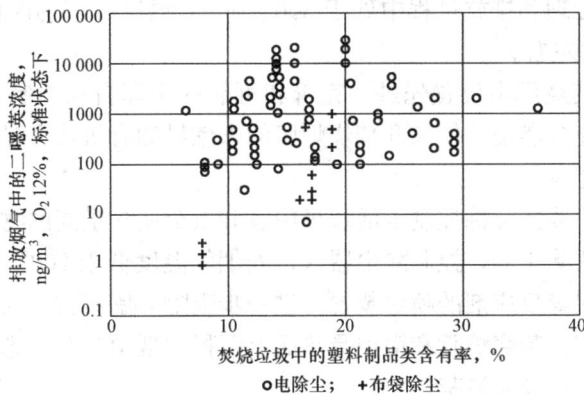

○电除尘；　+布袋除尘

图 6-13　排放烟气中的二噁英浓度与焚烧垃圾中塑料制品含有率的关系

二噁英类发生的反应中存在很多竞争反应，虽然至今还没有完全确定反应条件与反应途径之间的关系等具体问题，但是其生成途径大致可以分为如下两类：

（1）"从头"合成。从头表示由化学构造上与二噁英相关性很小的物质产生二噁英。这是在飞灰上由铜等金属氧化物作为催化剂进行的气固反应。具体而言就是残留在飞灰中的未燃尽碳以及飞灰表面吸附的各种碳氢化合物发生部分氧化物，生成杂环碳氢化合物，最终被氯化产生二噁英类。二噁英类易产生的温度范围，除了历来受到重视的 300℃ 附近以外，在 470℃ 附近二噁英类的生成也有峰值；而当有铜存在时，该峰值产生的温度有降低的倾向，因此可以认为在 270～600℃ 的范围内是二噁英类产生较多的区间。

（2）酚氯等作为前驱物质的二噁英类生成途径。可燃的碳氢化合物如果发生不完全燃烧，会产生炭黑和有机物。另外，通过有机氯化物的焚烧产生的氯化氢，在氯化铜、氯化铁等化合物的催化作用下，被进一步氧化成氯。在燃烧中产生的有机物与氯发生反应，即可产生氯苯（CB）、氯酚（CF）等二噁英类前驱物，并通过二聚化反应最终产生二噁英。

四、去除垃圾中二噁英和呋喃的基本措施

形成二噁英和呋喃的先决条件是有机化合物，氧、氯及热能。当垃圾被运到焚烧厂时，二噁英/呋喃含量就已达 50 毒性当量（ng-TEQ/m³）。此外，垃圾焚烧过程中也会产生二噁英/呋喃。因此，要采取有效措施消除它，特别是要在焚烧后期消除的二噁英和呋喃，并至少应控制在最低水平。

控制二噁英和呋喃的形成，其有效方式是控制垃圾焚烧过程，特别需要注意的有以下几方面：

（1）选用合适的炉膛和炉排结构，使垃圾在焚烧炉中得以充分燃烧。而衡量垃圾是否充分燃烧的重要指标之一是烟气中 CO 的浓度，CO 的浓度越低，燃烧就越充分，烟气中 CO 浓度比较理想的指标是低于 $60mg/m^3$。

（2）焚烧垃圾与氧气充分混合，保持足够高的燃烧温度。控制炉膛及二次燃烧室，或在进入余热锅炉前烟道内的烟气温度不低于 850℃，烟气在炉膛及二次燃烧室内停留时间不小于 2s，O_2 浓度不少于 6%（10%～12.5%为宜），并合理控制助燃空气的风量、温度和注入位置，对于完全燃烧来说，重要的因素是"3T"原则，即温度（temperature）、停留时间（time）、混合（turbulence）。

（3）缩短烟气在处理和排放过程中处于 300～500℃ 温度区域的时间，控制余热锅炉的排烟温度不超过 250℃ 左右。

（4）在生活垃圾焚烧厂中设置先进、完善和可靠的全套自动控制系统，优化进炉垃圾量，尽量减少风量，充分燃烧，使离开焚烧炉膛的未燃尽的有机物含量减少，二噁英和呋喃再次形成的数量也就越少。

（5）通过分类收集或预分拣控制生活垃圾中氯和重金属含量高的物质进入垃圾焚烧厂。

（6）选用新型袋式除尘器，控制除尘器入口处烟气温度低于 200℃，并在进入袋式除尘器的烟道上设置活性炭等反应剂的喷射装置，进一步吸附二噁英。

（7）避免烟尘沉积。焚烧炉膛和锅炉受热面上沉积的烟尘含有二噁英和呋喃。为了尽量减少燃烧区烟尘沉积，应及时清灰。

（8）增加抑制剂。二噁英和呋喃的形成需要铜化合物一类的重金属催化剂，这些催化剂在烟气和飞灰里普遍存在。通过向垃圾焚烧炉或锅炉内增加抑制剂（三乙胺、尿素或氨水等），抑制或延缓化学反应可大大降低二噁英和呋喃的合成速度。冯诺尔（Von Roll）公司开发 SNCR 脱氮工艺过程中进行很多试验，仔细考察了二噁英的排放情况，结果发现，通过添加氨水到焚烧炉，二噁英的生成量可降低 90%。

五、消除烟气中二噁英和呋喃的辅助措施

二噁英和呋喃在焚烧后，一部分被烟尘颗粒吸收，一部分存在于烟气中。焚烧后必须对飞灰进行特别处理，这将在以后的章节中详细叙述。下面所述是去除烟气中二噁英和呋喃的几种方法。

1. 干式处理的添加剂

在德国 Geiselbullach 城市生活垃圾焚烧厂和瑞士苏黎世 Josefstrasse 焚烧厂，烟气通过活性炭吸附，以保持汞排放不超标。同时还减少了烟气中二噁英和呋喃含量，因为活性炭吸收了这些有机化合物。

2. 湿式处理的添加剂

研究表明，烟气洗涤系统对二噁英和呋喃的去除并不十分有效。然而，在烟气洗涤之前添加活性炭可以大大改善二噁英和呋喃的吸附状态，可获得高达 90％的去除率。二噁英和呋喃被活性炭吸收，沉淀于洗涤污泥中而被去除。在脱除氮氧化物催化装置中采用脱氮催化剂减少二噁英和呋喃。

通过在一些焚烧厂对脱除烟气中氮氧化物所做的试验表明，脱除氮氧化物的催化剂也可减少二噁英和呋喃产生。对这种现象的一种可能性解释是：假如催化剂还有活性，当氨水与 NO_x 反应结束，烟气中的有机化合物和氧气之间的催化反应就开始了。换言之，在焚烧后的低温阶段，二噁英和呋喃通过催化反应而脱除。去除率受催化剂影响，一般为 90％～95％。

六、流化床焚烧炉消除烟气中二噁英和呋喃的辅助措施

为了降低二噁英类的排放量，对鼓泡流化床垃圾焚烧炉可采取以下的完全燃烧措施：

（1）低速流态化。鼓泡流化床炉的特征之一是垃圾与高温流动状态的床料混合，在短时间内燃尽，即燃烧速度很快。另外，如果垃圾种类和数量有变化时，将对 CO 浓度的上升有直接影响，方法之二是使床料的流动速度降低，布风板配风保持均匀，防止出现缺氧。

（2）加强二次风混合。完全燃烧所遵循的 3T 原则对鼓泡流化床焚烧炉同样有效。在稀相区要使未燃气体和二次风充分混合。目前，一些国家的研究者正在通过冷态模型实验和流动计算，预测焚烧炉形状的变化、二次风喷嘴的排列、喷射方向、喷射速度等对于混合程度的影响，并且通过热态模型、实际装置来证实上述预测的结果。研究结果表明，为了实现低速流态化，就降低一次风量，增加二次风量，使二次风量超过一次风量。

（3）燃烧的自动控制。焚烧负荷，即投入到流化床焚烧炉中燃烧的垃圾低位发热量（kJ/kg）和投入量（kg/h）之积，随时都会发生波动，尤其当瞬间超负荷时，就会产生大量的可燃气体（CO 等）。因此，通过检测炉内的燃烧状态和超负荷特征来调整垃圾供应的控制系统的研究和投入，对鼓泡流化床炉焚烧的稳定运行具有重要的意义。现在国内外都在这方面进行着广泛的研究，循环流化床在很大的程度上从原理上改进了鼓泡流化床的缺点，尤其是采用炉排进料、干燥的复合型循环床焚烧炉，基本上克服了燃烧组织上的缺点，实践证明其二噁英生成量是很低的。

日本使用流化床进行垃圾焚烧比较广泛，图 6-14 所示为日本典型的鼓泡流化床垃圾焚烧系统，在实际运行中测定了 CO 浓度。这一系统采用低速流态化、强化二次风混合、燃烧自动控制等措施降低 CO 的产生。图 6-15 所示为 CO 测定位置，图 6-16 所示为对 CO 浓度分布进行测定的结果。正如图 6-16 中所示，在还原区（S1）CO 浓度高达 1％，而通过断面收缩部分后，可以降低到 $200mg/m^3$，并且在供入二次风后 CO 进一步急剧降低到 $50mg/m^3$，这证实了偏心和断面缩小以及二次风混合抑制 CO 产生的效果。此外，在焚烧炉出口（S5）测定的 CO 浓度小于 $20mg/m^3$，大大低于日本排放限值，这说明在氧气充分的情况下，只要温度合适，在烟道上 CO 也能进一步燃烧。图 6-17 所示为日本利用鼓泡流化床焚烧炉进行城市垃圾焚烧炉的工艺流程。

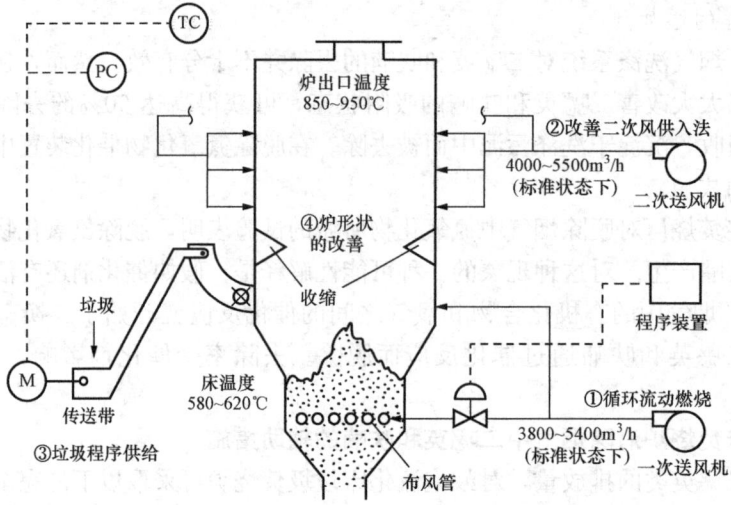

图 6-14　完全燃烧措施和运行条件（鼓泡流化床垃圾焚烧炉：40t/16h）

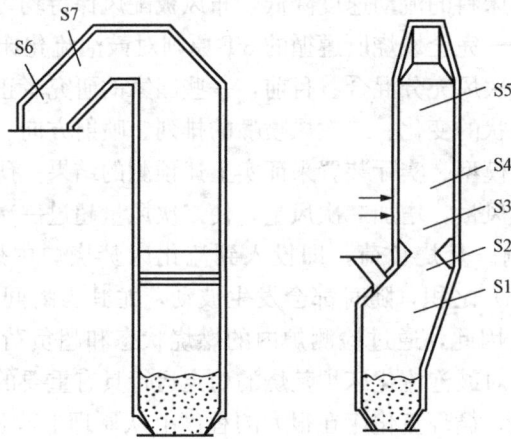

图 6-15　CO 浓度的测定位置

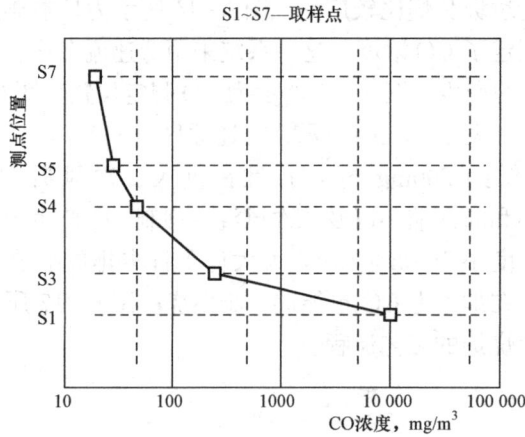

图 6-16　焚烧炉内 CO 浓度的分布

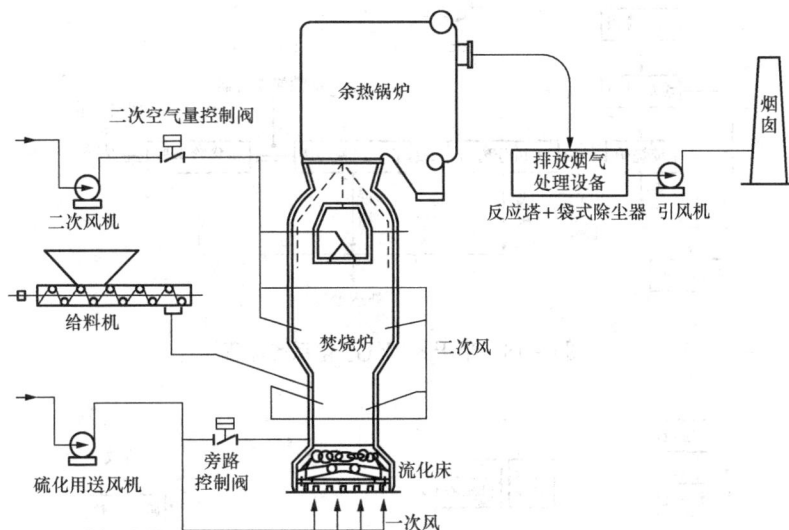

图 6-17　鼓泡流化床垃圾焚烧炉的工艺流程

第四节　烟 气 净 化 系 统

城市生活垃圾焚烧厂烟气处理系统主要是除去烟气中的固体颗粒、硫的氧化物、氮的氧化物、氯化物、二噁英等有害物，以使垃圾焚烧烟气在排放以前达到排放标准，减少环境污染。生活垃圾焚烧烟气净化处理工艺形式较多，按其系统中是否有废水排出，一般分为湿法净化处理工艺、半干法净化处理工艺和干法净化处理工艺三种。湿法净化处理工艺的污染物净化效率高，可以满足严格的排放标准，故在国外经济发达国家应用较多。其缺点是流程复杂、配备设备多、投资大、运行费用高、产生废水并需进行后续污水处理等。半干法净化处理工艺既可以高效率地净化处理污染物，同时投资和运行费用较低、基本不产生污水，是一种很有前景的工艺。干法净化处理工艺的污染物净化效率相对于湿法和半干法而言较低，但是其工艺简单，投资和运行费用与湿法净化工艺相比要低得多，操作水平要求也低，不存在后续污水的处理问题。

一、垃圾焚烧烟气净化

某些标准已经在前面的章节里作过阐述，包括：颗粒物分离（硅酸盐、重金属氧化物、盐类），悬浮物质沉降（HCl 悬浮物质、盐、金属汞），有毒有害气体吸收（氟化氢和盐酸、硫酸和氮氧化物、二噁英/呋喃）。

很明显，为了完成这些不同的任务，单一类处理系统是不够的，必须包括多个处理设备的组合，图 6-18 和图 6-19 所示为半干式、湿式烟气净化系统流程。

二、颗粒物、重金属及二噁英去除工艺

颗粒物去除主要有电除尘器、布袋除尘器和旋风分离器等。电除尘器由于不能满足去除有机物（二噁英）、重金属的需要，现基本不作为生活垃圾焚烧厂的除尘设备。GB 18487—2001 中明确规定生活垃圾焚烧炉除尘装置必须采用袋式除尘器。

重金属以固态、液态和气态的形式进入除尘器，当烟气冷却时，气态部分转化为可捕集

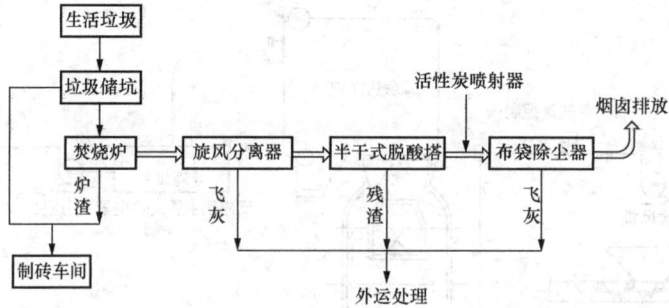

图 6-18　半干式烟气净化系统流程

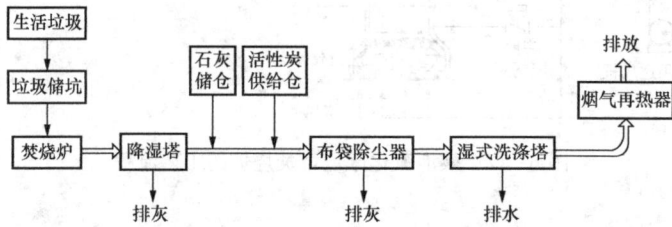

图 6-19　湿式烟气净化系统流程

的固态和液态微粒。目前常用的重金属及二噁英去除工艺是"活性炭吸附＋袋式除尘器"。

布袋材料（滤料）的品质是袋式除尘器能否达到预期除尘效果的关键。通过大量向袋式除尘器前烟道中喷射活性炭去除二噁英，但吸附二噁英的活性炭可能会造成二次污染。Remdia 催化滤料是一种能去除二噁英的滤料。烟气经过 Remdia 催化滤料系统后，烟气中的二噁英和呋喃经过 GORE-TEX 薄膜进入 ePTFE❶ 毡，并与 ePTFE 毡中的催化剂反应，最后被转化成数量可以忽略不计的 CO_2、H_2O 和 HCl，尾气二噁英浓度将小于 0.1ng-TEQ/m^3，其中超过 90％的二噁英被分解。

三、干式和半干式烟气净化系统

1. 干式烟气净化系统

图 6-20 所示为干式烟气净化系统，它由两套主要设备构成。

第一套设备是脱酸。把氢氧化钙 $[Ca(OH)_2]$ 注入到气流中。在有毒有害气体和氢氧化钙分子之间吸收和反应过程中，颗粒的表面会有盐分形成。放热化学反应引起温度升高，进而使反应物膨胀，一些盐分会从表面脱落，从而使氢氧化钙粒子的部分表面重新恢复活性。在这一过程中会发生一系列放热反应：

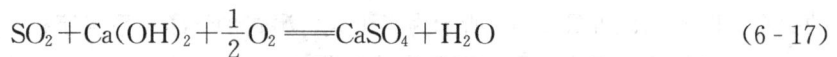

$$2HCl+Ca(OH)_2 \longrightarrow CaCl_2+2H_2O \tag{6-15}$$

$$2HF+Ca(OH)_2 \longrightarrow CaF_2+2H_2O \tag{6-16}$$

$$SO_2+Ca(OH)_2+\frac{1}{2}O_2 \longrightarrow CaSO_4+H_2O \tag{6-17}$$

❶ e-PTFE 膜是由聚四氟乙烯树脂经压延、双向拉伸制成的，目前主要应用在特种军装、户外运动装，医疗防护、防毒防化、公安消防等特种服装，睡袋、帐篷以及鞋帽、手套等。将其复合在玻纤、针刺毡、P84 上形成覆膜滤料，复合在无纺布上可形成空气净化滤料，可用于化工、钢铁、发电、水泥、冶金、炭黑、垃圾焚烧等各种工业熔炉的烟气过滤及空气净化。

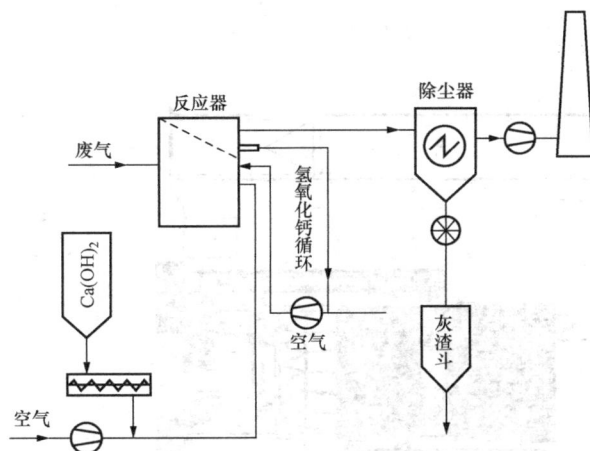

图 6-20　干式烟气净化系统

接触面积、接触时间及烟气中的水分含量都会影响反应的特性。如果有毒有害气体含量变化很大，焚烧厂必须配备充足的吸收物质，以确保被处理的气体符合排放要求。反应器包括文丘里反应器（膨胀流化床）和旋风反应器等。

第二套设备是除尘。利用静电除尘器或布袋除尘器进行气固反应物分离。布袋除尘器有助于滤层的表面吸收更多的反应。在进行有毒有害气体的沉降时，为了使用尽可能多的氢氧化钙，沉降后专门把部分残渣重新送回这一循环系统中。这一过程具有下列特征：

（1）整个过程是干的。在设备或烟囱里（非饱和烟气）不会因为腐蚀而造成任何损坏。

（2）残渣含有多余的吸收剂（当量配比系数为 1.5~3.0）。

（3）颗粒物（包括重金属化合物）的吸收效果令人满意。

（4）一些有毒有害气体被吸收去除。

处理气体的典型结果是：HCl 30~40mg/m³（标准状态下），HF 0.1~0.2mg/m³（标准状态下），SO_2 60~70mg/m³（标准状态下）。

汞蒸气的吸收效果是很好的，不能吸收氮氧化物。该工艺简单，安装的可靠性很高。然而，一旦反应器出现问题，气体的沉积就不可能。如果过滤器出现问题，颗粒物的沉降就会停止。

通过给反应器增加活性炭或焦炭来加快汞去除，确保排放值在被允许的范围内。在这样的操作条件下，甚至二噁英/呋喃的去除都足以符合政府的要求。

德国的 Geiselbullach 垃圾焚烧厂的三台机组均采用干式烟气净化系统，每台机组处理垃圾的能力 6t/h。图 6-21 所示为 Geiselbullach 垃圾焚烧厂横断面图。

2. 半干式/准干式烟气净化系统

半干式/准干式烟气净化系统的处理过程与干式烟气净化过程相同。它也是先用反应器对有毒有害气体进行吸收（主要是脱酸），然后是颗粒物沉降装置（见图 6-22）。

半干式脱酸一般采用氧化钙（CaO）或氢氧化钙［$Ca(OH)_2$］为原料，制备成 $Ca(OH)_2$ 溶液，利用喷嘴或旋转喷雾器将 $Ca(OH)_2$ 溶液注入反应器（喷雾干燥器）中，形成粒径很小的液滴，与酸性气体进行接触反应。反应过程中水分被完全蒸发，故无废水产生。

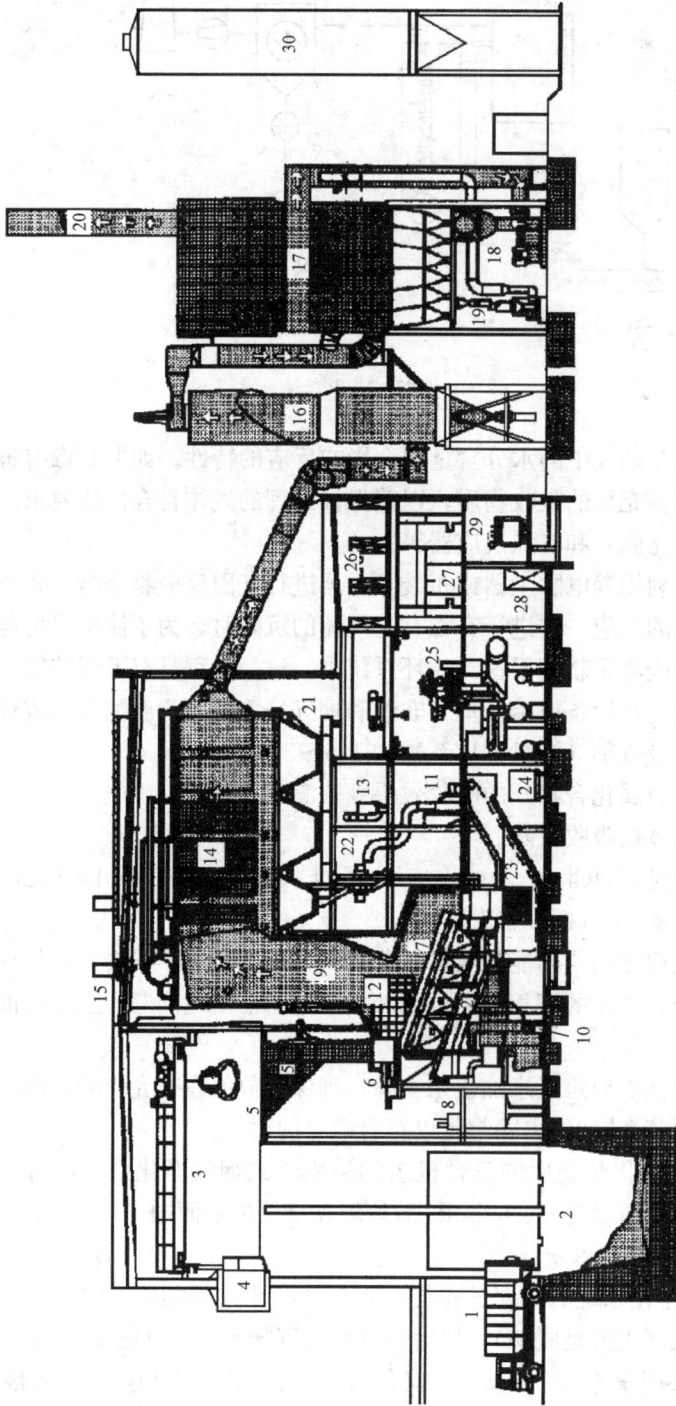

图 6-21　德国 Geiselbullach 城市生活垃圾焚烧厂

1—垃圾车；2—垃圾储存；3—垃圾吊装系统；4—垃圾吊装控制室；5—垃圾进料斗；6—推料系统；7—燃烧炉排；8—驱动炉排和推料器液压站；9—油燃烧；10——一次风机；11—二次风机；12—空冷壁；13—油燃烧器供风机；14—锅炉；15—消声器；16—反应器；17—袋式过滤器；18—引风机；19—循环压缩机；20—烟囱；21—锅炉灰清除；22—飞灰系统；23—除渣器；24—汽轮机；25—整制室；26—整制室；27—中控室；28—变电房；29—石灰仓；30—烟气监测站；

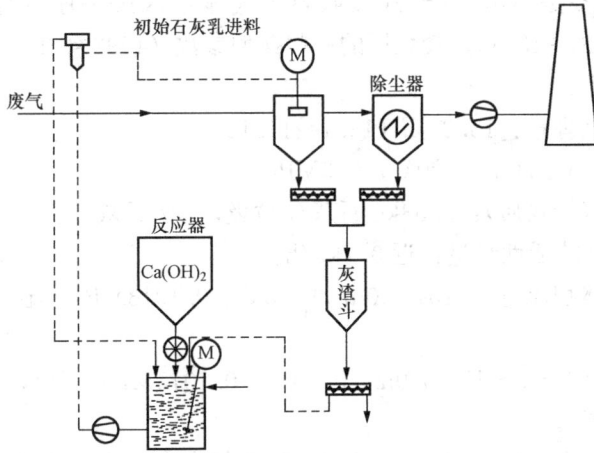

图 6-22 半干式或准干式烟气处理系统

注入悬浮物可以改善烟气气流中吸收物的分布。随着吸收物比表面的增加,有毒有害气吸收可以进行得更快更充分。在部分吸收剂的循环过程中,未反应的钙离子周围的盐分被石灰水容器中的吸收液溶解。

半干式/准干式烟气净化系统不仅达到较高的效率,而且具有投资和运行费用低,比干式脱酸过程所消耗的氢氧化钙要低(当量配比系数为 1.2～1.5),流程简单,不产生废水等优点,是设计中优先选用的净化技术。

苏黎世 Josephstrasse 城市生活垃圾焚烧厂(MSWI-Plant No.1)使用的就是如上所述的半干式烟气净化系统(见图 6-23)。

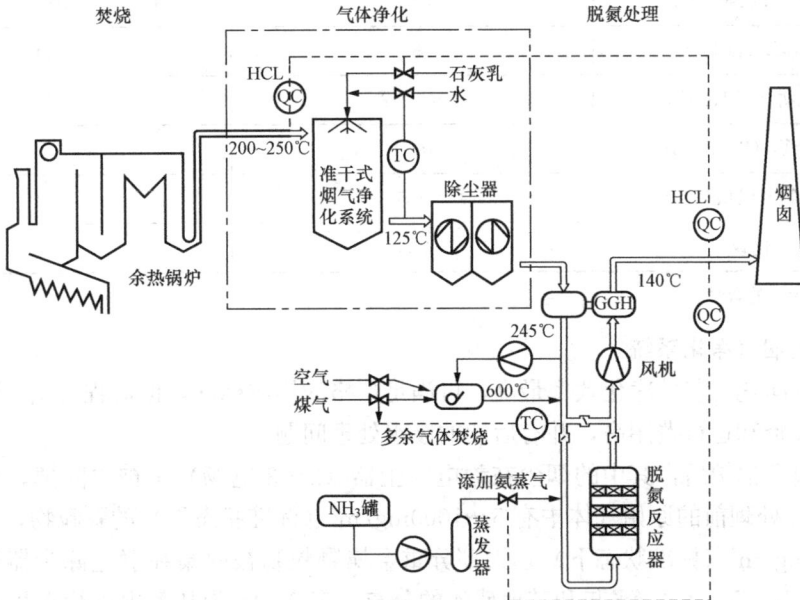

图 6-23 苏黎世城市生活垃圾焚烧厂流程图

该系统所用的设备是 Niro 半干式吸收器。气体进入第一座反应器的温度为 200～250℃，出口温度为 123～130℃。焚烧厂的一些典型参数（1992 年 11 月 3 日～11 月 6 日控制运行的平均值）如下：

(1) 垃圾的平均处理量：13.3t/h（13.1～14.1t/h）。

(2) 蒸汽产生量：43.7t/h（420℃，3.6MPa）。

(3) 石灰使用量（干物质）：9.53kg 石灰/t 垃圾，127 石灰/h。

(4) 用于沉淀 Hg 的活性炭量：近 0.7kg/h。

(5) 烟气流量（体积流量）：151 800m³/h（0℃、0.1013MPa、湿），79 600m³/h（0℃、0.103MPa、干）。

(6) 运行范围：149 000～154 000m³/h（0℃、0.1013MPa、湿），78 700～80 500m³/h（0℃、0.1013MPa、湿）。

通过监测（标准干态、11％氧气），处理后的烟气中有毒有害物浓度与最大允许值相比较见表 6-13。

表 6-13 有毒有害物质浓度与最大允许值比较

有毒有害物质	测量值（mg/m³）	最大允许值（mg/m³）
颗粒物	3.9	10
铅和锌的总量*	0.82	1
汞*	0.017	0.1
镉*	0.012	0.1
二氧化硫	23.70	50
氮氧化物（以 NO_2 计）	54.6	80
无机氯化物（以 HCl）	15.3	20
无机氟化物（以 HF 计）	<0.02	2
氨和铵化合物（以 NH_4 计）	0.31	5
气态有机物（以总 C 计）	2.5	20
一氧化碳	47.0	50

* 包括烟尘中的含量。

四、湿式烟气净化系统

湿式烟气净化工艺的净化效率最高，可满足严格的排放标准，但流程复杂，配套设备较多，一次性投资和运行费用高，并有后续的废水处理问题。

在烟气离开锅炉后，其中的烟尘在静电除尘器（2～3 电场）里被去除掉。它的除尘效率高达 99％［处理前的原始气体中有 5～1000mg/m³（标准状态下）的颗粒物，处理后的气体中不到 50mg/m³（标准状态下）］，大部分重金属颗粒物被收集在静电除尘器里。参见炉渣中的 Fe、Pb、Zn、Cd、飞灰和其他残渣的分布。表 6-14 为从静电除尘器里烟尘中重金属沉积得出的一些典型值。

表 6 - 14　　　　　　　　　　　静电除尘器里烟尘中重金属沉积的典型值

重金属	静电除尘器中的飞灰		静电除尘器后的飞灰	
	数值（g/t）	百分比	数值（g/t）	百分比
Fe	1.360	96.5%	60	3.5%
Pb	273	73.0%	56	17.0%
Zn	840	88.0%	115	12.0%
Cd	12.6	75.9%	4.0	24.1%
Hg	实际上没有沉降，因为汞在烟气里是气体			

　　颗粒物除去后，烟气继续前往洗涤区。洗涤区包括以下阶段，每一阶段实际上都是一个完整的烟气净化过程：

（1）快速冷却，烟气被冷却和饱和；

（2）酸性洗涤，HCl 和 HF 被除去；

（3）中和洗涤，通常有氢氧化钠，以去除 SO_2；

（4）最细小的颗粒物和悬浮物质的去除。

　　每一阶段都可装备烟气净化设备。表 6 - 15 为实际安装中可能会使用的组合形式。

表 6 - 15　　　　　　　　　　　　　烟 气 净 化 设 备

快速冷却	空心塔洗涤塔，文丘里洗涤器
酸性洗涤	空心塔洗涤塔，文丘里洗涤器，填料塔
中和洗涤	空心塔洗涤塔，文丘里洗涤器，填料塔
小颗粒物和悬浮物的去除	文丘里洗涤器，湿静电除尘器，电动文丘里洗涤器，离子湿式洗涤器，冷凝洗涤器

　　这样的组合工艺能满足法律规定的所有污染物排放要求，通过增加细小颗粒物和悬浮物质的沉降程度可以减少二噁英排放量，不过在目前，二噁英的去除仍需要特殊的设备。

　　废水是湿烟气净化系统中的一大难题。在大多数系统中，水流与气流方向相反。这意味着清水在气体净化末端进入，而出水在气体净化初端。并不是每一净化阶段都有自身的污泥排放口，显然这有利于回收有用物质。前述的两例都是逆流操作，即洗涤液逆向流入烟气中。在 Winterthur 的城市垃圾焚烧厂，清洗水用多段净化设施处理。污泥和含盐污水是垃圾产物。在波恩的城市垃圾焚烧厂，中和了的废水在喷雾干燥器里蒸发，最终变成固体粉末，其工艺流程见图 6 - 24。

　　由前述分析可知，烟气脱酸除尘可以采用以下工艺组合形式：

（1）干式反应器＋袋式除尘器。

（2）半干式反应器＋袋式除尘器。

（3）湿式反应器＋袋式除尘器。

五、国内部分生活垃圾焚烧厂烟气净化工艺

　　当要求处理工艺相差不大时，生活垃圾焚烧厂的烟气排放指标将由入炉垃圾的性质、焚烧炉的炉型和运营水平来决定。

　　国内部分垃圾焚烧厂烟气净化工艺见表 6 - 16。

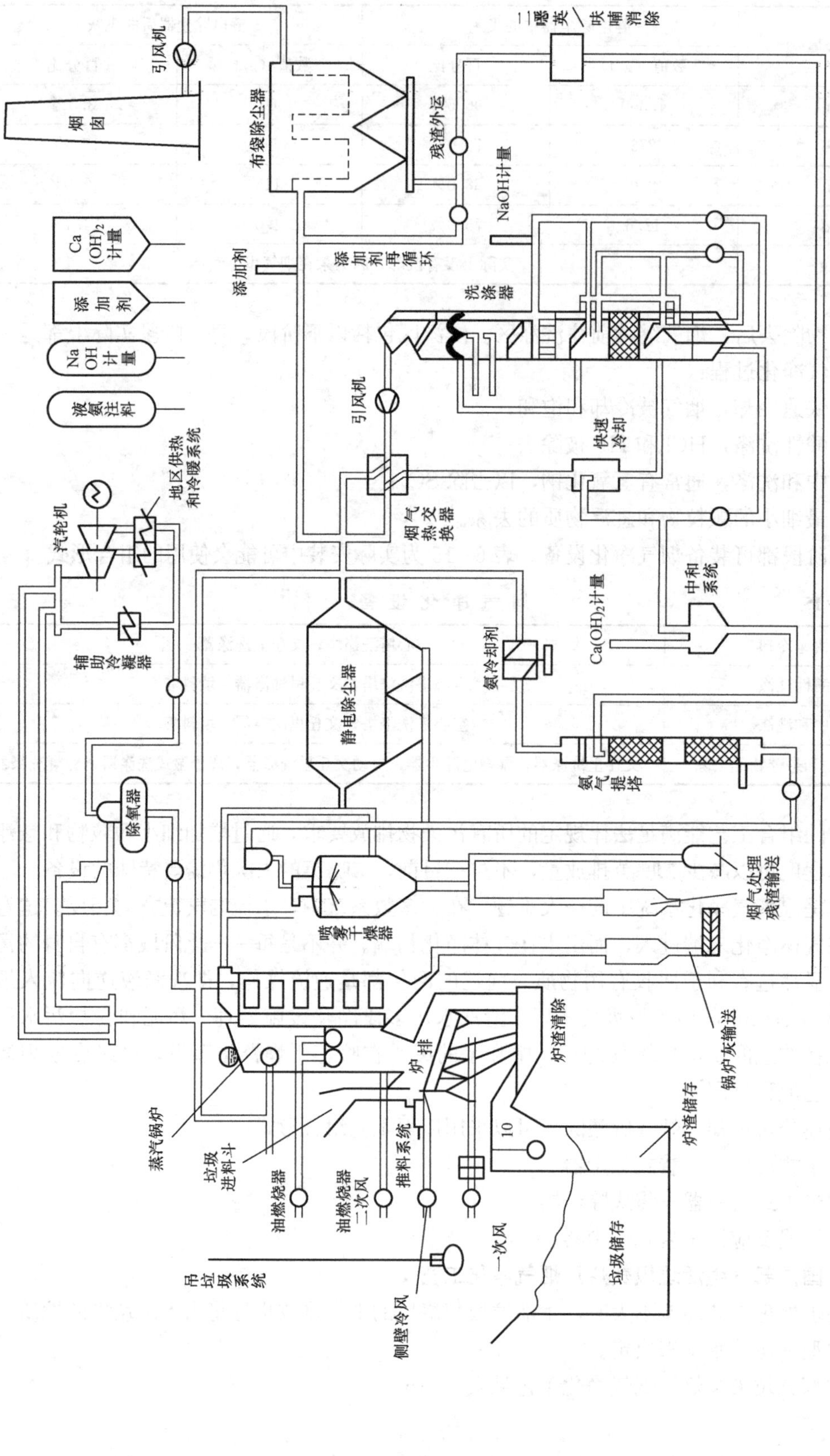

图 6-24　波恩城市生活垃圾焚烧厂烟气净化系统

表 6-16　　　　　　　　　国内部分垃圾焚烧厂烟气净化工艺

名　称	焚烧线配置	炉排类型	烟气处理工艺	标准
上海江桥生活垃圾焚烧厂	3×500(t/d)	德国 Steinmuller 公司炉排炉	半干法＋活性炭喷射＋袋式除尘器	
成都洛带生活垃圾焚烧厂	3×400(t/d)	日立造船机械炉排炉	减温减湿塔＋干法［Ca(OH)₂］＋活性炭喷射＋袋式除尘器	部分符合欧盟1992标准
太仓协鑫生活垃圾焚烧厂	2×250(t/d)	杭锅二段往复机械炉排炉	半干法循环流化反应器＋活性炭喷射＋袋式除尘器	
青岛小涧西生活垃圾焚烧厂	3×500(t/d)	机械炉排炉	SNCR＋半干法（NaOH在线备用）＋干法＋活性炭喷射＋袋式除尘器	部分符合欧盟1992标准
常熟生活垃圾焚烧厂	2×300(t/d)	比利时西格斯SHA多级炉排炉	半干法＋活性炭喷射＋袋式除尘器	
苏州市生活垃圾焚烧厂	3×350(t/d)	比利时西格斯SHA多级炉排炉	半干法＋活性炭喷射＋袋式除尘器	
深圳宝安白鸽湖生活垃圾焚烧厂	2×500(t/d)	机械炉排炉	SNCR＋半干法（NaOH在线备用）＋干法＋活性炭喷射＋袋式除尘器	符合国标
南京江北生活垃圾焚烧厂	2×600(t/d)	机械炉排炉	半干法＋活性炭喷射＋袋式除尘器	部分符合欧盟1992标准
上海江桥生活垃圾焚烧厂技改扩能工程	3×667(t/d)	机械炉排炉	SNCR＋干法＋活性炭喷射＋袋式除尘器＋湿式洗涤塔	欧盟2000标准

资料显示，大部分生活垃圾焚烧厂采用了国外引进的炉排焚烧技术和"半干法＋活性炭喷射＋袋式除尘器"的烟气净化组合工艺，其排放完全达到国家标准，部分符合欧盟1992标准。太仓生活垃圾焚烧厂采用杭州锅炉厂二段往复炉排炉，烟气净化装置为杭州新世纪能源环保公司新型循环流化烟气处理系统，此工艺解决了国产原半干法反应塔内石灰结垢严重的问题，投资省、效果好。但根据经验，此处理方式仅适合单炉容量在300t/d以下的生活垃圾焚烧厂。

复习思考题

6-1　概念题：垃圾净化系统、颗粒物、烟尘、气溶胶。

6-2　城市生活垃圾焚烧会排放哪些污染物？

6-3　分析城市生活垃圾焚烧为什么会产生 HCl。HCl 对人体有何危害？

6-4　焚烧炉的工艺条件对污染物原始浓度有何影响？

6-5　分析 CO 产生的主要原因。如何减少 CO 的产生和排放。

6-6　写出 SNCR 工艺原理及工艺过程中的主要反应式。

6-7　写出 SCR 工艺原理及工艺过程中的主要反应式。

6-8　前催化处理工艺的主要特点。

6-9　后催化处理工艺的主要特点。

6-10　写出 NaCl、$CaCl_2$ 与 SO_2 的化学反应式。

6-11　城市生活垃圾焚烧为什么产生二噁英？

6-12　如何控制燃烧过程中二噁英的产生？

6-13　控制二噁英和呋喃形成的基本措施有哪些？

6-14　消除烟气中二噁英/呋喃的辅助措施有哪些？

6-15　流化床焚烧炉消除烟气中二噁英/呋喃的辅助措施是什么？

6-16　绘制鼓泡流化床垃圾焚烧系统的工艺流程。

6-17　简述干式烟气净化系统的组成及净化过程。

6-18　简述半干式或准干式烟气净化系统的组成及净化过程。

6-19　绘制干式烟气净化系统图。

6-20　绘制半干式烟气净化系统图。

第 七 章

垃 圾 焚 烧 废 水 处 理

第一节　废水的产生及处理简介

一、废水的产生源和性质

1. 垃圾渗滤液（leach ate）

垃圾渗滤液主要产生于垃圾储坑，是垃圾在储坑中发酵腐烂后，垃圾内在水分释放造成的。垃圾渗滤液产生量主要受进厂垃圾成分、水分和储存天数（一般为 2～4 天）的影响，其中厨余和果皮类垃圾含量是影响渗滤液质和量的主要因素。由于地域的差异，各地垃圾的成分和含水率差别较大，北方气候干燥，渗滤液产生量偏少；南方瓜果丰收季节，渗滤液产生量可达到 15%。

垃圾渗滤液的特点是具有强烈臭味、有机污染物浓度高、氨氮含量高。高浓度的垃圾渗滤液主要是在酸性发酵阶段产生的，其水质基本情况如下，pH 值为 4～8；BOD_5 为 10 000～50 000mg/L；COD_{Cr} 为 20 000～80 000mg/L；SS 为 500～10 000mg/L。此外，还含有较多重金属如 Fe、Mn、Zn 等。某地垃圾渗滤液的典型指标见表 7-1。

表 7-1　　　　　某地垃圾渗滤液的典型值标[1]

项目	pH 值	BOD_5	COD_{Cr}	SS	Cl^-	VFA	T-A	NH_4^+-N
浓度	8.01	22 379	54 932	9098	3369	6060	2511	764
项目	NO_3^+-N	T-P	PO_4^{3-}	As(μg/L)	Hg(μg/L)	Pb	Cr	Cd
浓度	235.9	77.32	49.04	16.80	8.31	2.43	0.73	0.25
项目	Fe	Zn	Ni	Cu	Ag	SO_4^{2-}		
浓度	170.9	12.46	1.92	0.41	0.85	300		

注　单位除标明和 pH 值外，其余均为 mg/L。

垃圾渗滤液 BOD_5 与 COD_{Cr} 比值为 0.4～0.6，由于渗滤液中含有较多难降解物质，一般在生化处理后，COD_{Cr} 浓度仍在 500～2000mg/L 范围内。

2. 生产废水

（1）垃圾运输车冲洗时产生的废水，废水产生量与洗车方法、洗车装置、车辆吨位及垃圾性质有关，一般需 10～500L/辆。主要污染物质是有机物，车辆是否进行内部清洗对水质有影响。

（2）冲洗垃圾运输车倾倒平台时产生的废水，一般处理每吨垃圾需 33L，具体要根据洗涤次数、平台面积来定。

（3）垃圾焚烧灰渣的消火、冷却时产生的废水，一般需 5～10m³/(h·炉)。干式除渣时没有这部分废水。

（4）经喷水冷却后的灰槽内产生的废水，连续燃烧时废水产量比间歇燃烧多，一般需 0.1～0.15m³/t。干式除灰除渣时没有这部分废水。

（5）燃烧烟气喷水冷却而产生的废水，与喷射量、喷射方法有关。有受热面的焚烧炉没有这部分废水或者相应废水较少。

（6）洗烟设备中为去除烟气中有害气体成分而产生的废水，为洗烟用水量的15％，需0.5～1.3m³/t。此外，还含较多重金属，如Cd、Fe、Zn、Hg、Pb等，其中汞的处理比较重要。

（7）为调整锅炉水质、去除锅炉底部结垢而产生的废水，与给水水质、锅炉压力及形式有关，一般为锅炉给水量的5％左右。锅底废水含有较多铁分，可达100mg/L。

（8）软水装置的离子交换树脂再生时产生的废水，与软水装置30min出水量相当。

（9）实验室废水、污染物排放测定时产生的废水。根据实验项目不同，所含有害物质不同。

3. 生活废水

职工生活形成的废水，按85～95L/（人·班）计，或根据处理规模按0.1～0.15m³/（d·t）计。

二、废水处理技术

（1）混凝沉淀＋生物处理法。先通过混凝沉淀去除废水中重金属等对微生物有害的物质，再与其他废水一道进行生物处理，使生物处理效果更好。此流程一般针对灰冷却水和洗烟废水等排放水体时采用。

（2）分段混凝沉淀法。重金属用碱性混凝沉淀时，不同的重金属离子在不同的pH值条件下才能达到最佳处理效果，因此，需分几段进行混凝沉淀处理。通常这种情况比较少见，一般采用选择一种条件能同时去除多种重金属离子，可以提高运行效率，此时即等同于上一方法的前段。此流程用于灰冷却水和洗烟废水等排放下水道前的预处理。

（3）膜处理＋生物处理法。该工艺可应用于排放要求较高的垃圾渗滤液处理。通过膜处理去除悬浮物和大分子难降解的有机物，降低后一级生物处理的负荷和难降解成分，使排放水质达标。本工艺在单独处理垃圾渗滤液时，也可将膜处理置于生物处理后端，用膜处理法保证废水处理系统的排放水质。

（4）活性污泥法＋接触氧化法。该工艺适用于废水排放要求特别严的地区。

（5）生物处理法＋活性炭处理法或生物处理法＋混凝沉淀＋过滤。该工艺适用于必须再利用的深度处理。在生物处理段，生物将可以分解的有机物处理，后段通过活性炭吸附或滤料截留去除残留的污染物。

不同废水中有害成分的种类和含量各不相同，因此也应采取不同的处理方法，但这种做法过于复杂，也不现实。图7-1所示为几种比较常用的废水处理工艺流程，图7-2所示为国外某垃圾焚烧厂灰冷却水和洗烟废水处理工艺流程，图7-3所示为国内某垃圾焚烧厂垃圾渗滤液及综合废水处理工艺流程。

序列间歇式活性污泥法（sequencing batch reactor activated sludge process，SBR）是一种按间歇曝气方式来运行的活性污泥污水处理技术，又称为序批式活性污泥法。

此外，机械压缩蒸发（MVC）工艺处理垃圾渗滤液也开始应用，其原理是将产生的蒸汽进行机械压缩，提高蒸汽温度，使其成为热源，热源将原渗滤液蒸发，产生新蒸汽，新蒸汽又经压缩提升温度，如此循环，而原高温蒸汽变成蒸馏水，蒸馏水排出前将余热交换给进水来液，故能耗很低。MVC蒸发处理工艺可把渗滤液浓缩到不足原体积的3％～10％，清

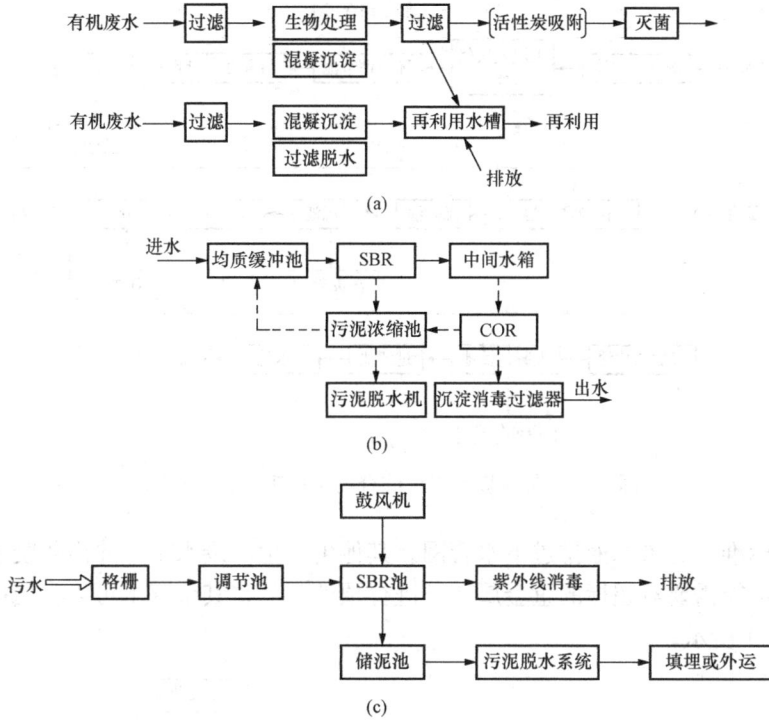

图 7-1 常用废水处理工艺流程

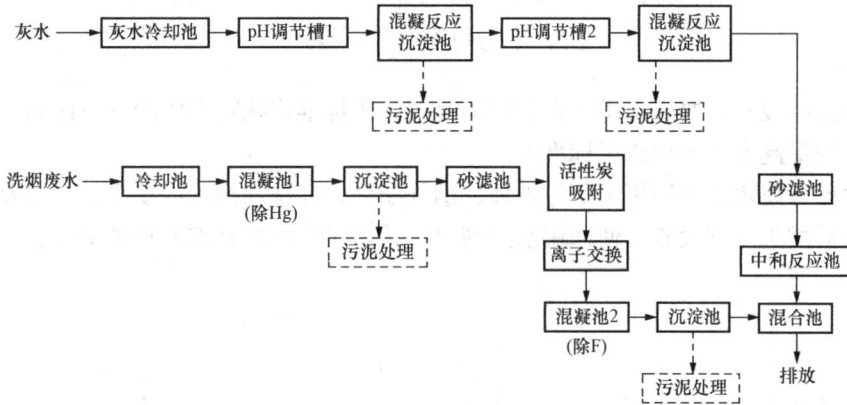

图 7-2 某垃圾焚烧厂烟灰废水处理工艺流程图

水排放率可高达 95％以上。离子交换（DI）工艺段可以去除氨、氮。

三、废水排放与利用

废水处理程度的确定，不仅要考虑废水性质，更有考虑废水的出路以及与不同出路相应的处理标准。只有在确定不同出路的处理标准后，才可能确定与这种标准相适应的处理系统。

废水经处理最后出路有三：一是排入市政水道，二是进入自然水体，三是中水回用。

在建有城市生活废水处理厂的地区，可将经预处理后达到 CJ 343—2010《污水排入城

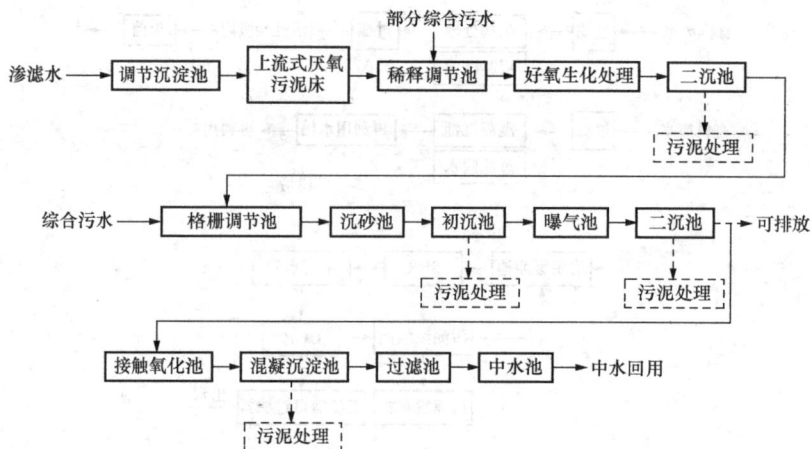

图 7-3　某垃圾焚烧厂综合污水处理工艺流程图

镇下水道水质标准》的渗滤液排进下水管网。其他生产生活废水中，除出灰废水、灰槽废水和洗烟废水有可能需要对超标的重金属离子进行预处理外，其余基本可以直接排进城市废水管网，如图 7-4 所示。

图 7-4　废水处理工艺与排放

当处理后的废水需要直接排入自然水体时，水质标准应执行 GB 8978—1996《污水综合排放标准》的最高允许排放浓度标准值。

当废水处理尾水需要回用于灰渣处理、烟气净化、冲洗和绿化等场合时，需要在前述废水处理流程后增加处理设施，使回用水达到《生活杂用水水质标准》见图 7-5。

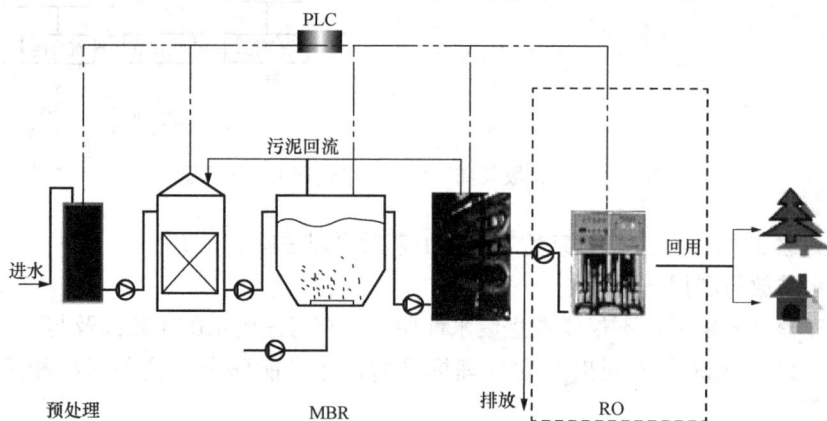

图 7-5　废水处理与回用工艺

"中水"是把排放的生活废水、工业废水回收，经过处理后可以再利用的水。"中水"起名于日本,"中水"的定义有多种,在废水工程方面称为"再生水",工厂方面称为"回用水",一般以水质作为区分的标志。城市废水经处理设施深度净化处理后的水(包括废水处理厂经二级处理再进行深化处理后的水和大型建筑物、生活社区的洗浴水、洗菜水等集中经处理后的水)统称"中水"。其水质介于自来水(上水)与排入管道内废水(下水)之间,故名为"中水",主要是指城市废水或生活废水经处理后达到一定的水质标准,可在一定范围内重复使用的非饮用水。

中水利用也称为废水回用。中水利用,一方面为城镇供水开辟了第二水源,可大幅度降低"上水"(自来水)的消耗量;另一方面在一定程度上解决了"下水"(废水)对水源的污染问题,起到保护水源、水量的作用。在美国、日本、以色列等国,厕所冲洗、园林和农田灌溉、道路保洁、洗车、城市喷泉、冷却设备补充用水等,都大量使用中水。

中水系统从服务范围可分为以下三类:

(1)建筑中水系统,是在大型建筑物或建筑群中建立的中水系统。

(2)区域中水系统,是在建筑小区或院校、机关大院内建立的中水系统。

(3)城市中水系统,我国称为废水回用系统,是在整个城市规划区内建立的废水回用系统。

中水回用技术的特点是用各种物理、化学、生物等手段对工业所排出的废水进行不同深度的处理,达到工艺要求的水质,然后回用到工艺中去,从而实现零排放、节约水资源,减少环境污染的目的。

垃圾渗滤液也可以通过喷入炉内燃烧的方法处理,如图7-6所示。该方法是将废水喷入垃圾焚烧炉内,废水中的有机物由燃烧过程分解。该方法能够去除有机废水,适用于高浓度有机废水。垃圾焚烧厂中,垃圾储坑内废水可以用该方法处理。缺点是导致燃烧状况变差并降低焚烧厂的经济性。

近年来,随着办公自动化程度的提高,垃圾中纸张增加,垃圾品质有了变化,垃圾储坑内废水量减少。小规模的垃圾焚烧厂垃圾储坑内废水量本来就少,不必再设废水燃烧装置。

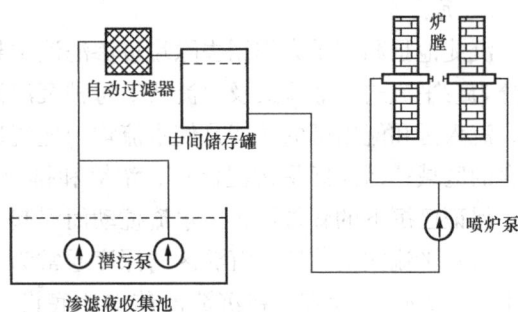

图7-6 垃圾焚烧发电厂渗滤液回喷系统

第二节 废水预处理

1. 格栅

格栅是由一组或多组平行的金属或其他材料的栅条制成的框架,倾斜布置在废水流经的渠道上或设置在集水池的进口处,用以截阻水中粗大悬浮物和漂流物,保护处理构筑物,较方便地分离出原液中可能对后续操作有害或产生困难的大块物质。

格栅根据其栅条的间距大小,分为细格栅(间距3～10mm),中格栅(间距10～25mm),粗格栅(间距50～100mm)。按结构和工作原理不同分为固定格栅和活动格栅。

固定格栅一般由间隔放置的固定金属栅条构成,倾斜架设在污水渠道上,栅条为渐变横断面，用最宽的一面对着污水的流向，以防杂质卡住，并便于清除截留物。

活动格栅包括回转式固液分离机和鼓轮格栅等。其分离效果好、动力小，噪声低，自动化程度高，在无人看管的情况下能连续稳定工作，因此，其应用日益广泛。

回转式固液分离机是由一种独特的耙齿装配成一组回转链，在电动减速器的带动下经链轮传动驱动耙齿链，进行回转运动。当耙齿链运转到设备上部时由于槽轮和弯轨的导向，使每组耙齿之间产生相对运动，大部分固体物质靠重力落下，其余部分依靠橡胶板刷把黏结在耙齿上的杂物洗刷干净。

鼓轮格栅是一种筛网过滤装置。污水从鼓轮一端沿轴向进入鼓轮内（另一端封闭），通过金属网过滤流出鼓外，截留在鼓内的悬浮物随转鼓带到上部时，被螺旋输送机送至接渣设备。

2. 调节池

为减少不同生产环节水量和水质变化对废水处理工艺过程的影响，在废水处理系统前设置调节池。调节池的设置主要与一天内各种废水的产生量及分布时间有关，需用24h废水产生量累积曲线进行计算，其与废水处理累积量的最大差距，可以作为调节池有效容积的最小值。此外，当部分生产废水需要间歇几天才排放一次时，调节池有效容积也应考虑这部分量。

调节池除了均量以外，还有均质的作用。因此，在上述计算基础上，还要用不同废水的水质均化情况进行校核。

3. 沉淀池

沉淀池是利用重力作用去除垃圾渗滤液中悬浮物的。沉淀池的形式按池内水流方向的不同分为：平流式、竖流式及辐流式。每种沉淀池均有流入、流出、沉淀、污泥和缓冲层五部分。流入区和流出区的功能是使水流均匀地流过沉淀区；沉淀区即工作区，是可沉颗粒与水分离的区域；污泥区是污泥储存、浓缩和排出的区域；缓冲层是分离沉淀区和污泥区的水层，保证已沉下的颗粒不再因水流搅动而浮起。

（1）平流式沉淀池。沉淀区的深度通常为1.0～2.5m，一般不超过3m。池子长宽比不小于4，以4～5为宜。在沉淀池前端池底设有污泥斗。池底的污泥被刮泥机刮入污泥斗，由排泥管排出池外。如不用机械刮泥设备时，沉淀池底常做成锥斗形。平流式沉淀池结构简单、埋深浅、施工方便、造价低，对冲击负荷和温度变化的适应能力强，但占地面积大。

（2）竖流式沉淀池。平面形状为圆形或方形，水从中心筒顶端进入，下部流出，通过反射板向四周分布，沿池子整个断面缓慢上升，同时悬浮物下沉在污泥中，排泥时，利用静水压力将污泥通过污泥管排出池外，澄清后的水从池面溢出。竖流式沉淀池一般要求池径和沉淀区的深度比不超过3:1，通常取2，污泥斗倾斜角不小于45°～50°。竖流式沉淀池排泥容易，不需要机械刮泥设备，便于管理，占地面积小。缺点是池子深度大，施工困难，造价高，每个池子容量小。

（3）辐流式沉淀池。辐流式沉淀池是一种圆形、直径较大而有效水深相对较浅的池子。池径为20～30m，水从池子中心流入，向池周辐射。辐流式沉淀池池中心流速大，沉淀效果差，池周边流速小，沉淀效果好，出口设在池周顶部。辐流式沉淀池的排泥设备优于平流式，适用于水量大的情况，其缺点是排泥设备庞大、复杂、造价高。

第三节 生 化 处 理

一、厌氧生化处理

1. 厌氧生化处理基本原理

(1) 厌氧处理的基本原理是在没有氧的情况下，以厌氧微生物为主对有机物进行降解、稳定的处理方法。在厌氧反应过程中，复杂的有机物被降解，转化为简单、稳定的产物，同时释放能量，大部分能量以 CH_4 形式出现。

(2) 在厌氧反应中，由于产酸菌的繁殖速度比甲烷菌快得多，因而产酸菌阶段相比之下很短，产甲烷菌对温度、pH 值、有毒物质较为敏感，要求 pH 值严格控制在 6.8～7.2。与好氧法相比，厌氧法对营养元素的要求较低，只要达到 COD（化学需氧量）：N：P＝800：5：1 即可行。

厌氧生物处理无需外界供氧，运行费用低，而且剩余污泥产生量较少。厌氧反应速度较慢，但可以承受较高的有机负荷，因此当污泥中有机物浓度较高（生化需氧量，即 $BOD_5 \geq$ 2000mg/L）时可考虑采用。

2. 厌氧处理工艺

(1) 传统的厌氧消化池和厌氧接触消化工艺。传统的厌氧消化池污水间歇或连续进入反应器，处理后的污水从上部排出，沼气从顶部排出。为使进料和厌氧污泥充分接触而设置搅拌装置。搅拌方式有水力搅拌、机械搅拌、沼气搅拌等几种。

传统的厌氧消化池由于容积利用率低，而且没有污泥回流，因而需要较长的停留时间。为克服上述缺点，发展了厌氧接触消化工艺，在普通消化池后设沉淀池，并将沉淀污泥回流到消化池中。由于设置污泥回流与分离设备，减少了污泥流失，提高了池中的污泥浓度，增强了消化池的容积负荷及抗有机负荷和有毒物质的冲击能力，同时可减少消化池的容积。

(2) 升流式厌氧污泥床反应器。升流式厌氧污泥床（up-flow anaerobic sludge bed，UASB）的特点是在反应器上部设置了一个专用的气-液-固三相分离器，分离器下部是反应区，上部是沉淀区，中部反应区又可分为污泥层和悬浮层，其结构见图 7-7。

在 UASB 反应器中，废水以一定流速从下部进入反应器，通过污泥层向上流动，料液与污泥的接触中进行生物降解产生沼气，沼气上升将污泥托起，起到搅拌作用，沉淀性能较差的污泥颗粒或絮体在气体搅拌下形成悬浮污泥层。气-水-泥三相混合液进入三相分离器中，气体碰到反射板时折向气室而被有效分离，污泥和水进

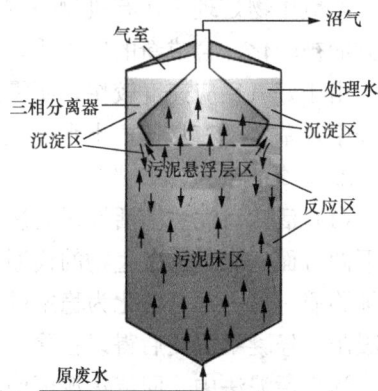

图 7-7 UASB 结构

入静沉区，在重力作用下进行泥水分离，污泥通过斜壁回到反应区中，清液从沉淀区上部排出。

UASB 反应器高度一般为 3.5～6.5m，最高可达 10m 左右。对于絮凝污泥床，有机负荷为 5～6kgCOD/($m^3 \cdot d$) 的情况下，最大表面水力负荷为 0.5m^3/($m^2 \cdot h$)，有时达到 1.5m^3/($m^2 \cdot h$)，反应器高度以 6m 为宜。

UASB 工艺具有厌氧过滤及厌氧活性污泥法的双重特点，对于不同含固量污水的适应性强，结构、运行操作、维护管理等相对简单，造价较低，技术已经成熟，作为能够将污水中的污染物转化成再生清洁能源——沼气的一项技术，正日益受到污水处理业界的重视。

（3）厌氧过滤器（AF）。废水由底部进入装有填料的厌氧过滤器中，在填料表面附着的和填料截留的大量微生物的作用下，将有机物厌氧分解。沼气与水从反应器顶部排出，脱落的生物膜随出水带走。厌氧过滤器的特点是反应器内有大量生长的生物膜，其污泥停留时间超过 100 天，不易流失。此外，反应器内各种不同微生物分层固定，微生物活性高。由于使用填料，其容积负荷提高很多，但同时也带来填料容易被进水中的悬浮杂质堵塞的问题，因此，厌氧池特别适用于处理溶解性废水。

对一般有机废水，采用厌氧过滤器处理时，在使用块状填料的情况下，体积负荷可达 $3\sim6kgCOD/(m^3 \cdot d)$；使用塑料填料时，则可达 $3\sim10kgCOD/(m^3 \cdot d)$。但对渗滤液，由于其成分复杂，则需保持较低的负荷。据报道，COD 为 300 000mg/L 的渗滤水，当容积负荷为 $0.75kgCOD/(m^3 \cdot d)$，停留时间大于 7 天时，COD 去除率可达 95%。

（4）厌氧复合床反应器。将 UASB 和 AF 两种反应器结合起来，在反应器上部用填料层取代三相分离器，称为厌氧复合床反应器（UBF），其特点是积累微生物的能力强，填料上附着的微生物膜对降解有机物起着很大作用。对 COD 为 21 781～25 528mg/L 的渗滤水，采用厌氧复合床反应器，在容积负荷为 $8.96kgCOD/(m^3 \cdot d)$ 条件下，COD 去除率可达 82.3%。

二、好氧生化处理

1. 好氧生化处理基本原理

废水的好氧生物处理是好氧微生物在溶解氧存在情况下，利用水中的胶状体、溶解性的有机物作为营养源，使之经过一系列生化反应，最终以低能位的无机物质稳定下来，达到无害化要求。

好氧生物处理中，有机物一方面被分解、稳定，并提供微生物生命活动所需的能量；另一方面被转化、合成新的原生质，即微生物自身的生长繁殖。

由于好氧反应速度较快，所需反应时间较短，因而好氧反应器容积可减小，而且在处理过程中，基本没有臭气，出水可达到较好的水质。

2. 好氧生化处理工艺

（1）活性污泥法。活性污泥法是目前废水处理中最常用的方法。它对水的净化作用通过以下两方面完成：①微生物的代谢——废水中的有机物被微生物所代谢，其中一部分合成新的细胞质，另一部分转化为稳定的无机质；②活性污泥的物理化学作用——有机物被活性污泥吸附，经凝聚沉淀后得以去除。

活性污泥法中，回流污泥可使曝气池内保持一定的悬浮固体浓度，即保持一定的微生物浓度。曝气不仅提供微生物代谢所需的氧气，还有搅拌作用，使有机物、氧气与微生物充分接触并发生反应。

垃圾焚烧厂的各种废水中，可以用该方法处理的有垃圾储坑废水、洗车废水，垃圾倾倒平台冲洗水、生活废水及焚烧灰渣冷却水。

采用活性污泥法需注意以下几点：①废水中的无机盐类原则上不能去除；②废水中含有害物质时，如灰冷却水中含有较高的重金属离子，会影响生物处理的正常进行，必须进行前处理；③废水明显呈酸性或碱性时，需加药中和。

用活性污泥法处理垃圾渗滤液，泥龄可采用城市污水厂 2 倍，并将负荷减半。可见，污泥泥龄与每天产生的剩余污泥有关，更切合实际的说，泥龄与每天排出的剩余污泥有关，每天排的少，污泥泥龄就长；反之，泥龄就短。标准活性污泥法的运行条件如下：①BOD_5 容积负荷 $0.3\sim0.8kg/(m^3 \cdot d)$；②污泥负荷 $0.2\sim0.4kg/(kg \cdot d)$；③泥龄 $2\sim4$ 天；④水力停留时间 $6\sim8h$；⑤污泥回流比 $20\%\sim30\%$；⑥气水比 $3\sim7$。

（2）生物膜法。生物膜法的主要特点是微生物附着在介质"滤料"表面，形成生物膜。废水同生物膜接触后，溶解的有机污染物被微生物吸附转化为 H_2O、CO_2、NH_3 和微生物细胞物质，废水得到净化。与活性污泥法相比，生物膜法具有抗水量、水质冲击负荷强的优点，而且由于泥龄长，可生长世代时间较长的微生物。生物膜法的主体设施有生物滤池、生物转盘和接触氧化池等。

1）生物滤池。生物滤池是利用一些载体材料表面附着的生物膜来吸附水中的有机物，再由生物膜中的好氧微生物氧化分解水中的污染物。生物滤池的基本构成包括填料塔、喷水装置。填料塔有圆形和矩形，塔深 $1.5\sim2m$，容积由水量水质确定。

标准填料塔参数为：水量负荷 $0.5\sim4m^3/(m^2 \cdot d)$，$BOD_5$ 容积负荷 $0.3kg/(m^3 \cdot d)$ 以下。此外，填料必须具备以下条件：①比表面积大，空隙率高，保证生物膜能充分生长；②生物膜无毒性，不被分解，物理化学性能稳定；③材质轻，机械强度大。

2）生物转盘。生物转盘是一组固定在水平轴上的圆盘，一半浸没在氧化槽的污水中，一半露在空气中。转轴设置在氧化槽上，转轴由电动机带动转动时，圆盘也随之旋转。盘面上培养生成一层生物膜，繁殖着微生物群。当盘面转动时，一部分浸没在污水中，此时生物膜便吸附污水中的有机物，使微生物获得充足营养。污水中的有机物便在好氧微生物的作用下氧化分解。当浸没部分旋转离开水面后，又可从大气中直接吸收氧气，供微生物使用。

生物转盘的优点是：工作稳定、耐冲击负荷、管理简便、占地面积小、无需回流污泥等。生物转盘的构造与转盘的规模大小、材质、布置、高度等有关，但主要取决于盘面形式及材质、转盘级数及轴、氧化槽、传动方式与动力等。

3）接触氧化池。接触氧化法是利用浸没在水中的填料（蜂窝状管材、管片等其他塑料材料）与废水接触，净化水中污染物，是生物膜法的一种。该方法的优点：抗负荷变动能力强、污泥不需回流、无需调整污泥浓度、不发生污泥膨胀、污泥产生量小、处理水质稳定。缺点：填料之间空隙小，易堵塞。

在垃圾焚烧厂中，接触氧化法一般作为活性污泥法的后处理方法。

三、厌氧与好氧工艺组合

厌氧处理适用于处理污染物浓度较高的废水，但出水水质达不到排放标准，因而常将厌氧与好氧系统组合起来。

北京市政设计研究院采用 UASB 和传统的活性污泥法组合工艺处理垃圾渗滤液。厌氧段容积负荷 $21kgCOD/(m^3 \cdot d)$，MLSS 为 $100g/L$，水力停留时间为 $7.8h$；好氧段负荷 $3kgCOD/(m^3 \cdot d)$，MLSS 为 $5\sim10g/L$，停留时间为 $21h$，COD 和 BOD_5 去除率分别达 86.8% 和 97.2%。

在用 AB 法（生物吸附-生物曝气法）处理渗滤液的试验时，当 A 段容积负荷为 $198kgCOD/(m^3 \cdot d)$，污泥负荷 $10\sim20kgBOD_5/(kgMLSS \cdot d)$，MLSS 为 $10\sim20g/L$，

HRT 为 1.25h；B 段容积负荷为 28kgCOD/(m^3 · d)，污泥负荷 2.8～5.5kgBOD$_5$/(kgMLSS · d)，MLSS 为 5～10g/L，HRT 为 4h，COD 和 BOD$_5$ 去除率分别达 89% 和 93%。

第四节　物　化　处　理

一、混凝沉淀法

混凝是从液态连续介质中分离出呈分散状态的颗粒杂质的重要手段。混凝包括混合、凝聚、絮凝等几种作用，其原理是通过向水体中投加混凝剂和絮凝剂，使其中颗粒杂质脱稳并凝聚成较大的絮凝体，继而通过沉降、上浮、过滤等过程进行分离。

混凝沉淀一般采用石灰、硫酸铝、$FeCl_3$、$FeSO_4$ 等混凝剂，可有效去除色度、SS 和重金属离子，对 COD 也有一定的去除效果。

混凝效果不仅取决于混凝剂的种类和投加量，同时还取决于水的 pH 值、水流速度等。由于渗滤液水质不同，混凝效果也不尽相同，必须通过试验选择合适的混凝剂、混凝条件，确定处理的效果。

混凝沉淀法的优点：①由于该方法属于物理化学处理与生物方法不同，可以不考虑有害物质的混入；②维护管理十分方便。缺点：①不能去除溶解性好的物质；②去除有机物时，单独采用该方法难以达到要求。

垃圾焚烧厂的废水中可以采用该方法处理的主要是无机废水。灰冷却水、灰储槽废水、洗烟废水、实验室废水采用该方法可以去除重金属离子。

混凝沉降装置包括：混凝槽、药剂投加装置、混合搅拌槽、沉淀分离槽、污泥浓缩槽和污泥储槽等。

二、化学氧化法

化学氧化法是利用氧化还原过程改变水中有毒、有害物质的化学性质，达到无害化。化学氧化可用于脱色，去除重金属，酚、氰和有机化合物的降解及消毒、除藻等。

化学氧化一般用 Cl_2、$Ca(ClO)_2$、$KMnO_4$、O_3 等氧化剂，其对色度、COD 的去除能力有时比混凝沉淀法强，不过采用卤族氧化剂时，可能产生有害的有机卤化物。

曝气氧化法是氧化法的一种，该方法是在适当 pH 值的条件下，加亚铁离子，然后曝气氧化。经过各个过程最终废水中的重金属离子集中形成高密度的磁性氧化物，用这种方法可以去除废水中的多种重金属离子，如铅、锌、铁、铜、锰、铬、镉、汞、砷，而且采用还原性铁离子，六价铬无需另外再处理，但反应需一定时间，造成设备大型化，垃圾焚烧厂中，含重金属离子的灰冷却水、洗烟废水可以采用该方法。实际应用中，重金属离子较多采用碱性混凝沉淀法。

三、吸附法

吸附中较常用的吸附剂是活性炭，活性炭对水中苯类化合物、酚类化合物、石油及石油产品、洗涤剂、合成染料及人工合成的许多有机化合物有较强的吸附作用，对分子直径为 10^{-8}～10^{-5}cm 或相对分子质量在 400 以下的低分子溶解性有机物的吸附性好，对极性强的低分子化合物及腐殖酸类高分子有机物的吸附能力差。此外，活性炭对一些重金属氧化物有较强的吸附能力。活性炭吸附具有装置简单，对水质、水量变化适应性强的特点。

用活性炭处理渗滤液，吸附塔内常有厌氧微生物生长繁殖，使出水水质恶化，这与进水的 DO、BOD、SO_4^{2-}、水温及污水在塔内的停留时间有关。为防止上述现象发生，在活性炭吸附装置前有必要根据水质采取适当的预处理措施，如采用生化处理或提高生化处理效果，降低进水中 BOD 浓度；通过沉淀或粗滤等，降低进水中 SS 的含量；设置预曝气池或投加硝酸钠，增加水中溶解氧的含量，抑制厌氧微生物的生长。

垃圾焚烧厂的废水中可以采用该方法对废水的二次处理水和汞硫化物沉淀处理水进行高度处理。

活性炭吸附装置设计过程中，应注意活性炭的选择和吸附方法的确定。首先要确定活性炭的种类，活性炭由于使用的原料不同，制造方法不同，其特性不同。必须用实际的废水进行吸附试验，选择最合适的活性炭。根据吸附方法及活性炭的用量决定活性炭塔的大小。

四、膜分离

物理化学膜包括离子交换膜、反渗透膜、微孔滤膜等。

离子交换膜法是利用外观象薄膜一样的网状物质，膜上有离子交换基，利用离子交换树脂中的活性 OH^-、H^+ 与废水中的离子进行交换，去除废水中的可溶性离子。其特点是能去除废水中可溶性离子，但离子交换树脂昂贵，离子交换树脂再生时会生成盐分浓度高的废水。主要适用于离子浓度 1000mg/L 以下、盐分浓度低的废水，垃圾焚烧厂锅炉用水的处理可使用此方法。随着废水再利用，水的封闭循环利用（废水零排放）等废水处理要求的提高，离子交换也成为必不可少的工艺技术。

设计离子交换法时，必须研究水质波动范围、处理水纯度、处理方法的选择、树脂种类的选择、树脂量的确定、再生程度等。

渗透膜分离是利用特殊的薄膜对水中的成分进行选择性分离，包括电渗析、扩散渗析、反渗透、超滤和液体膜渗析等分离技术。与传统的简单过滤相比，超滤和反渗透有所不同。超微滤可截留直径超过几微米的颗粒，而超滤视所用膜不同，可截留摩尔质量在 10 000～100 000g/mol 以上的分子，反渗透则可截留摩尔质量在几十 g/mol 以上的离子和分子。由于截留物质增加，超滤与反渗透一般是在简单过滤之后进行。

超滤截留大分子物质，其产生的渗透压较小，因而需克服渗透压，一般采用 $2×10^5$～$5×10^5$Pa 的低压。在超滤使用中，由于沉积在膜上的大分子和胶体难以扩散回至液体，只能依靠水对膜的冲刷作用。这样一来，就需要待处理水大量循环，转化因数低，能耗较高。

反渗透可以截留较小的物质，所需压力较高，一般为 $20×10^5$～$80×10^5$Pa。与超滤相同道理，为延长膜的使用寿命，需对废水进行预处理。预处理一般采用混凝沉淀和过滤的联合方法去除浊度及悬浮固体，当水质浓度较高易产生硬垢时，需用石灰或离子交换进行软化，当水中微生物量较多而可能导致软垢时，需对水进行消毒杀菌处理。

第五节　有害物处理

一、汞

垃圾焚烧产生烟气中的汞是由电池引起的，这部分污染可通过分类收集垃圾的中干电池来控制。燃烧烟气采用湿式洗烟处理后，汞进入洗烟废水中，然后到灰冷却水。

过去采用硫化物沉淀法去除废水中的汞。硫化物沉淀法是利用汞形成硫化物，其溶解度非常小，再通过沉淀去除。由于汞的硫化物易形成胶体颗粒，硫化物离子过量时，形成络合离子，所以该方法单独处理常达不到标准，必须和活性炭吸附法并用。另外，使用硫化钠易产生硫化氢气体。

目前采用树脂吸附法。利用废水中的重金属离子与树脂之间形成的结合作用，将重金属结合到树脂上。这种树脂有适用于一般性重金属离子的，也有专门针对汞的。由于专用树脂去除效率高，残留汞浓度低，汞的处理一般采用专用树脂。由于树脂再生十分困难，用完只能废弃，使得处理费较高。树脂吸附法的设备主要包括过滤装置、吸附塔、pH 值调节槽、计量槽、药剂槽等。

垃圾焚烧厂产生的废水中，洗烟废水必须对汞进行处理，在采用树脂吸附进行处理之前必须先去除 SS、油分、表面活性剂等成分，防止污染树脂。

二、六价铬

一般废弃物中不会大量混入六价铬化合物，六价铬化合物主要来自涂料和木材防腐剂。通常采用的处理方法是在酸性条件下使六价铬在还原剂作用下还原成三价铬，再加碱沉淀去除。垃圾焚烧厂废水处理中一般不单独设备处理设备，而是在混凝处理时添加亚铁离子，将六价铬还原成三价铬，再加碱混凝沉淀，去除其他重金属离子的同时去除铬。

三、氟化物

垃圾焚烧烟气湿式洗烟处理时，氟化物与汞一样会转移到废水中，必须进行处理。废水中的氟化物处理方法是，将废水的 pH 值用消石灰调到 8，然后在反应槽内加氯化钙，氟离子与过量的钙反应生成氟化钙，加高分子絮凝剂沉淀。上清液中残留的氟化钙经快速过滤去除。

废水除氟处理的主要装置有废水储槽、石灰溶解槽、pH 值调节槽、氟化钙溶解槽、反应槽、絮凝剂溶解槽、混凝槽、污泥脱水机、污泥浓缩槽、过滤机等。

四、典型垃圾焚烧厂渗滤液处理工艺

创冠垃圾焚烧厂渗滤液选择"预处理＋厌氧＋MBR＋NF"工艺。渗滤液经过厌氧、好氧、纳滤处理环节，将渗滤液转换为可使用的清水，充分实现环保技术。渗滤液处理系统由调节池、UASB 反应器、膜生化反应器系统、纳滤系统、污泥处理系统五部分组成。渗滤液在经过沉淀调节后进入 UASB 反应器进行厌氧处理，污水中的有机质被吸附分解，出水经过消化处理，氨氮指标已基本达标，采用钠滤系统进一步分离难降解的有机物和部分氨氮，确保出水 COD[①] 达到排放要求，经该项工艺处理的渗滤液，COD、BOD[②]、氨氮去除率高，可达到国家一级排放标准，实现处理水的全部回用。污泥处理系统如图 7-8 所示。

五、运行控制中的关键点

"预处理＋厌氧＋MBR＋NF"组合工艺重点在厌氧处理段和 MBR 处理段。

---

① 化学需氧量又称化学耗氧量（chemical oxygen demand，COD），是利用化学氧化剂（如高锰酸钾）将水中可氧化物质（如有机物、亚硝酸盐、亚铁盐、硫化物等）氧化分解，然后根据残留的氧化剂的量计算出氧的消耗量。它和生化需氧量（BOD）一样，是表示水质污染度的重要指标。COD 的单位为毫克/升，其值越小，说明水质污染程度越轻。

② 生化需氧量（biochemical oxygen demand，BOD）或生化耗氧量（五日化学需氧量），表示水中有机物等需氧污染物质含量的一个综合指示，说明水中有机物由于微生物的生化作用进行氧化分解，使之无机化或气体化时所消耗水中溶解氧的总数量。

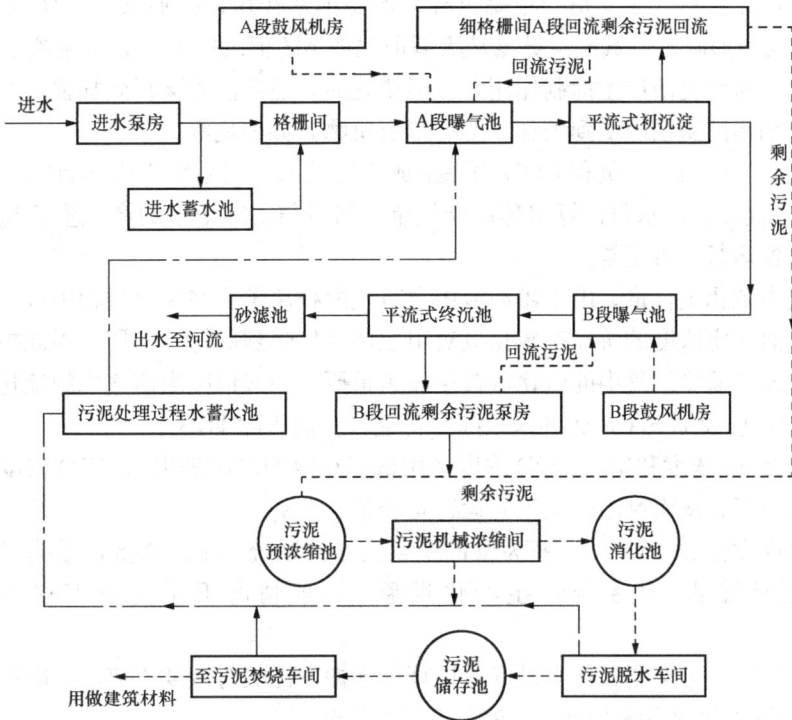

图 7-8　污泥处理系统

1. 厌氧处理段运行控制中的关键点

（1）温度。温度是控制厌氧处理的主要因素。温度适宜时，有机物分解完全，产气量高。根据细菌对温度的适应性可分为低温（10～30℃）、中温（30～35℃）和高温（50～56℃）。甲烷细菌本身没有特定的温度限制，然而如果细菌在一定温度范围内被驯化后，温度变化对细菌的活动就会有影响，尤其是高温消化。

现场运行人员需每天记录厌氧系统温度，一般采用中温消化处理，系统温度保持在35℃±1℃范围。

（2）pH 值。适合甲烷菌生长的 pH 值范围是 6.8～7.2。适宜产酸细菌的 pH 值范围是4.5～8，其 pH 值范围较广。在厌氧罐中，酸性发酵和碱性发酵是在同一个构筑物中进行的，所以为了维持产生的酸和形成的甲烷之间的平衡，避免产生过多的酸，厌氧罐内 pH 值应维持在 6.5～7.5 范围。挥发性酸本身对甲烷没有毒害作用，但如果酸积累会造成系统 pH值下降，从而抑制甲烷菌活性。

每天记录系统 pH 值，当系统 pH 值降至 6.5 以下时应停止投加 $FeCl_3$，如果 pH 值仍有继续下降的趋势，应考虑投加碱（NaOH）液以平衡系统的 pH 值；当系统 pH 值高于8.0 时，应适当加大进水量，必要时投加酸液。

（3）营养物质配比。工程上控制碳氮磷的比例为 500：5：1（以 COD 计），在该比例中碳氮比对厌氧消化的影响最为重要。

（4）有毒物质。常见的抑制性物质有：硫化物、氨氮、重金属及某些有机物。①硫化物和硫酸盐。硫酸盐和其他硫的氧化物很容易在厌氧消化过程中被还原成硫化物，游离态的硫化氢会对厌氧消化过程（主要是产甲烷过程）产生抑制作用，投加某些金属离子如 Fe^{3+} 可以去除 S^{2-}，延缓抑制。②氨氮。氨氮是厌氧消化的 pH 值缓冲剂。如果游离态的氨氮浓度过高，则会对厌氧消化菌产生抑制作用，但经驯化后，适应能力会得到加强。③重金属。重金属会使厌氧细菌的酶系统受到破坏。④有毒有机物，如甲烷等。

（5）沼气产量。沼气产量和 COD 去除率成正比关系，当系统正常运行时，可按照当前的进水 COD 浓度以及进水量计算出理论产气量，然后与实际记录的产气量相比较，可判断厌氧工艺及设备运行是否正常。

（6）沼气中硫化氢含量。由于渗滤液中含有硫酸根离子会在厌氧过程中被硫酸还原菌还原为硫化氢，而一定浓度的游离态硫化氢对甲烷菌产生强烈的抑制作用，因此控制系统内的二价硫离子和连续监测沼气中的硫化氢含量较为重要，一般情况当沼气中的硫化氢含量超过 $1500mg/m^3$ 时，应投加 $FeCl_3$ 药剂来去除二价硫，从而去除 H_2S。

（7）进水 COD 浓度和出水 COD 浓度。用试剂法定期测试进出水 COD 浓度，了解系统内有机物去除情况，从而判断厌氧工艺运行是否正常。

（8）出水挥发性酸（VFA）。挥发酸的积累会导致系统 pH 值降低，影响产甲烷菌的活性，从而降低产气量，使系统产生酸化现象。一般情况下系统内 VFA 浓度应低于 2000mg/L。

（9）出水碱度。定期测试出水碱度，计算出水挥发性酸与碱度比值，一般保证该比值在 0.5～0.6 之间就可达到系统 COD 去除率 75% 的要求。

（10）进水 SO_4^{2-} 和出水 SO_4^{2-} 浓度。通过测试进出水 SO_4^{2-} 离子浓度，可了解系统硫化氢的转化率，并可相应 $FeCl_3$ 调整投加量。

（11）进出水氨氮浓度和总氮浓度。通过测试进出水氨氮和总氮浓度可了解系统内氮的无机化程度，从而对后续的反硝化工艺提供必要的参数。

（12）污泥浓度。通过对污泥浓度的测定可了解系统内生物相的状况，从而对工艺做相应调整。

2. MBR 处理段运行控制中的关键点

MBR 是生化反应器和膜分离相结合的高效废水处理系统，生化反应器内微生物浓度高达 8～40g/L，出水无菌体和悬浮物在垃圾渗滤液处理方面已得到广泛应用。

与其他工艺相比，MBR 处理工艺具有较强的抗冲击负荷能力。同时，由于膜组件的分离作用，使得生物反应器中的水力停留时间（HRT）和污泥停留时间（SRT）完全分开，这样就可使生长缓慢，世代时间较长的微生物（如硝化细菌）也能在反应器中生存下来，保证了 MBR 除具有高效降解有机物作用外，还具有良好的硝化反硝化作用。工程实践证明，对 COD 的去除率可达 95% 以上，对氨氮的去除率可达 98% 以上。

尽管如此，MBR 处理系统的运行仍普遍存在水温过高、曝气器堵塞、碳源不足等问题，解决好这些问题对渗滤液处理有极其重要的意义。

（1）水温过高。硝化反应器的适宜温度为 30～35℃，温度不但影响硝化菌的比增速率，还影响硝化菌的活性。在 5～35℃范围硝化反应速率随温度升高而加快。当温度小于 5℃时，硝化菌的生命活动几乎停止。

影响硝化反应温度的因素如下：

1）MBR 为高负荷生化反应器，在生化降解过程中有机物、氨氮氧化的部分化学能转化为热能，温度有所升高；

2）动力设备（风机、水泵）运行过程中机械能转化为热能，可使温度升高5℃左右；

3）超滤混合液回流到生化池，循环维持液体相对稳定的温度；

4）渗滤液为高浓度有机废水，生物处理过程中水力停留时间较长，一般可达4～5天，生物池中水温受进水温度的影响较小，使系统中保持较高的温度；⑤渗滤液处理一般采用射流曝气，要求有效水深为6～8m，从而使水面面积减小反应池中温度散失较小，有利于生物池保持较高的温度。

根据热平衡及实际运行数据，超滤出水比生化进水温度一般要高10℃。

综上所述，生物池内温度较高，会抑制微生物的生长，影响生物处理效果。

（2）曝气器堵塞。MBR工艺处理渗滤液，生物池污泥浓度一般控制为12～20g/L，最高可达40g/L，污泥浓度过高，使生物池内混合液黏度高，极易堵塞常规的微孔曝气器，为此可采用射流曝气系统。运行时废水由曝气器底部进入，空气从曝气器顶部进入，曝气器能使泥水与空气在射流器内强烈紊动、搅拌、混合，促使液膜与气膜高频振荡，气液膜变薄，降低传质阻力，使氧分子更好地从气相转移到液相。

射流在高速前进过程中具有较强的穿透力，使微小气泡在水中行程远，从而增强了搅拌、推流与增氧能力。

（3）碳源不足。渗滤液中氨氮的含量较高，一般来说，具有较长泥龄的垃圾填埋场渗滤液氨氮值可达2000～3000mg/L，而排放标准要求是100mg/L以下，这就要求生物处理应具备良好的去除氨氮的能力，同时要求有充足的碳源。

垃圾渗滤液本身难生物降解的污染物所占比例高，再经过垃圾锥体及填埋场调节池的降解，有机污染物浓度进一步降低，这给生化处理带来了一定的难度。因此如何解决碳源不足的问题至关重要。如果单纯投加甲醇、葡萄糖之类的营养液，势必会增加运行成本。

在投加甲醇、葡萄糖等营养液的同时，考虑将新鲜的渗滤液引入处理厂，新鲜渗滤液的COD值可高达20 000mg/L，B/C值一般为0.5～0.6，加入新鲜渗滤液后可有效改善调节池后渗滤液的可生化性，从而解决碳源不足的问题。国内成都市固体废弃物卫生处理厂垃圾渗滤液处理引入新鲜渗滤液后，基本不用投加甲醇、葡萄糖等营养液，就能满足脱氮要求，运行成本大幅降低。

复习思考题

7-1　简述垃圾焚烧废水的产生及性质。

7-2　废水处理的主要方法有哪些？

7-3　绘制废水处理工艺流程。

7-4　绘制国外某垃圾焚烧厂灰冷却水和洗烟废水处理工艺流程图。

7-5　绘制国内某垃圾焚烧厂垃圾渗滤液及综合废水处理工艺流程图。

7-6　废水预处理的主要设施有哪些？

7-7　调节池的作用是什么？

7-8　沉淀池的作用、类型及工作原理。

7-9　分析厌氧生化处理的基本原理。

7-10 试述 UASB 反应器的工作原理。

7-11 好氧生物处理工作原理。

7-12 采用活性污泥法时应注意哪些问题？

7-13 简述混凝沉淀法的主要原理、混凝效果与哪些因素有关。

7-14 简述曝气氧化法的原理。

7-15 如何去除废水中的汞？

7-16 如何去除废水中的六价铬？

7-17 如何去除废水中的氟化物？

7-18 影响硝化反应温度的因素有哪些？

7-19 分析曝气器堵塞原因及预防措施。

7-20 试述创冠垃圾焚烧厂渗滤液处理系统的组成及工艺流程。

7-21 试述创冠垃圾焚烧厂飞灰螯合技术特点。

第 八 章

焚烧灰渣及恶臭物质处理

　　焚烧灰渣包括垃圾焚烧炉的炉排、密相区排出炉渣以及烟气除尘器等中收集下来的飞灰，主要是不可燃的无机物以及部分未燃尽的可燃有机物。焚烧灰渣是城市垃圾焚烧过程中一种必然副产物。根据垃圾成分的不同，灰渣的数量一般为垃圾焚烧前总质量的 5％～20％。灰渣特别是飞灰中由于含有一定量的有害物质，尤其是重金属，若未经处理直接排放，将会污染土壤和地下水源，对环境造成危害。另外，由于灰渣中含有一定数量的铁、铜、锌、铬等金属物质，有些具有回收利用价值，故又可以作为一种资源予以利用。焚烧灰渣的处理是城市垃圾焚烧工艺的一个必不可少的组成部分。

　　焚烧灰渣可分为两部分：一部分是飞灰，是由除尘器等捕集下来的烟气中的颗粒物；另一部分是炉渣，是从炉排或者密相区排出的焚烧炉渣。通常情况下，由于飞灰中重金属含量比炉渣多，因此，飞灰与炉渣应分别处理，而且将飞灰作为危险品固化后送入填埋场做最终处置。但飞灰固化后，重金属被封固在材料里，不会对环境造成污染。灰渣处理系统几种工艺流程，如图 8-1 所示。

　　为了更好地处理和利用焚烧灰渣（包括飞灰和炉渣），应先了解一下它们的特性。

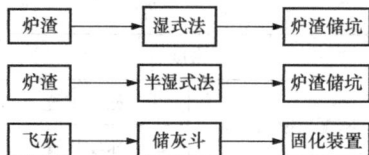

图 8-1　灰渣处理工艺流程

第一节　灰 渣 的 特 性

一、灰渣的物理化学特性

　　南洋理工大学环境工程实验室研究人员对垃圾焚烧炉的飞灰和水冷熔渣的物理化学性质进行了分析测定，使用的水冷熔渣是指经水冷却后炉渣中通过 5mm 筛的细粒部分。水冷熔渣的形状通常是不规则的、带棱角的蜂窝状颗粒，表面多为玻璃质，而飞灰主要是细小球形颗粒。水冷熔渣和飞灰的尺寸分布分别如图 8-2 和图 8-3 所示。由图可知，水冷熔渣的颗粒尺寸由 0.074 到 5mm，其中 71％是砂子大小（0.074～2mm）的颗粒，27％是砾石大小（大于 2mm）的颗粒，2％是煤粉大小（0.002～0.074）的颗粒。

　　表 8-1 为飞灰和水冷熔渣的物理和化学性质，同时列出了砂子的典型值以供比较，由表 8-1 可知，飞灰和水冷熔渣的当量粒径分别为 0.01 和 0.02mm，它们的均匀系数分别是 4.76 和 3.88，级配系数分别是 1.44 和 1.68，表明这两种物质很难被分级。飞灰和水冷熔渣的热灼减率分别为 15％和 2.7％，表明水冷熔渣的有机成分很低，这主要是因为在水洗过程中黏附在炉渣颗粒上的未燃物质被洗掉的缘故，而垃圾焚烧过程中有大量细小的有机物质未燃尽，这些细小颗粒在烟气中被除尘器捕集下来，所以飞灰中的有机成分相对较高。另外，飞灰和水冷熔渣都呈碱性，pH 值分别是 11.4 和 10.8。

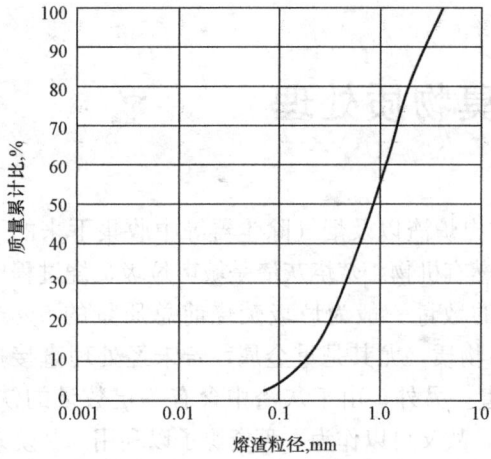

图 8-2　水冷熔渣颗粒分布　　　　　　　图 8-3　飞灰颗粒分布

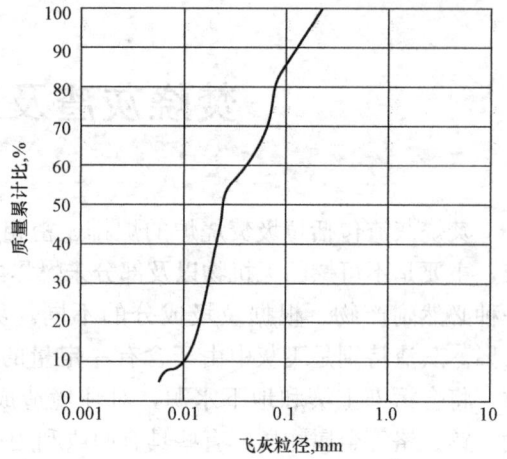

表 8-1　　　　　　　　　　　　　　　飞灰和水冷熔渣的性质

特　　性		飞灰	水冷熔渣	砂子
密度		2.45	2.67	2.65
密度（g/cm³）	松散堆置	0.81	1.17	1.35
	压实堆置	1.09	1.54	1.90
颗粒尺寸分布	有效尺寸	0.01	0.2	—
	均匀系数	4.76	3.88	—
	级配系数	1.44	1.68	—
热灼减率（%）		15.0	2.7	—
pH 值		11.4	10.8	—

表 8-2 为飞灰和水冷熔渣的化学组成，从表 8-2 可以看出，飞灰中 2/3 以上的化学物质是硅酸盐和铁，其他的化学成分主要是铝和钙，锌、铅、镍、铬和镉这些重金属在飞灰和熔渣中都只以微量形式存在。

表 8-2　　　　　　　　　　　　　　　飞灰和水冷熔渣的化学组成

组分	飞灰（%）	水冷熔渣（%）	组分	飞灰（%）	水冷熔渣（%）
硅酸盐	35.00	42.50	铝	0.20	0.52
铝	12.50	18.67	铜	0.04	0.50
铁	5.67	24.32	锰	0.08	0.18
钙	32.49	7.39	铬	0.01	0.05
钾	3.80	1.30	镉	0.007	0.001
钠	1.90	1.10	镍	0.008	0.13
镁	1.02	0.72	其他	6.8	2.07
锌	0.48	0.55			

Amalendu Bagchi 等人还对美国威斯康星州 Sheboygan 垃圾焚烧炉炉渣和飞灰进行了浸出毒性试验，结果见表 8-3。试验表明，在垃圾焚烧炉灰渣的浸出液中含有高浓度的铝、硼、镉、氯化物、铅和硫化物。灰渣中由于存在大量的铅和镉等重金属而成为有害物质，若处理不当，将会对环境造成很大危害。在我国，飞灰为法定危险废物，必须妥善处理。

表 8-3　　　　　　　　　　Sheboygan 市焚烧炉飞灰和炉渣浸出试验结果

参数	浓度范围（mg/L）		参数	浓度范围（mg/L）	
	炉渣	飞灰		炉渣	飞灰
铝	10.7~88.8	2.3~1	镁	0.006~0.017	0.02~0.057
硼	1.6~3.2	0.42~1.13	铜	0.044~0.103	0.026~0.081
镉	0.004~0.3	0.021~0.044	钾	55~79.8	3.66~7.6
铬	<0.01~0.04	<0.01~0.044	镍	0.01~0.03	0.01~0.03
铅	0.15~0.6	0.25~0.56	钠	123.8~148.5	11.5~16.3
铁	<0.01~0.04	<0.01~0.1	锌	0.002~0.007	0.002~0.012

二、焚烧灰渣的土木工程特性

焚烧灰渣回收利用的一个重要途径是做建材，因而有必要了解其土木工程特性。为了研究焚烧灰渣在土木工程方面应用的可能性，南洋理工大学环境工程实验室研究人员对飞灰和水冷熔渣的土木工程特性进行了试验，实验按照英国标准委员会制定的"BS1377"（1975）方法进行，用烘箱把飞灰和水冷熔渣烘干后测定了它们的密度、渗透度和强度，结果见表 8-4。表 8-4 也列出砂子的各个典型值以供比较。从表 8-4 中数据可以看出，水冷熔渣和飞灰密度的最大值和最小值比砂子都低，水冷熔渣密度最大值为 $1.54 g/cm^3$，为砂子密度最大值的 81%，这可能是由于焚烧过程中形成的颗粒表面为玻璃质、蜂窝状的特性造成的。飞灰的最大密度是 $1.09 g/cm^3$，仅占砂子最大密度的 57%，这可能是由于飞灰是一些相对密度小且大小均匀的空心球形颗粒造成的。

表 8-4　　　　　　　　　　飞灰和水冷熔渣的性质

性质		水冷熔渣	飞灰	砂子的典型值
密度（g/cm³）	最小值	1.17	0.80	1.35
	最大值	1.54	1.09	1.90
渗透率（m/s）	松散堆置	$8.8×10^{-4}$	$3.0×10^{-4}$	$1.0×10^{-4}$
	压实后	$3.3×10^{-5}$	$1.4×10^{-5}$	$1.0×10^{-6}$
堆放参数	摩擦角	46.5°	36.5°	32~45°
	视凝聚力（kPa）	0	43	0

水冷熔渣排出水比较通畅，与砂子具有相同数量级的渗透率。松散堆置时（干密度为 $1.17 g/cm^3$）渗透率为 $8.8×10^{-4} m/s$。被压实后（干密度为 $1.54 g/cm^3$）渗透率为 $3.3×10^{-5} m/s$。虽然飞灰的渗透率比水冷熔渣要小一些，松散堆置时（密度为 $0.81 g/cm^3$）渗透率为 $3.0×10^{-4} m/s$，被压实后（密度为 $1.09 g/cm^3$）渗透率为 $1.4×10^{-5} m/s$，但对同样大

小的飞灰和水冷熔渣来说水流却更易通过飞灰，这可能是由于飞灰颗粒大小均匀且为球形的缘故。水冷熔渣的摩擦角高达 46.5°，主要是其不规则形状和粗糙表面造成的。飞灰的摩擦角为 36.5°，视凝聚力为 43kPa，表明飞灰由于颗粒间连锁作用形成的内摩擦力而达到最大抗剪切强度。

第二节　灰　渣　分　选

焚烧灰渣中含有玻璃、陶瓷碎片和铁、铜、铅等重金属物质，这些物质可作为资源再次利用，同时灰渣中还含有一些有毒有害物质，必须进行处理。为了更好地利用和处理灰渣，有必要对灰渣进行分选。

分选就是利用固体混合物中各组成物的物理性能的差异（如粒度、密度、磁性、光电性和润湿性等），采用相应的手段将其分离的过程，焚烧灰渣的分选方式与工农生产业中所采用的分选方式虽不完全相同，但分选的原理是普遍适用的。分选的方式主要有筛选、重力筛选、磁选以及手工分选等。在许多发达国家中还采用了浮选、光选、静电分离等方法。需要特别指出的是，手工分选是一种最经济、最有效的分选方式，直至今日，在日本、德国等最新设计的垃圾处理生产线中，仍然保留了手工分选段。特别是在我国，灰渣的组分很复杂，劳动力资源又特别丰富，采用以机械为主，辅以人工分选方式是合理而有效的。为了经济有效地回收、利用焚烧灰渣中的有用物质，根据灰渣的性质和要求，将两种或两种以上的分选单元有机组成一条分选回收工艺就变得很重要。例如，可以采用人工分选或机械筛分选出灰渣中一些大的石块、砖头等建筑垃圾；再采用风选将灰渣按粒度大小分级，得到大量粒度较小的灰分，这些灰分大多是有机垃圾焚烧后产物，有一定的养分，可用作植物肥料；还可以采用磁选方法把铁质物质分离出来加以回收利用。以下介绍几种常用的分选工艺。

1. 筛分

筛分就是利用固体混合物料的粒度不同，使固体颗粒在具有一定大小筛孔的筛网上运动，把可以通过筛孔和不能通过筛孔的颗粒群分开的过程。筛子常装在其他分选设备中，或者和其他的分选设备串联使用。筛分效率受多种因素影响，主要有筛子的振动方式、振动频率、振幅大小、筛子角度、粒子反弹力差异、筛孔目数及与筛孔大小相近的粒子占总粒子的百分数等。

（1）固定筛。固定筛是由一组平行排列的钢条或钢棒与横板连接组成，位置固定不动。固定筛主要用于粗碎作业。

（2）振动筛。振动筛是通过不平衡体旋转产生的离心力带动筛筐振动实现物料筛分的。振动筛根据筛筐的运动轨迹不同，分为圆周运动和直线运动两类。目前在固体废弃物处理方面多采用直线振动筛或称惯性振动筛，其工作原理如图 8-4 所示。筛网 1 固定在筛箱 2 上，筛箱安装在弹簧组 8 上（用多根弹簧将箱体均衡地支撑在机座 9 上），振动筛主轴 4 通过滚动轴承 5 支撑在箱体上，主轴两端装有偏心轮 6，调节重块 7 在偏心轮上的位置，使主轴转动时产生不同的惯性力，从而调整筛子的振幅。电动机带动主轴旋转，使箱体振动。在图（a）所示情况下，筛子的运动轨迹为圆。如将筛子略加改造，如图（b）所示，用销轴 10 来限制筛子的前后振动，则筛子只作上下振动，这也是最常用的一种直线振动筛。惯性振动筛适用于细粒废物（0.1～15mm）的筛分，也可用于潮湿及黏性废物的筛分。

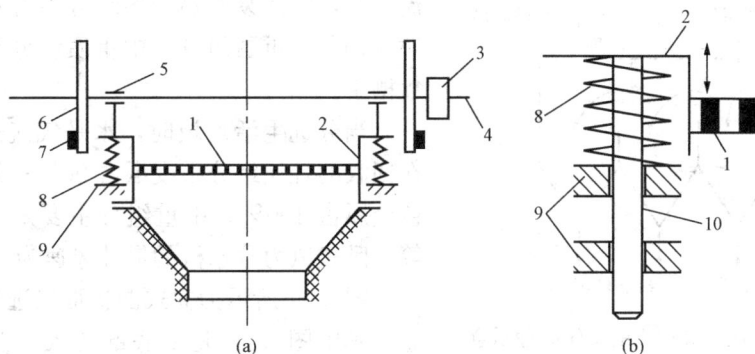

图 8-4　惯性振动筛工作原理示意

1—筛网；2—筛箱；3—皮带轮；4—主轴；5—滚动轴承；6—偏心轮；

7—重块；8—弹簧组；9—机座；10—销轴

（3）滚筒筛。滚筒筛又称为转动筛，筛面为多孔眼的圆柱形筒体。物料从倾斜滚筒的一端进入，借滚筒的转动作用发生翻滚，并向另一端移动，在移动过程中按筛面网眼大小进行分级，不能通过筛网的物料从出口端排出。

（4）共振筛。共振筛是利用连杆上装有弹簧的曲柄连杆机构驱动，使筛子在共振状态下进行筛分的，其工作原理如图 8-5 所示。当电动机带动装在下机体上的偏心轴转动时，轴的偏心使连杆作往复运动。连杆通过其端的弹簧将作用力传给筛箱，与此同时，下机体受到相反的作用力，使筛箱和下机体沿着倾斜方向振动，但它们的运动方向相反，所以达到动力平衡。筛箱、弹簧及下机体组成一个弹性系统，该弹性系统固有的自振频率与传动装置的强迫振动频率接近或相同时，使筛子在共振状态下筛分，称为共振筛。

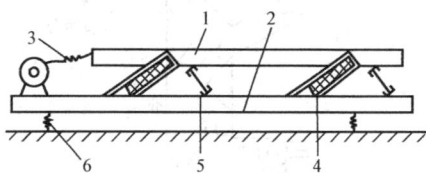

图 8-5　共振筛的原理示意

1—上筛箱；2—下机体；3—传动装置；

4—共振弹簧；5—板簧；6—支撑弹簧

2. 重力分选

重力分选是根据固体废物中不同物质颗粒的密度差异以及运动介质中受到重力、介质动力和其他机械力的作用不同，使颗粒产生松散分层和迁移分离，从而得到不同密度产品的分选过程。常用的分选介质有空气、水、重液（密度比水大的液体）和悬浮液等。

根据分选介质和作用原理，重力分选可分为风力分选、重介质分选、跳汰分选、摇床分选等。

（1）风力分选（风选）。风力分选是以空气为介质，基于固体颗粒在风力的作用下，密度大的沉降末速度大，运动距离较近，密度小的沉降末速度小，运动距离较远的原理，使不同密度的物料得以分开的过程。

风力分选按气流吹入的方向不同，分为水平气力分选机（卧式风选机）和上升气流分选机（立式风选机）。

图 8-6 所示为卧式风选机的工作原理示意。该机从侧面送风，固体废弃物经破碎和圆筒筛筛分使其颗粒均匀后，定量给入机内。当废弃物在机内下落时，被鼓风机送入的水平气

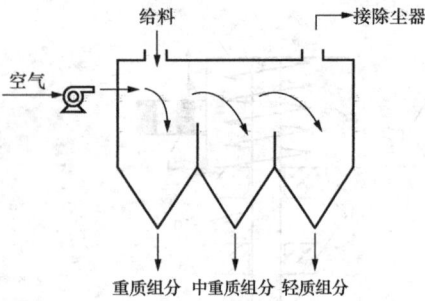

图 8-6 卧式风力分选机的工作原理示意

流吹散，固体废弃物中各组分沿着不同的运动轨迹分别落入重质组分、中重质组分和轻质组分收集槽中。

当分选生活垃圾时，水平气流速度为 5m/s，在回收的轻质组分中废纸占 90%；重质组分中黑色金属占 100%，中重组分主要是木块、硬塑料等。卧式风力分选机的最佳风速为 20m/s。

图 8-7 所示为立式曲折形风选机工作原理示意。其中图（a）是从底部通入上升气流的曲折风选机；图（b）是从顶部抽吸的曲折风选机。经过破碎的固体废弃物从中部给入风选机，物料在上升气流作用下，废物中各组分按密度进行分离，重质组分从底部排出，轻质组分从顶部经旋风分离器分离后排出。

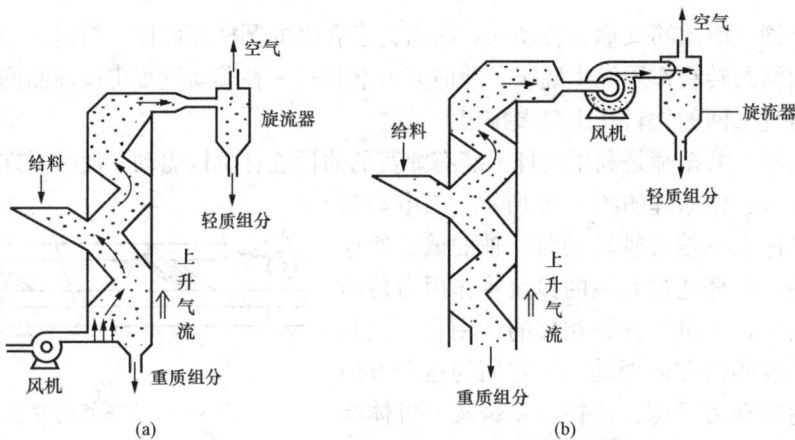

图 8-7 立式曲折形风力风选机工作原理示意

（2）重介质分选。重介质分选是将密度不同的两种颗粒群用一种密度介于两者之间的重液作为分选介质，使轻颗粒上浮，重颗粒下沉，从而实现分离的一种方法。

常用的是鼓形重介质分选机，其工作原理如图 8-8 所示，该设备外形是一圆筒形转鼓，由四个辊轮支撑，通过圆筒腰间的大齿轮由传动装置带动旋转（转速为 2r/mim）。在圆筒的内壁沿纵向设有扬板，用于提升重产物到溜槽内。固体废弃物和重介质一起由圆筒一端给

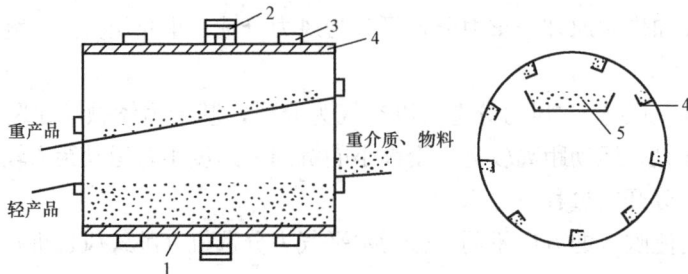

图 8-8 鼓形重介质分选机工作原理示意
1—圆筒形转鼓；2—大齿轮；3—辊轮；4—扬板；5—溜槽

入，在向另一端流动过程中，密度大于重介质的颗粒沉于槽底，由扬板提升落入溜槽内，排出槽外成为重产物；密度小于重介质的颗粒随重介质流从圆筒溢流口排出成为轻产物。

重介质包括重液和悬浮液。重液是一些可渗性的高密度盐的溶液（如氯化锌）或高密度的有机液体（如四氯化碳、三溴甲烷等）；悬浮液是由水和悬浮于其中的固体颗粒组成。工业上用于配制悬浮液的有黏土、重晶石、赤铁矿、鼓风炉渣等。重液配制密度一般为 $1.25\sim3.4\mathrm{g/cm^3}$。重液分离方法在国外用于从废金属混合物中回收铝，已经达到实用化程度。

鼓形重介质分选机适用于分离粒度较粗（$40\sim60\mathrm{mm}$）的固体废物。

（3）跳汰分选。跳汰分选是使磨细的混合废物中不同密度的粒子群，在垂直脉动的介质中按密度分层，大密度的颗粒群（重质组分）位于下层，小密度的颗粒群位于上层，从而实现物料分离的一种方法。在生产过程中，原料不断地送进跳汰装置，轻、重物质不断分离并被淘汰掉，形成连续不断的跳汰过程。跳汰介质可以是水或空气。目前用于固体废弃物分选的介质都是水。

跳汰分选装置的工作原理示意如图 8-9 所示。机体的主要部分是固定水箱，它被隔板分为二室，右边为隔膜室，左侧为跳汰室。隔膜室中的隔膜由偏心轮带动作上下往复运动，使筛网附近的水产生上下交变水流。在运动过程中，当隔板向下时，跳汰室内的物料受上升水流作用，由下而上升，重介质呈松散的悬浮状态，随着上升水流的逐渐减弱，粗重颗粒就开始下沉，而轻质颗粒还可能继续上升，此时物料达到最大松散状态，造成颗粒按密度分层的良好条件。当上升水流停止并开始下降时，固体颗粒按密度和颗粒的不同作沉降运动，物料逐渐转为紧密状态。下降水流结束后，完成一次跳汰。每次跳汰，颗粒都受到一定的分选，达到一定程度的分层，经过多次反复后，分层就趋于完全，上层为密度小

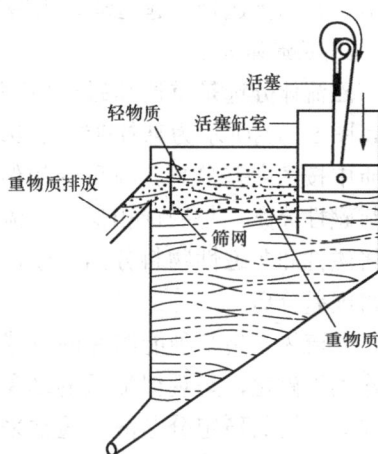

图 8-9　跳汰分选装置示意

的颗粒，下层为密度大的颗粒。跳汰分选主要用于混合金属废弃物的分离。

（4）摇床分选。摇床分选是在一个倾斜的床面上借助床层的不对称往复运动和薄层斜面水流的综合作用，使细颗粒固体废弃物按密度差异在床面上呈扇形分布而进行分选的方法。

（5）惯性分选。惯性分选是基于混合固体废弃物中各组分的密度和硬度差异进行分离的方法。目前主要用于从废弃物中分选回收金属、玻璃、陶瓷等密度和硬度较大的组分。惯性分选机主要有弹道分选机、反弹滚筒分选机和斜板输送分选机等。

3. 磁选

磁选是利用固体废物中各种物质的磁性差异，在不均匀磁场中进行分选的一种处理方法。磁选主要用于从废物中分离回收罐头盒、铁屑等含铁物质。常用的磁选机有辊筒式和悬挂带式两种。

（1）辊筒式磁选机。辊筒式磁选机主要由磁辊筒和输送皮带组成。磁辊筒分为永久磁辊筒和电磁磁辊筒两类，它们的工作原理类似。图 8-10 所示为辊筒磁选机的一种工作方式，用磁辊筒作为皮带输送机的驱动滚筒。当皮带上的混合废物通过磁辊筒时，非磁性物料在重力及惯性力的作用下，被抛落到辊筒前方，而铁磁物质则在磁力作用下吸附到皮带上，并随

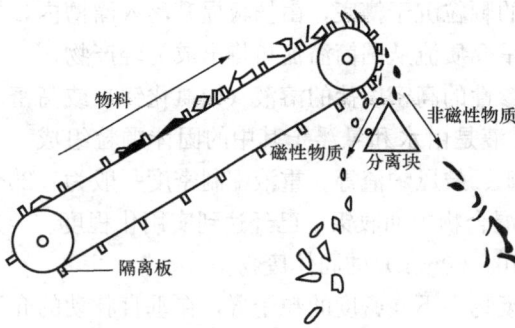

图 8-10　辊筒磁选机工作原理示意

皮带一起继续向前运动。当铁磁物质转到辊筒下方逐渐远离辊筒时，磁力也将逐渐减小，这样在重力和惯性力的作用下，较大铁块可能脱开皮带落下；如果皮带上无阻滞条或隔板，颗粒较小铁磁物质就可能在辊筒下面相对皮带作往复运动，辊筒的下部会集存大量的铁磁物质而不落下。此时，可切断激磁线圈电流，去磁后使铁磁物质落下，或在皮带上加阻滞条或隔板，使铁磁物质顺利落入预定的收集区。

（2）悬挂带式磁选机。在废物输送带的上方（通常小于 500mm）悬挂一个大型固定磁铁（永磁铁或电磁铁）并配有传送带。当废物通过固定磁铁下方时，磁性物质就吸附到传送带上，并随传送带一起运动。当磁性物质送到小磁性区时自动脱落，实现铁磁物质的回收。

4. 磁流体分选

磁流体分选是重选和磁选原理联合作用的过程，图 8-11 所示为悬挂带式磁选机。物料在重介质中按密度差分离，与重选相似；在磁场中按物料磁性分离，与磁选相似。磁流体分选不仅可以将磁性和非磁性物料分离，还可将非磁性物料按密度差分离。

磁流体是指某种能够在磁场或磁场与电场联合作用下磁化，呈现似加重的现象，对颗粒具有磁浮力作用的稳定分散液，通常采用强电解质溶

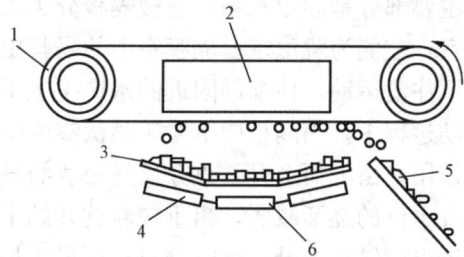

图 8-11　悬挂带式磁选机
1—传动皮带；2—悬挂式固定磁铁；3—传送带；
4—滚轴；5—金属物；6—固体废物来料

液、顺磁性溶液和磁性胶体悬浮液。似加重后的磁流体仍然具有流体的物理性质，如密度、流动性、黏滞性等。似加重后的密度称为视在密度，它可以通过改变外磁场强度、磁场梯度或电场强度来调节。视在密度高于流体密度（真密度）数倍，流体真密度一般为 1400～1600kg/m³，而似加重后的流体视在密度可高达21 500kg/m³。因此，磁流体分选可以分离密度范围宽的固体废物。

磁流体分选法在固体废物处理与利用中占有特殊的地位，它不仅可以用来分离各种工业固体废物，而且还可以从城市垃圾焚烧灰渣中分选金属铜、铝、铁、锌铅等。

5. 其他分选方式

浮选即泡沫浮选。该方法是依据各种物料表面性质差异，把固体废物和水调制成一定浓度的料浆，并通过空气形成无数细小气泡，使欲选物质颗粒黏附在气泡上，随气泡上浮于料浆表面成为泡沫层，然后刮出回收，不浮的颗粒仍留在料浆内，通过适当处理后废弃。

静电分选法是利用各种物质的电导率、热电效应及带电作用的不同而进行物料分选的方法。可用于各种塑料、橡胶、合成皮革与胶卷、玻璃与金属的分离。分选颗粒在 20mm 以下。

光学分离技术是利用物质表面光反射特性的不同而分离物料的方法。

涡电流分离技术是在废物中回收有色金属的有效方法。当含有非磁导体金属（如铝、铜、锌等物质）的废物流以一定速度通过一个交变磁场时，这些非磁导体金属中会产生感应涡流。由于废物流与磁场有一个相对运动的速度，从而对产生涡流的金属片有一个推力。利用此原理可使一些有色金属从混合废物中分离出来。

第三节 灰 渣 的 处 理

焚烧灰渣在分选出金属、大块块状物和灰分后，剩下的灰渣中还含有一定量以化合物形式存在的重金属，若未经处理直接排放，这些重金属物质会被水浸取出来，污染土壤和地下水，因此要进行处理。一般的处理方法：①渗入水泥固化后制成砖，用于铺路等；②在垃圾卫生填埋场直接填埋，可与垃圾按一定比例混合后入垃圾填埋场；③重金属含量高，有回收价值，则可用酸或碱浸取使金属溶入液相中，再从液相提取金属，渣则经过水泥固化后制砖或填入埋场中。

一、固化

废物固化是用物理-化学方法将有害废物掺合并包容在密实的惰性基材中，使其稳定化的一种过程。固化处理机理十分复杂，目前尚在研究和发展中，固化过程有的是通过控制温度、压力，调整 pH 值而使有害废物发生化学变化或引入某种稳定的晶格中的过程；有的是通过物理过程将有害废物直接用惰性材料加以包容的过程；有的兼有上述两种过程。

固化所用的惰性材料称为固化剂，有害废物经过固化处理所形成的固化产物称为固化物。对固化处理的基本要求包括：①有害废物经固化处理后形成的固化体应具有良好的抗渗透性、抗浸出性、抗干湿性、抗冻融性及足够的机械强度等，最好能作为资源加以利用，如做建筑基础和路基材料等；②固化过程中材料和能量消耗要低，增容比（即所形成的固化体体积与被固化废物的体积之比）要低；③固化工艺过程简单、便于操作；④固化剂来源丰富、低廉易得；⑤处理费用低。

固化技术按固化剂分为水泥固化、沥青固化、塑料固化、玻璃固化和石灰固化等。因水泥和石灰低廉易得，本节主要介绍水泥固化和石灰固化。

1. 水泥固化

水泥固化是一种以水泥为固化基材的固化方法。水泥作为结构材料使用已有近百年的历史，它是一种无机胶结材料，水化反应后可形成坚硬的水泥石块，可把砂、石等添加料牢固地黏结在一起。水泥固化的基本原理在于通过固化包容减少有害固化废物的表面积和降低其可渗透性，达到稳定化、无害化的目的。

可以用作固化剂的水泥品种很多，通常有普通硅酸盐水泥、矿渣硅酸盐水泥、火山灰质硅酸盐水泥、矾土水泥和沸石水泥。具体可根据固化处理废物的种类、性质、对固化剂的性能要求选择水泥的品种。

由于废物组成的特殊性，水泥固化过程中常会遇到混合不均匀、过早或过迟凝固、有害成分的浸出率高、固化体的强度较低等问题。为改善固化条件，提高固化体的质量，需要掺入适量的添加剂。常用的添加剂有吸附剂（如活性氧化铝、黏土、蛭石等）、缓凝剂（如酒石酸、柠檬酸、硼酸盐等）、促凝剂（如水玻璃、铝酸钠、碳酸钠等）和减水剂（表面活性剂）等。

固化产物性能可根据最终处置或使用要求，调节废物-水泥-添加剂-水的配比来控制。对于最终进行安全土地填埋处置和装桶后储存的废物固化体，其抗压强度要求较低，一般控制为 $980\sim4900kPa$；对于准备做建筑基材使用的固化物，其抗压强度要求较高一般控制在 $9.8MPa$ 以上。固化体的浸出率要尽可能的低，浸出液中污染物浓度要低于相应污染物的浸出毒性鉴别标准。水泥固化防止有害重金属溶出的机理有两种：①有害重金属在碱性钙中形成溶解度极小的不溶性氢氧化物；②生成水泥矿物时，与钙和铝等进行转换反应，形成固溶体，被固定在矿物中。鉴于水泥固化的机理，对难以利用氢氧化物的难溶特性处理的水银和两性金属铅以及需要还原处理的六价铬等，需要用药剂进行不溶化和还原处理。现在有专用螯合剂用于固定这些物质，但是价格高且易受 pH 值的影响。水泥固化法也存在一些问题，比如由于向灰渣中加水而增加了最终处理量；填埋处理后，由于所含盐类大部分可被雨水溶出，因此需要严格的填埋管理；对于二噁英类物质不宜直接固化，最好热分解后采用水泥固化；专用的螯合剂价格高，增加了处理费用。

利用水泥固化法可以处理多种有害物质，下面仅举几个典型的工艺配方实例。

（1）电镀污泥的固化。固化采用的 425 号普通硅酸盐水泥，当水灰比为 $0.47\sim0.88$、水泥废物比为 $0.67\sim4.00$ 时，固化物抗压强度为 $5.79\sim29.5MPa$。铅的浸出浓度为 $(1.7\sim16.3)\times10^{-3}mg/L$，镉的浸出浓度为 $(0.09\sim0.45)\times10^{-3}mg/L$，铬的浸出浓度为 $(7.45\sim17.10)\times10^{-3}mg/L$，远低于浸出毒性鉴别标准。

（2）含铅泥渣的固化。固化处理的泥渣含铅 1.23%、含汞 1.9%。当采用 50 份泥渣、250 份水泥、100 份水、5 份聚乙烯醇和 5 份 10.5% 的 $Na_2B_4O_7$ 溶液的配比时，经 48h 养护后即可得到强度适宜，铅、汞基本不浸出的固化产物。

（3）含汞泥渣的固化。日本曾对含汞 $381mg/L$ 的泥渣进行水泥固化，其配比是 200 份泥渣、400 份水泥、400 份砂、85 份石灰、70 份水和 60 份 5% 的硫脲溶液，固化物的抗压强度可达到 $27.9MPa$。将固化物在水中浸泡 28d，测得水中含汞量仅为 $0.001mg/L$，为工业废水排放标准的 1/50。

2. 石灰固化

石灰固化是以石灰为固化剂，以粉煤灰或水泥窑灰为填料，用于固化含有硫酸盐或亚硫酸盐类废渣的一种固化方法。其原理是基于水泥窑灰和粉煤灰中含有活性氧化铝和二氧化硅，能与石灰和含硫酸盐、亚硫酸盐废渣中的水反应，经凝结、硬化后形成具有一定强度的固化体。

石灰固化法的优点是使用的材料丰富，价廉易得；操作简单，不需要特殊的设备，处理费低；被固化的废渣不要求脱水和干燥；可在常温下操作等。其缺点主要是石灰固化体的增容比偏大，固化体易受酸性介质侵蚀，需对固化体表面进行涂覆。

日本对垃圾燃烧灰渣的处理还采用药剂处理法、熔融固化法、酸或其他溶剂稳定法等。药剂处理法是向灰渣中添加重金属固定剂和水，均匀混合形成不溶性化合物，从而固定重金属的方法。重金属固定剂有氯化二铁、液体硫酸铝、硫化钠等无机物和水溶性螯合高分子等。这些药剂不管是单独还是混合作用，都能得到较好的结果。通常，由于煤灰具有较强的碱性，几乎所有的重金属都不溶出，但是由于铅在碱性条件下容易溶出，所以添加试剂、调整 pH 值，对防止铅的溶出有较强效果。高分子螯合剂的添加对在低 pH 范围防止水银溶出有效果。药剂处理法与水泥固化法并用效果更好。药剂处理法具有处理过程比较简单，设备投资低，不加水泥最终处理量少的优点。药剂处理法有以下问题：①高分子螯合剂的价格较高；②填埋处理后，由于雨水会溶出大部分盐类，需要进行严格的填埋管理；③pH 值较低时，当添加药剂进行调整后，有时会产生有害气体。

熔融固化法有电熔化法（电弧炉、等离子炉、电阻炉、微波炉）和燃烧熔化法（薄膜熔化炉、内部熔化炉、焦炭熔化炉、回转熔化炉）两大类。这些方法都是在 1300～1600℃ 的高温中加热灰渣，使有机物热分解、燃烧、气化，而使无机物熔化成玻璃质的熔渣，因此有下列优点：①约 90% 的除尘灰转变成物理化学性质稳定的熔渣被排出；②由于熔渣的体积比除尘灰小，排放物质的体积减少；③通过熔化处理，可分解除尘灰中 99.9% 的二噁英类，从而防止二噁英类被排放到环境中；④从熔渣中熔出的重金属、盐类极其微小。这种方法存在的问题：①在熔化处理过程中，灰渣中含有的低熔点重金属将挥散到排放气体中，因此必须在装置的后部捕集这些重金属，并做进一步处理；②由于用 1200～1400℃ 高温对灰渣进行加热，需要电力和补助燃料，因此运行费用高。

二、灰渣处置（固化后填埋）

处理灰渣是为了降低重金属的浸出毒性，重金属一旦被固定在所处理的灰渣中，就可用相对便宜的填埋法对之进行处理，而昂贵的地下处置法就不再需要了。

Aldo Jakob 对三种飞灰的水泥固化技术进行了比较：①未洗飞灰的水泥固化；②中性水洗飞灰后的水泥固化；③酸洗后的水泥固化。未经淋洗的飞灰水泥固化后产生一种高氯和高重金属含量的炉渣，由于其含有大量的氯化物，所以需大量昂贵的有良好水力性能的优质水泥。中性水淋洗后的飞灰首先浸析的是碱土金属和碱金属的氯化物，在此过程中，溶解性的重金属氯化物转变成可沉降的重金属氢氧化物，过滤后用少量的廉价水泥固化会产生一种含少量氯但高重金属的固化体，但这时所含的重金属已不可浸析，故可用填埋法来处理。飞灰经酸洗后不再含有有害重金属和氯化物，可用很少量的水泥进行固化。

创冠垃圾焚烧厂飞灰固化螯合有效控制飞灰中的重金属，几乎无二次污染。

飞灰固化螯合的处理流程为飞灰经螺旋输送机输送至飞灰称量罐，飞灰、螯合剂和水的混合物，进入混合搅拌机充分混合、搅拌、输送、成型。混合均匀后的飞灰从搅拌机底部出料阀释放，稳定后的飞灰成品转移到集中堆放养护场地，养护合格后送到填埋场填埋，相比飞灰水泥固化方式，该方式具有工艺简单、便于操作、生产过程无二次污染的优势。同时经该工艺处理飞灰重金属去出率、稳定化程度高，环境危险性低。

三、焚烧灰渣的利用

根据焚烧的温度不同，又可将垃圾焚烧炉排出的灰渣分为两种：一种是 1000℃ 以下垃圾焚烧炉排出的普通焚烧炉渣，另一种是 1500℃ 高温垃圾焚烧炉排出的熔融状态的烧结炉渣。烧结炉渣是密度很高的块粒状物质，由于玻璃化作用，具有强度高、重金属浸出量少等特点，可利用做建筑材料、混凝土骨料、筑路基材等。普通的灰渣一般可以回收铁、玻璃等物质之后做建筑材料。另外，从燃烧过程的燃烧尾气中收集的飞灰，可以作为水泥添加剂、烧砖辅助材料等。我国贵阳、西安等地利用 80%～85% 的垃圾焚烧灰渣，配上其他原料，制出了符合国家标准的硅酸蒸养垃圾砖。其工艺仅比普通蒸养砖多一道灰渣筛选工序，在价格上略高于普通蒸养砖。但在这些地区对建筑砖的需求量大于供应量，因此在蒸养砖价格略高的情况下，还是能够销售出去的。目前也采用飞灰烧结陶粒技术。

（1）飞灰烧结陶粒技术工艺流程。飞灰烧结陶粒技术工艺流程如图 8-12 所示。飞灰烧结陶粒生产线与目前其他烧结技术相比具有工艺简单、生产成本低廉，能有效抑制二噁英排放等特点。

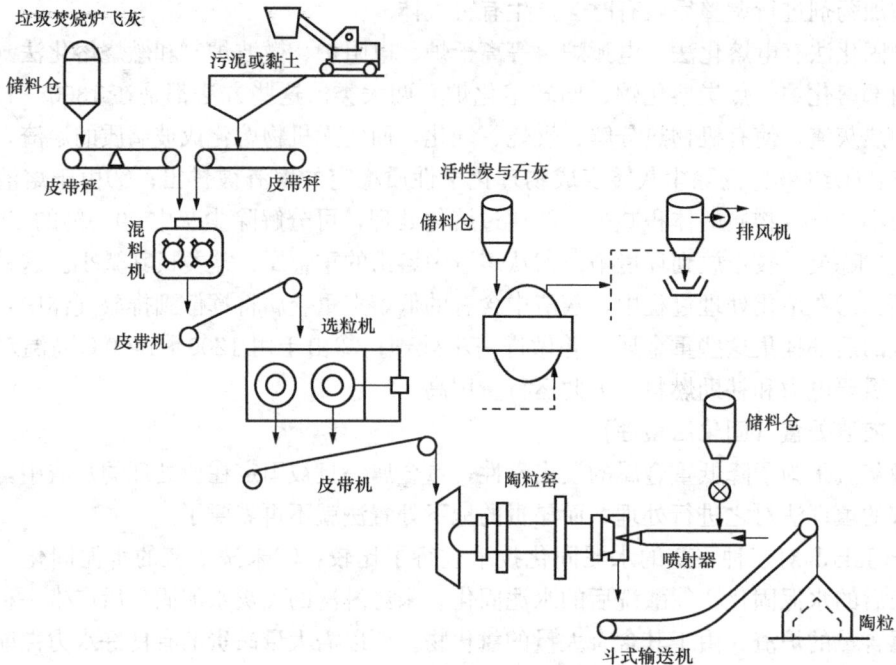

图 8-12　飞灰烧结陶粒工艺流程图

（2）飞灰烧结陶粒特点。飞灰烧结陶粒具有相对密度小、强度高、导热系数低、耐火抗渗、吸音、化学稳定性好等特点，比天然石料具有更为优良的力学性能。是配置轻骨料混凝土及制品、承重或非承重砌块、墙板、楼板、桥梁的主要组成材料，广泛用于工业和民用建筑、市政、水利、园林绿化工程、地下工程、造船工业建筑等。飞灰陶粒用于筑路，可显著提高道路的抗滑性能，提高车辆行驶的安全性。用于软土和高寒地区，可延长道路使用寿命。飞灰陶粒具有的多孔、吸水和不软化特点可用做水的过滤剂、花卉的保湿载体和蔬菜无土栽培等。

第四节　生活垃圾焚烧发电恶臭物质处理

一、恶臭（offensive odor）产生的机理

城市生活垃圾是一个重要的恶臭污染源。在垃圾储存过程中，垃圾中含有的蛋白质和纤维素等有机物容易腐烂变质，在一定的温度、湿度、通风条件下，发生厌氧分解作用，同时产生各种恶臭物质。迄今为止，凭人的嗅觉能感觉到的恶臭物质有 4000 多种，其中对人体健康危害较大的有氨、硫化氢、硫醇类、甲基硫、三甲胺、甲醛、苯乙烯、酪酸、酚类等几十种。NH_3 和 H_2S 气体是最为主要的恶臭物质，NH_3 是由含氮有机物分解而来，而 H_2S 的产生有两个途径：一是未完全消化的含硫氨基酸的降解；二是粪便中大量的微生物和硫酸盐。

二、垃圾焚烧发电厂恶臭产生的主要环节

垃圾焚烧发电厂主要恶臭污染源为垃圾储存池，根据焚烧工艺的要求，垃圾在焚烧前需要在储存池中进行一定程度的发酵，以降低含水率，保证垃圾完全焚烧。但是，储存过程中也为恶臭物质的产生提供了较好的厌氧条件。另外，包括垃圾中转站等几个环节以及在输送过程中随风飘散的恶臭物质，都影响了周围环境。

三、垃圾焚烧发电厂恶臭的治理措施

1. 垃圾中转站

吸附法是利用固体吸附剂吸附废气中有害气体的一种方法。要求吸附剂容易吸附和脱附，来源广，价格较低，活性炭、活性氧化铝等是较为常用的吸附剂。用吸附法处理有害气体时，应结合生产特点和有害气体的性质，恰当选择吸附剂，如硫化氢、二氧化硫可以用活性炭来吸附。吸附法比较适合净化浓度较低、气体量较小的有害废气。对于间断性产生且气量小的有害废气用吸附法投资较小，运行费用较低。而对各入料口、卸料口及燃料中转坑等流动性大且气量小的气味散发点，较合理的治理方法是密封后用负压抽风装置进行抽风，在风机的出口处将集中的异味用活性炭吸附除臭法去除异味后对空排放。

2. 垃圾储存池

垃圾储存池采用自动快速启闭的卸料门及空气幕帘使垃圾储存池处于密封状态，风机从垃圾储存池抽吸空气送入炉膛作为助燃用空气，使垃圾储存池保持负压状态，防止恶臭外泄。垃圾产生的恶臭物质作为助燃用空气送入焚烧炉，在焚烧炉内将臭气高温分解，实现了恶臭污染物的燃烧处理，该处理方法的运行成本较高。

还有一种方法是采用植物液喷淋除臭法。在垃圾储存池内安装一套植物液喷淋控制系统，根据垃圾的异味浓度变化和季节变化随时调节控制器参数，以达到最佳的除臭效果。根据臭气产生的特点，喷淋中和分解异味后，如燃料不翻动或不增加新的燃料可保持较长时间不再产生异味。

3. 植物液喷淋除臭机理

植物液喷淋除臭技术在美国、加拿大等国家除臭装备的应用已经日益成熟。以加拿大Ecolo公司提供的天然植物提取液除臭剂为例，天然植物除臭剂是从 500 多种天然植物中提取出来的。提取液中含有反应活性很高的功能团，如 $R-NH_2$ 和萜类化合物（如萜品醇、萜烯），萜烯一般通式为 $(C_5H_8)_n$，具有香味，此类化合物及其含氧衍生物在自然界中广泛分布于树木、柠檬、橘子、玉桂树、姜、果树、草本植物、花等中，经过提取、复配、雾化等工艺，形成气态分布在污染区空气中，与异味分子发生碰撞，进行接触反应。促使异味分子改变原有分子结构，使之失去臭味，反应的最终产物为无害、无臭的分子。

（1）酸碱反应。天然植物除臭剂（AS工作液）中含有生物碱，它可以与硫化氢等酸性臭气发生反应。与一般碱性反应不同的是，碱有毒不可食用，不能生物降解，而天然植物除臭剂能生物降解且无毒。

（2）催化氧化反应。一般情况下，硫化氢不能与空气中的氧气反应。但在天然植物除臭剂（AS工作液）催化作用下可以与空气中氧气发生反应。

（3）天然植物除臭剂（AS工作液）。AS工作液经过雾化后液滴直径为 0.04mm 左右，此时液滴表面已达到一些有机化合物键能的三分之一和二分之一，足以破坏臭气分子中的键，使其不稳定、易分解。根据研究，采用 Ecolo 公司提供的天然植物除臭剂对食品加工过

程中的除臭性能进行的试验，在较好的配方及用量情况下，对 H_2S 的除臭率达到 99%，NH_3 的去除率达 98.5% 以上。

四、要求

(1) 遵守政府有关排放标准的一切规定（颗粒物、有毒有害气体、重金属化合物、二噁英/呋喃），且运用到所有实际操作系统中。这些标准有《空气技术导则》（TA Luft）《第 17 联邦污染法规》（BImSCHv），《空气清洁法则》（LRV）。

(2) 减少有毒有害残留物的产生（重金属化合物）。

(3) 回收一切可再利用的物质（盐酸、硫酸、石膏、食盐）。

(4) 减少能源和资源的消耗。

(5) 提高可靠性和运转安全性。

第五节　启东市天楹环保垃圾焚烧厂烟气净化系统

一、循环流化床半干法烟气净化系统

启东市天楹环保垃圾焚烧厂烟气净化系统采用循环流化床半干法处理系统以流化-喷动床技术为基础，通过吸收剂在反应塔内多次循环，使烟气中的 SO_2、HCl 等酸性气体与吸收剂充分接触，从而提高吸收剂的利用率，并保证连接方式所产生的有机污染物的排放达到环保标准。

1. 循环流化床半干法处理系统特点

(1) 增加了除尘设备，减少了布袋除尘器的负荷，延长了布袋除尘器的寿命。

(2) 两级减温系统，满足变工况要求，调节性能强。独立的减温塔设计以及反应塔内的二次降温，不仅降低了烟气温度，使之既满足脱硫对烟气温度的要求，又满足了布袋除尘器入口烟温的要求。同时减少了脱硫塔黏壁积灰的可能性，提高了系统的可靠性。

(3) 独特的脱硫反应塔以及返料系统的设计，增加了熟石灰的利用率，减少了脱硫剂石灰的用量。

(4) 高效的布袋除尘器，不仅保证粉尘达到并超过国家标准，还能实现对重金属和二噁英的去除。

2. 主要设备及作用

余热锅炉的烟气经过烟道进入尾部净化系统的减温塔，与喷入的熟石灰及冷却水充分混合，烟气温度降低，烟气中的 SO_2、HCl 等酸性组分与 $Ca(OH)_2$ 中和反应后被去除。

尾气净化系统为循环流化床半干法处理系统，布置在余热锅炉后部，主要设备及作用如下：

(1) 减温塔：降低烟气温度，使之满足脱硫和布袋除尘器入口烟温的需要。冷却塔外形尺寸 $\Phi 4560 \times 8000$，塔体材料为碳钢，入口烟温 230～240℃，出口烟温 160～175℃。

(2) 反应塔（包括文丘里装置+流化床吸收塔）：焚烧炉出口含酸性气体的烟气在此与熟石灰进行中和反应，实现酸性气体的去除。

(3) 烟道+预除尘器+返料：将一部分物料及未反应的熟石灰收集后，再返送至流化床吸收塔，形成物料循环。另外，作为布袋除尘器的预处理设备，减少了布袋除尘器的负荷。

(4) 布袋除尘器：除尘及清除二噁英、重金属等有害物质。

3. 设备运行条件

(1) 垃圾处理量：250t/d，2 台垃圾焚烧炉。

(2) 垃圾成分：垃圾成分见表 8-5。

表 8-5　　　　　　　　　　　　　　　垃　圾　成　分

低位发热量（kJ/kg）　收到基成分（%）		C	H	N	S	O	灰分	水分
设计值	6800	20.2	2.4	0.54	0.34	11.52	19	46
最低	4186	15.35	2.3	0.50	0.03	9.0	17.52	54.99

(3) 烟气净化系统入口烟气量和成分见表 8-6。

表 8-6　　　　　　　　　烟气净化系统入口烟气量和成分

序号	项目	正常工况（100%负荷）	序号	项目	正常工况（100%负荷）
1	烟气量（m³/h）	4.493×10^3	6	O_2（容积份额）	8.22~9.51
2	烟气温度（℃）	200~230	7	CO_2（容积份额）	9.86~10.31
3	灰分（g/m³）	2~3	8	HCl（mg/m³）	1500
4	粉尘颗粒（μm）	0~150	9	SO_2（mg/m³）	500
5	H_2O（容积份额）	11.72~15.57	10	Hg+Cd+Cu+As+Pb（mg/m³）	100

4. 原材料的化学成分及特性

(1) 熟石灰 [$Ca(OH)_2$]。分析标准采用 ASTM-C27-生石灰、熟石灰、石灰石的化学分析方法。$Ca(OH)_2$ 纯度≥90%；粒度≤5μm；比表面积（BET）≥20m²/g。

(2) 活性炭。BET=700~900m²/g；水分=2%（max）、灰分=8%（max）；颗粒度 D50=10~20μm，200 目 100%通过；着火温度大于或等于 500℃。

(3) 水质要求。采用工业水，pH=6~9；总硬度小于 294mg/L。其他符合生活饮用水要求。

5. 技术性能指标

烟气净化系统出口污染物的最大浓度 [标准状况下干烟气，即 273.15，101.3Pa（a）换算成 O_2 容积占 11%] 见表 8-7。

表 8-7　　　　　　　　　烟气净化系统出口污染物最大浓度

序号	项目	数值
A1	SO_2	100（mg/m³）
	HCl（mg/m³）	50（mg/m³）
	Hg	0.2（mg/m³）
	Cd	0.1（mg/m³）
	Pb	1.6（mg/m³）
	二噁英	0.1（mg/m³）

续表

序号	项　目	数　值
A2	从仓顶过滤器和所有储仓排气管排出的气体中最大浓度	80（mg/m³）
A3	1m距离无背景噪声最大噪声水平	85dB（A）
A4	粉尘浓度	50（mg/m³）

二、烟气净化系统原理

1. 工艺流程

循环流化床半干法处理系统是一种新型的半干法工艺，其特点是在反应器内应用流化-喷动床技术，使反应物料在反应器及分离器之间多次循环，增强了反应过程中的传质和传热，使脱酸剂［Ca(OH)₂］的消耗量降到最小。烟气处理系统负荷调节范围为60%～110%。

烟气净化系统是整个垃圾处理的一部分，按其功能可分为熟石灰接受、储存、喷射系统；降温系统（供水）；活性炭接受、储存、喷射系统以及副产品、飞灰输送、储存、处理系统，循环流化烟气处理系统示意如图8-13所示。

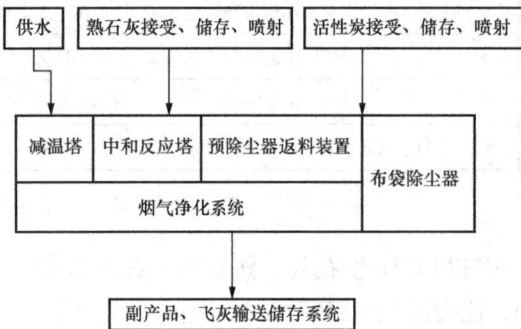

图8-13　循环流化烟气处理系统示意

从垃圾焚烧炉排出烟气进入减温塔底部，在减温塔入口处设有特殊的烟气分配装置，使进入冷却塔的烟气均匀地与减温水混合，烟气冷却并增湿。降温后的烟温大约在160℃，然后烟气进入反应塔底部，与喷入的Ca(OH)₂混合，在此进行脱酸反应。此外，Ca(OH)₂和反料箱返回的还具有反应活性的循环干燥副产品相混合，进一步进行脱酸。在反应塔内，Ca(OH)₂被文丘里反应器出口的高速烟气吹散，附着在床内流动的物料表面上，显著增大了Ca(OH)₂反应表面，使Ca(OH)₂和烟气中的酸性组分充分接触反应，使之被吸收和中和。同时由于高浓度的干燥循环物料的强烈湍流和适当的温度，反应器内表面保持干净，没有物料沉积。经过脱酸的烟气进入第二级预除尘器，将部分飞灰以及大颗粒未反应的Ca(OH)₂分离下来，分离下来的物料进入反应塔文丘里上部的扩散段，与烟气再次反应，重复利用，减少了脱酸剂用量。经预除尘器后的烟气进入布袋除尘器除尘后实现达标排放。

2. 去除二噁英以及重金属

二噁英为毒性极强的污染物，熔点较高、没有极性、难溶于水，在强酸碱中能保持稳定。另外，随着氯化程度的增强，二噁英的增长有加大趋势，本装置依靠添加表面积较大的活性炭来吸附二噁英及重金属，使其排放达到国家标准。

3. 脱酸原理

喷入的熟石灰与烟气中的酸性气体中和反应后的副产品与锅炉飞灰烟气在反应器和预除尘器之间循环。

含有飞灰颗粒、残留熟石灰的固体物在反应器后的预除尘器内分离，分离出来的粗颗粒、未反应的熟石灰送回反应器，提高了熟石灰的利用率，降低了吸收剂的消耗量。

单独设置的减温塔以及一定高度的反应器提供恰当的化学中和反应时间和水分蒸发吸热时间，同时由于高浓度的干燥循环物料的强烈湍流作用和适当的温度，反应器内表面保持干净且没有沉积物，这也是本工艺的特点之一。

最后的副产品和飞灰送入灰库。

冷却水用水泵经雾化喷嘴喷入减温塔，通过调节水量，控制烟气温度为 $105\sim160℃$，这一温度既有利于与烟气中的酸性组分发生中和反应，又可防止低温腐蚀。

由于循环流化床反应器快速传热、传质，延长了 $Ca(OH)_2$ 与烟气中酸性物的接触时间和接触频率，增加了 $Ca(OH)_2$ 喷撒的均匀度。

4. 反应塔工作原理及技术特点

反应塔由旋转喷雾器、筒体以及锥斗底部的卸灰装置组成。在反应塔和预除尘器中完成以下主要过程：①去除酸性气体和部分重金属；②水分气化，使烟气得到冷却；③干燥反应残余物。

$Ca(OH)_2$ 和水在反应塔及预除尘器内与烟气接触的脱酸化学反应式如下：

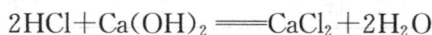

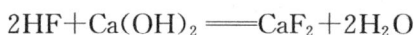

$$SO_2+Ca(OH)_2+H_2O =\!=\!= CaSO_3+2H_2O$$
$$2HCl+Ca(OH)_2 =\!=\!= CaCl_2+2H_2O$$
$$2HF+Ca(OH)_2 =\!=\!= CaF_2+2H_2O$$

烟气经冷却塔一次降温后，从吸收塔底部进入，然后进入喷动床的喉口部分，到上筒体，烟尘在吸收剂与喷出的熟石灰粉中不断进行翻滚、掺混，部分粉尘被烟气夹带通过烟道引入预除尘器，预除尘器采用槽形铁式分离器，分离捕捉下来的颗粒则通过返料输送机送回喷动床内，极细的颗粒粉尘经布袋除尘器并被捕捉去除。反应塔技术参数见表8-8。

表8-8　　　　　　　反 应 塔 技 术 参 数

序号	名称	数值	序号	名称	数值
1	外形尺寸	$\Phi2500\times2700$（mm）	3	入口烟气温度	$160\sim175℃$
2	塔体材料	碳钢	4	出口温度	$140\sim160℃$

5. 布袋除尘器特点和技术参数

（1）特点。

1）布袋除尘器选用低压脉冲式除尘器，吹扫用压缩空气的压力为 $0.25\sim0.35MPa$，减轻了滤袋磨损，延长其使用寿命。

2）离线清灰，清灰间隔长，压缩空气耗量低。运行阻力小于1500Pa。

3）适用于垃圾焚烧产生的高温、高湿及腐蚀性强的含尘烟气，除尘效率大于或等于99.7%。清洁滤袋附着除尘后出口烟气的含尘浓度为 $30mg/m^3$，运行可靠。

4）采用 GORE-TEX 薄膜/superflex 滤袋，耐温高达 $190\sim260℃$，并有良好的耐酸、抗氧化性能，正常运行工况下，滤袋寿命在3年以上。

布袋除尘器配有圆形笔架，布袋垂直悬挂。灰尘滤饼积累在布袋的外侧（外滤式）。定期提供脉冲压缩空气，一列列吹扫布袋，吹扫下来的灰尘滤饼落入灰斗，灰斗带有电加热器，确保可靠地排灰，通过副产品输送系统送出。

维护时，手动隔离仓室更换故障布袋，其他仓室正常运行。

布袋除尘器设有旁路烟道、挡板装置及热风预热循环装置，通过自动控制系统调节，在启动和事故状态下保护除尘器。主要部件如脉冲阀、滤袋采用进口产品，滤袋的材质具有表面过滤性能的聚四氟乙烯覆膜玻纤滤袋（焚烧王 superflex），使除尘效率、吸附剩余毒性污染物能力、系统能耗、滤袋寿命等指标达到世界先进水平，并且除尘器设备投资、运行和维护等技术经济等综合指标得到优化。

（2）布袋除尘器技术参数。布袋除尘器技术参数见表 8-9。

表 8-9　　　　　　　　　　　　布袋除尘器技术参数

序号	名称	数值	序号	名称	数值
1	除尘效率	99%	7	压缩空气压力	0.25~0.40MPa
2	仓室个数	8个	8	耐温	<250℃
3	布袋过滤速度	<1m/min	9	原始排尘浓度	10g/m³
4	布袋尺寸	Φ152×6000（mm）	10	漏风率	<2%
5	系统工作阻力	<1500Pa	11	本体材料	碳钢
6	压缩空气流量	3~4m³/min	12	滤袋材料	玻纤＋PTFE 覆膜

复习思考题

8-1　简述垃圾焚烧灰渣的物理化学性质。

8-2　垃圾焚烧灰渣分选方法有哪些？

8-3　简述重力分选原理。

8-4　简述跳汰分选原理。

8-5　常用的灰渣安全处置方法有哪些？

8-6　灰渣固化处理的类型有哪些？

8-7　试述循环流化床半干法烟气净化系统的工作原理。

第 九 章

除 尘 器

在燃用化石燃料的锅炉中，常用除尘器、洗涤器等进行污染物脱除。对于垃圾焚烧炉，这些手段同样起作用，但限于垃圾焚烧排放尾气的特殊性（如含有 HCl、重金属 Hg、Cd、As 和 PCDD/Fs 等），一些设备的选择、使用与普通燃煤锅炉不同。本节主要介绍污染物脱除的常用设备、组合工艺以及国内外的一些垃圾焚烧尾气处理工艺。

常用的除尘器有旋风除尘、布袋除尘器、电除尘器等，旋风除尘器除尘效率低，一般用于粗除尘，布袋除尘器除尘效率高，并且能脱除重金属，因而在垃圾焚烧炉上广泛采用。

除尘是指在焚烧炉外加装各类除尘设备，将飞灰从烟气中分离并除去，达到净化烟气，减少排放到大气的粉尘，防止引风机急剧磨损的目的，它是当前控制排尘量达到允许程度的主要方法。

按工作原理除尘器分为机械除尘器和电除尘器，见图 9-1。

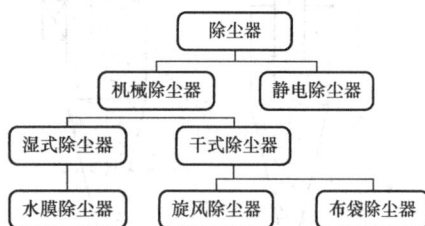

图 9-1 除尘器的类型

第一节 旋 风 除 尘 器

1. 旋风除尘器的工作原理

旋风除尘器是使含尘气流做高速旋转运动借助于离心力和惯性力的作用将颗粒从气流中分离并收集下来的除尘装置，如图 9-2 所示。

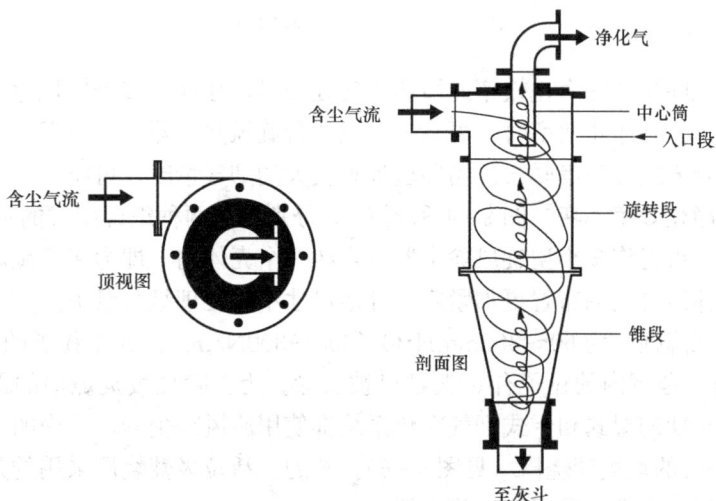

图 9-2 旋风除尘器

含尘气流从旋风除尘器的入口切向进入旋流腔后产生高速旋转运动，由于内外筒体及顶盖限制，气流在其间形成一股自上而下外旋流，旋流过程中，密度大的粉尘受离心力的作用，大部分被甩向筒壁，失去能量，沿壁滑下落到灰斗中。而密度小的气流向轴线方向运动，并在轴线中心形成一股自下而上的内旋流，经出口管向外排出。这样就达到了两相分离的效果。

2. 旋风除尘器分类

旋风除尘器的形式很多。按气流进入方式的不同，可大致分为切向进入和轴向进入两大类，如图 9-3 所示。切向进入式又分为直入式和蜗壳式。轴向式是靠导流叶片促使气流旋转的，因此也称为导流叶片式。轴向进入式又可分为逆流式和直流式两种。

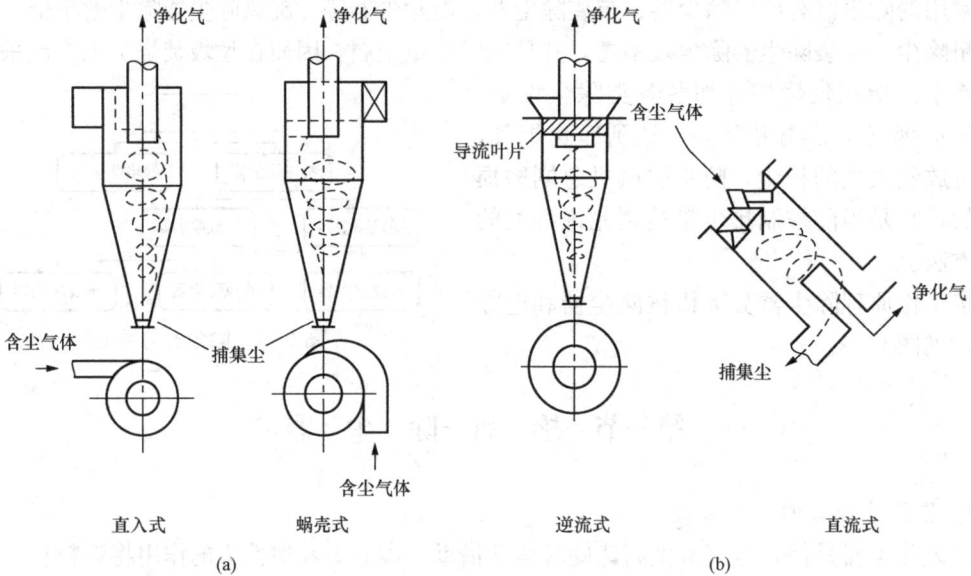

图 9-3　旋风分离器的入口形式
（a）切向进入式；（b）轴向进入式

为了提高旋风除尘器的净化效率或增加烟气处理量，往往将多个旋风除尘器串联或并联起来使用。当要求提高净化效率时，可将 2 台或 3 台旋风除尘器串联，但烟气的处理量并没有变化，这种组合方式称为串联式。当要求处理较大的烟气量时，可将若干个小直径的旋风除尘器并联，但净化效率不变。图 9-4 和图 9-5 分别为这两种组合型式的示意。

除此之外，还可将许多小型旋风除尘器组合在一个壳体内，即为多管旋风除尘器。多管旋风除尘器比单体组合式的布置更加紧凑，外形尺寸小，处理烟气量更大。

旋风除尘器压降损失为 $60\sim300\text{mmH}_2\text{O}$（$600\sim300\text{N/m}^2$）。粉尘粒子的直径限制为 $6\sim10\mu m$。直径在这一范围内的粒子有 60% 都可被去除。为去除垃圾焚烧炉的最初烟尘，可安装旋风除尘器。早期的湿式和干式烟气净化系统都使用旋风除尘器，其中的一种至今还安装在德国 Ostholetein 的垃圾焚烧厂（见图 9-6）。新的生活垃圾焚烧厂采用的是另外的技术。

烟气净化系统的末端不采用旋风除尘器。

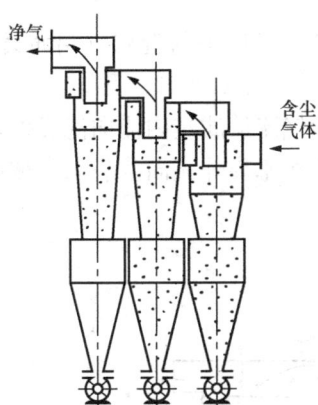

图 9-4 三级串联式旋风除尘器

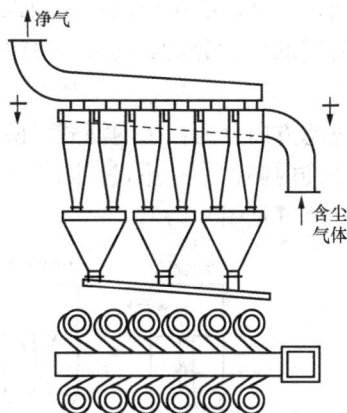

图 9-5 并联式旋风除尘器

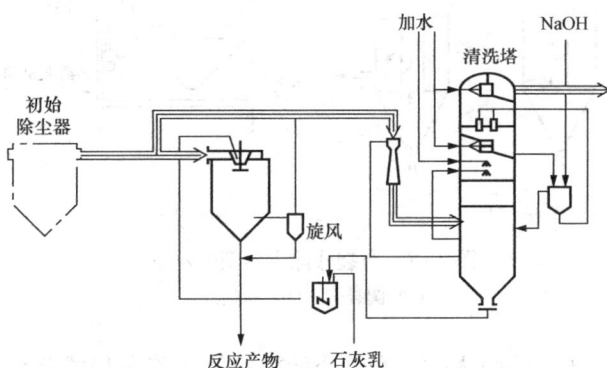

图 9-6 德国 Ostholetein 的垃圾焚烧厂的烟气除尘系统

第二节 布 袋 式 除 尘 器

一、布袋式除尘器（过滤式）

布袋式除尘器是以织物❶为过滤材料（简称"滤料"），做成口袋状，将穿过织物孔隙的气体中所含粉尘捕获的设备。布袋式除尘器也可表述为一种利用纤维制成的过滤袋，将气体中的粉尘过滤出来的净化设备，属于干式除尘器。布袋式除尘器主要是在除尘器的箱体内悬吊多条纤维物制作的滤袋过滤含尘气体，随着滤袋上积灰增厚，气体阻力增大，当压力达到 1600Pa 时，就要进行清理。执行清灰任务的是清灰装置，清下来的粉尘要从箱体内排走，因此箱体下面设有上大下小的灰斗，将灰集中起来排出去。

由此可知，构成布袋式除尘器的基本部件包括箱体、灰斗、滤袋和清灰装置。

二、布袋式除尘器分类

（1）按清灰方式分为：①机械振动清灰；②分室反吹清灰；③喷嘴反吹清灰；④振动、

---

❶ 这里的"织物"是广义的，不仅包括以经纬纱线纵横交织而成的机织物，也包括有机纤维无规则地相互交缠而成的毡子。

反吹并用清灰；⑤脉冲喷吹清灰；⑥声波清灰。

（2）按滤袋的形状分为：①长圆筒形（圆布袋式）；②扁平封套状（扁布袋式），如图9-7所示。

（3）按过滤方向分为：①内滤式。除尘器内的含尘气流从滤袋内流向滤袋外，被捕集的粉尘附着在滤袋内侧；②外滤式。除尘器内的含尘气流从滤袋外流向滤袋内，被捕集的粉尘附着在滤袋外侧（见图9-7）。

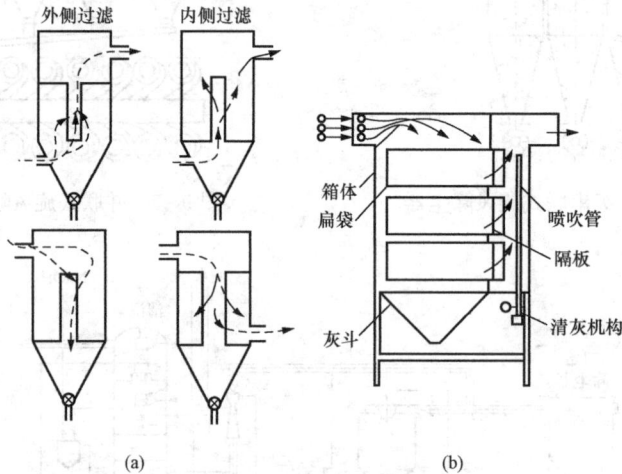

图9-7　布袋式除尘器型式示意
（a）圆袋式；（b）扁袋式

（4）按放置位置分为：①吸入式。在整个除尘箱体中将布袋式除尘器放在通风机前面。②压入式。在整个除尘箱体中将布袋式除尘器放在通风机后面。

（5）按气布比分为：①高气布比［气布比大于$1.0m^3/(m^2 \cdot min)$］；②低气布比［气布比小于$0.8m^3/(m^2 \cdot min)$］。

三、布袋式除尘器的特点

1. 优点

（1）除尘效率高达99.9%；能捕捉的粒径范围广，可以小到$0.0026\mu m$，在粒径为$0.003\sim0.6\mu m$，捕捉的效率为99.7%。

（2）适应性强，除尘效率不受粉尘化学成分变化的影响，当除尘器阻力在1000Pa以下时，入口含尘浓度即使有较大的变化，对除尘器的阻力和效率影响也不大。

（3）使用灵活，处理风量可由每小时数百立方米到每小时数十万立方米，甚至更大。

（4）结构简单，可以因地制宜地采用简单的布袋除尘器，在条件允许时也可采用效率更高的脉冲喷吹布袋式除尘器。

2. 缺点

（1）滤袋的寿命短，更换费用高。

（2）当布袋被湿灰堵塞，高速气流冲蚀或布袋承受不了温度变化而变质时，会降低其使用寿命。

（3）处理风量大时，占地面积大。

随着科技的发展，特别是新滤料的开发，清灰技术的完善，控制技术的飞跃发展，使得布袋除尘器的滤袋寿命延长，故障率降低，清灰控制可靠，使用范围进一步扩大。

随着干法脱硫技术和循环流化床在电厂锅炉上的应用，需要有相应的除尘设备。

四、基本工作原理

（1）利用重力沉降作用。当含尘气体进入布袋除尘器后，颗粒大、密度大的尘粒在重力作用下首先沉降下来。

（2）筛滤作用。当含尘气体在风机的抽吸作用下通过滤袋时，直径较滤料纤维的网孔间隙大时，则气体中的尘粒便被阻隔留下来，称为筛滤作用。当滤袋上的尘粒积聚过多时，筛滤作用增强，但降低布袋除尘器的出力。

（3）惯性力作用。含尘气体通过滤袋时，气体可透过纤维的网孔，而较大的尘粒在惯性力的作用下，仍沿原方向运动，当与布袋相撞时而被捕获。

（4）热运动作用。质轻体小的尘粒（1μm以下），随气流以近似于气流流线运动时，往往能穿过纤维。但当它们受到热运动的气体分子碰撞后，改变了运动方向，这就增加了尘粒与滤袋纤维的接触机会，使尘粒被捕获。

五、除尘器技术性能

1. 除尘效率

除尘效率又称为收尘率、分离效率。它是含尘气流通过除尘器时在同一时间内被捕集的粉尘量与进入除尘器的粉尘量之比，即

$$\eta = \frac{G_c}{G_i} \times 100\% \tag{9-1}$$

式中：η 为除尘效率，%；G_c 为被捕集的粉尘量，kg；G_i 为进入除尘器的粉尘量，kg。

除尘效率是衡量除尘器性能最基本的技术指标，它表示除尘器捕集气流中粉尘的能力。影响袋式除尘器除尘效率的因素有以下几点：

（1）飞灰的颗粒粒径。当飞灰的颗粒较粗时，除尘效率相对较高；当飞灰颗粒很细，尤其是低于 0.6μm 时，除尘效率相对较低。

（2）滤料。滤料本身的纤维过滤性能及厚度对袋式除尘器的除尘效率有很大影响。同样的烟气使用环境下，选择不同材质的滤料或者选择相同材质、不同厚度的滤料，袋式除尘器的除尘效率也有较大差别。

（3）过滤速度。袋式除尘存在惯性效应（包括碰撞、拦截）或扩散效应。若飞灰粒径为 1μm 以下的微尘，借助扩散效应能有效地捕集，适当降低过滤风速，可以提高除尘效率；若飞灰粒径为 6～16μm，借助惯性效应能有效地捕集，提高过滤风速，可以提高除尘效率。实践证明，对一般飞灰，提高过滤风速对除尘效率的影响甚微。

（4）运行工况。袋式除尘器主要通过滤料表面形成的粉尘层捕集飞灰，过度清灰，将减少滤料表面的粉尘层厚度，降低除尘效率。所以从收尘原理上来讲，同一袋式除尘器的运行阻力越低，并不能说明除尘效率高。

布袋除尘器在新袋开始使用时，是依靠织物孔隙中伸出的纤维与尘粒之间的碰撞、直接截留、静电吸引、布朗扩散等作用捕集粉尘的。当织物上形成一层粉尘层后，则主要依靠粉尘层的筛滤作用捕集粉尘。在现有用于排气净化的各种除尘器中，布袋除尘器的除尘效果是最好的，特别是捕捉粒径 1μm 以下微粒的能力，比电除尘器和文丘里除尘器高。

　　布袋除尘器的除尘率与滤料种类、滤料上附着粉尘的状况有关。一般新滤袋的除尘率较低，当滤袋上附着的粉尘达到 $2\sim3g/m^2$ 时，除尘率大于90％；达到 $160g/m^2$ 时，除尘率超过99％。滤袋清灰后，还残留一些粉尘，经历一段周期性的过滤清灰后，残留粉尘趋于稳定，这时的除尘率将保持在99％，如果使用得当，甚至可超过99％。在正常状态下，它对粉尘中亚微米（粒径小于 $1\mu m$）部分的除尘率通常大于90％。

2. 过滤风速

　　过滤风速是指气体通过滤料的平均速度，单位为 m/min，也称为单位时间内通过单位面积的气体流量，即气布比 $[m^3/(m^2\cdot min)]$，表达式为

$$v_s = \frac{Q}{60A} \tag{9-2}$$

式中：v_s 为过滤风速，m/min；Q 为通过滤料的气体流量，m^3/h；A 为滤料面积，m^2。

　　过滤风速是袋式除尘器最重要的设计参数之一。过滤风速选择大，则设备占地小，投资低，但运行阻力高、清灰频率高、清灰能耗高、除尘效率低；过滤风速选择小，则设备运行阻力低、清灰频率低、清灰能耗小、除尘效率高，但占地面积大，投资高。垃圾焚烧厂袋式除尘器的过滤风速选择由粉尘性质、入口烟气含尘浓度、滤料的材质、清灰压力、清灰频率、设备运行阻力等因素确定。

　　（1）粉尘性质。粉尘性质中影响袋式除尘器过滤风速性质的因素包括颗粒粒度分布，颗粒的密度、温度、黏着性或附着性等。同一类型袋式除尘器处理含有不同性质粉尘的烟气，过滤风速差异越大，一般颗粒粒径越细、密度越小、黏着性或附着性越大的粉尘，设计的过滤风速就越小。

　　（2）入口烟气含尘浓度。入口烟气含尘浓度越高，单位面积单位时间滤料表面附着的粉尘量就越高，因而清灰频率越高。为了降低清灰频率，设计的过滤风速应相对降低。

　　（3）滤料的材质。不同材质的滤料选择的过滤风速不同，即使同种材质的滤料，厚度不同，选择的过滤风速也不同。

　　（4）清灰压力或清灰频率。如果压力不足，清灰气流太弱，清灰力度不能达到滤袋底部，则尘饼不能剥落，会形成局部积灰，滤料负荷不均匀，导致局部过滤风速过高。因而选择合适的清灰压力影响袋式除尘器的过滤风速。

　　清灰频率较高，则过滤风速可相对取较高值，但是过高会降低滤袋及脉冲阀的使用寿命；清灰频率较低，则过滤风速可取相对较低值。

　　（5）设备运行阻力。同等基础条件下，仅仅比较过滤风速，过滤风速越高，则袋式除尘器的运行阻力越高；反之，过滤风速越低，则袋式除尘器运行阻力越低。

3. 压力损失

　　压力损失是袋式除尘器最重要的设计参数之一。压力损失不仅说明袋式除尘器的能量消耗，而且决定除尘效率、清灰频率。袋式除尘器阻力损失由设备本体阻力、滤料阻力或沉积在滤料表面粉尘层阻力三部分组成，即

$$\Delta p = \Delta p_c + \Delta p_f + \Delta p_d \tag{9-3}$$

式中：Δp 为袋式除尘器总阻力，Pa；Δp_c 为袋式除尘器设备本体阻力，Pa；Δp_f 为滤料阻力，Pa；Δp_d 为沉积在滤料表面粉尘层阻力，Pa。

　　设备本体阻力与设备结构、烟气流速等因素有关，一般为 $200\sim360Pa$。滤料阻力与烟

气的黏性系数、滤料的阻力系数或过滤风速等因素有关，一般为 60～100Pa。沉积在滤料表面粉尘层阻力与粉尘层厚度、粉尘颗粒大小等因素有关，一般为 300～1200Pa。

布袋式除尘器压力损失（或称阻力、压力降）一般可通过清灰机构自动保持在设计值。实际运行的布袋除尘器的阻力大多为 600～2000Pa。

（1）设备本体结构。设备本体结构产生的气流阻力在袋式除尘器的总阻力损失比例中投运初期比例较大，随着运行时间的增加，比例逐渐下降。但是由于设备本体阻力有持续影响，优良的结构形式能显著降低袋式除尘器的总阻力损失，降低除尘器能耗。为了降低除尘器本体阻力，可通过阻力计算、实测流场气流分布或阻力、模型试验测试气流分布和阻力、计算机模拟气流分布等手段，改进、提高除尘器的结构，达到降低能耗的目的。

（2）过滤风速。滤料阻力及沉积在滤料表面的粉尘层阻力均随过滤风速的增加而提高。提高过滤风速，会降低除尘器结构尺寸及气流通过面积，因而提高了气流速度，必然会增加除尘器本体结构尺寸。

（3）粉尘负荷。在其他因素不变的前提下，沉积在滤料表面粉尘层阻力对除尘器的总压力损失有决定性影响。滤料表面粉尘堆积越多，产生的阻力就越大，必须清灰，以便将除尘器总压力损失控制在一定范围内。

（4）滤料。滤料会产生一定的压力损失，为了降低袋式除尘器阻力损失或能耗，需选择优良的滤料。

（5）清灰压力和频率。如果清灰压力不足，清灰气流太弱，清灰力度不能达到滤袋底部，则尘饼不能剥落。会形成局部积灰，滤料负荷不均匀，导致局部过滤风速过高，除尘器阻力增加。清灰频率根据除尘器阻力确定，而除尘器阻力与粉尘浓度有直接关系，因而烟气中粉尘浓度越高，清灰频率就越高。

4. 脉冲喷吹压力、脉冲喷吹时间和脉冲喷吹频率

脉冲喷吹袋式除尘器以压力气包内压缩空气作为清灰气源，使脉冲阀启动时形成一股脉冲气流，逆向从滤袋顶部到袋底进行脉冲抖动。其目的是通过脉冲抖动，把滤袋外侧黏结的尘饼剥落到除尘器灰斗。如果压力和流量不足，清灰气流太弱，清灰力度不能达到滤袋底部，则尘饼不能剥落，形成局部积灰，导致滤料负荷不均匀。局部过滤风速过高，除尘器阻力增加，滤袋使用寿命缩短；反之，如果清灰压力太高，则会使附着在滤袋表面的粉尘层剥落，尘饼散开，并且将已经渗透进滤料表层的细颗粒打出表面，产生二次扬尘现象。同时，也可能由于震荡力太强，滤袋与袋笼摩擦而裂袋。因此，无论采用高、中、低压的压缩空气源，设备的清灰力度和流量都必须根据工艺、粉尘和滤料性质而合理配置。

确定清灰系统参数时，需要综合考虑工艺（温度、露点、湿度、粉尘颗粒、烟气成分等）、现场环境（压缩空气的供应、安装场地的布置等），以及滤料的性能（材质、是否覆膜、表面处理、耐磨性、抗折性等）几个因素，正确选定清灰气源的压力和流量。

脉冲喷吹时间的确定与气源压力、气包体积、压缩空气的供应流量、脉冲阀的开启性能、滤料性能、滤袋长度、粉尘性质等因素有关。

脉冲喷吹频率的高低不仅影响袋式除尘器的除尘率，而且影响除尘器的能耗。正常情况下，脉冲清灰有定时、定阻及手动三种方式。从经济运行角度考虑，选用定阻自动清灰方式比较经济，此方式可根据袋式除尘器的压力损失的数值自动调节清灰频率，确保除尘器压力损失控制在一定范围内，降低除尘器能耗。

5. 滤袋使用寿命

滤袋使用寿命定义为：在破损滤袋占总滤袋的 10% 时滤袋的使用时间。滤袋的使用寿命与滤袋材质、烟气成分、烟气温度、烟气湿度、酸露点、粉尘性质、粉尘浓度、除尘器本体结构形式、过滤风速、清灰压力、清灰频率及运行维护管理水平等诸多因素有关。

布袋除尘器最佳阻力大小应兼顾除尘器设备费、运行费、滤袋使用寿命和除尘效率等因素。阻力的大小还与过滤速度、粉尘负荷、清洁织物的透气度以及织物表面状况、粉尘粒子特性、气体温度、湿度、除尘器结构、清灰方法有关。通常根据试验和实际经验来确定除尘器的最佳运行阻力。

因为滤袋阻力是变化的，所以布袋除尘系统最好选用压力-流量特性曲线陡峭的风机，以减少气体流量的变化。

某些因素对布袋式除尘器技术性能及经济性的影响见表 9-1。

表 9-1　　　　　　　　　　改变某些因素的状态对除尘器的影响

影响因素	阻力减少	除尘率提高	滤袋寿命长	设备费降低
过滤速度	低①	低①	低①	高①
清灰作用力	大①	小①	小①	小
清灰周期	短①	长	长①	—
气体温度	低	低	低①	低
气体湿度			低	低
气体密度	影响小	影响小	无影响	无影响
粉尘粒度	大①	大①	小	大
入口粉尘浓度	小①	大	小	—

① 影响大。

六、国内布袋式除尘器发展现状及存在的问题

随着大型脉冲喷吹长布袋式除尘器的出现，新型耐折、耐高温、耐腐蚀滤料开发应用，清灰和保护系统自动化程度的提高，使得布袋式除尘器应用于火电厂的技术问题得到了较好的解决。所以，目前布袋式除尘器发展很快。据不完全统计，有 60 台布袋式除尘器正在使用，大多能正常运行，排放粉尘小于 $30mg/m^3$。

从减少大气污染提高人们健康水平和达到越来越严格的环保指标要求来看，势必要发展高效除尘器，电除尘器和布袋式除尘器均属于高效除尘器，各有优缺点，但要达到烟尘排放小于 $60mg/m^3$，电除尘器则使用 6 电场甚至 6 电场，增加投资和占地面积，在维护工作量及费用上均比布袋式除尘器大得多。而且电除尘器对燃料种类、锅炉燃烧方式和烟尘物化特性很敏感而影响除尘效率，从技术经济分析布袋式除尘器也有明显优势，它成为垃圾焚烧电厂除尘发展的必然趋势。

七、脉冲布袋式除尘器

布袋式除尘器主要由主风机、箱体、滤袋框架、滤袋、压缩空气管、排尘装置、漏斗、气囊板、反吹扫设备、脉冲阀、控制阀、脉冲控制仪和 U 形压力计等组成，如图 9-8 所示。

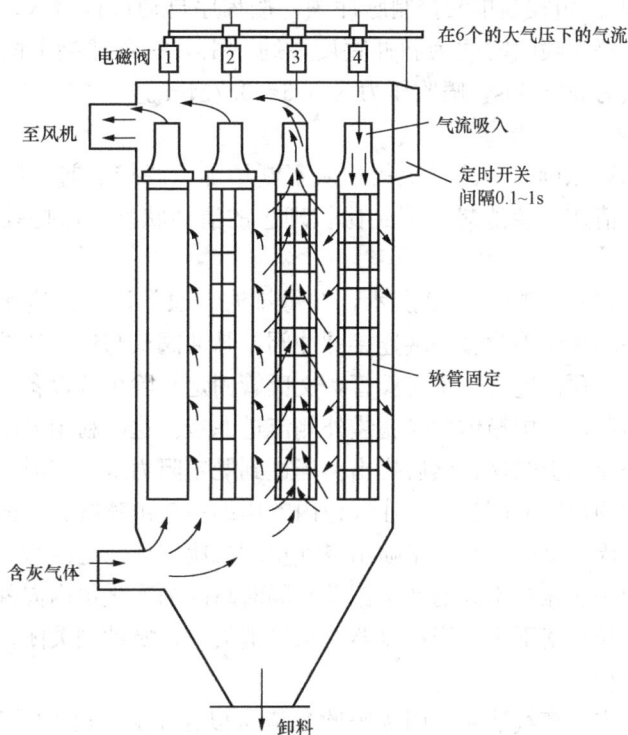

图 9-8 常用的脉冲喷吹布袋除尘器

　　滤袋是袋式除尘器的主体部分。含尘气体的净化通过过滤袋的功能来实现的,因此,袋式除尘器的净化效率、处理能力等基本性能在很大程度上取决于过滤材料的性质。

　　对滤袋要求:过滤效果好、容尘量大、透气性好、耐腐蚀、耐高温、机械强度高、抗皱折性好、吸湿小、不黏性好、容易清灰等性能。

　　滤袋的损坏形式:滤袋破损、氧化收缩、脆化、堵塞、烧损、腐蚀、水解分化等。

　　脉冲式布袋除尘器安装了周期性向滤袋反吹压缩空气装置以清除滤袋积灰。

　　1. 脉冲布袋除尘器式工作原理

　　含尘气体从入口门流入,撞在挡板上,改变流动方向,结果粗粒粉尘直接落入灰斗,细颗粒的含尘气体分散至各个滤袋,通过滤布层时,粉尘被阻留,空气则通过滤布纤维间的微孔排走。其过滤机理是:气体中大于滤布孔眼的尘粒被滤布阻留,这与筛分作用相同。对 $1\sim10\mu m$ 的尘粒,当气体沿着曲折的织物毛孔通过时,尘粒由于本身惯性作用,撞击于纤维上失去能量贴附于滤布上。小于 $1\mu m$ 的细微尘粒,则由于尘粒本身的扩散作用及静电作用,通过滤布孔时,因孔径小于热运动自由径,使尘粒与滤布纤维碰撞而黏附于滤布上,因此微小的尘粒也能收下来。在过滤过程中,由于滤布表面及内部粉尘搭拱,不断堆积,形成一层由尘粒组成的粉尘料层,显著地改善了过滤作用,气体中的粉尘几乎全部被过滤下来。随着粉尘的加厚,滤布阻力增加,使处理能力降低。为保持稳定的处理能力,必须定期清除滤布上的部分粉尘层。由于滤布绒毛的支承作用,滤布上总有一定厚度的粉尘清理不下来成为滤布外的第二过滤介质。过滤后的干净气体从布袋管顶排出。

　　脉冲布袋式除尘器按其不同规格,装有几排到几十排滤袋,每排滤袋有一个执行喷吹清灰的脉冲阀（电磁阀）。由控制单元控制脉冲阀，按程序自动进行喷吹，每对滤袋进行一次喷吹工作就为脉冲。每次喷吹时间为脉冲宽度，约 0.1s，一条滤袋上两次脉冲的间隔时间为脉冲周期 T，其值为 30～60s，喷吹压力为 0.6～0.7MPa。

2. 脉冲喷吹清灰

（1）清灰的目的和原则。当滤袋上的积灰不断增加，滤袋的前后压差增加到某一个值时，就要对滤袋进行清灰，使滤袋恢复到比较理想的清洁状态，保持处理能力，提高除灰效率。

（2）清灰的工作过程。如图 9-8 所示，在每排滤袋顶部设一根喷吹管，喷吹管上正对每条滤袋中心处有一小孔。喷吹管一端连接脉冲阀，脉冲阀又与储有压缩空气的稳压气包相连。滤袋内龙式骨架，顶部连接一个文氏管，文氏管固定在除尘器设备的花板上。含尘气体从进气口进入除尘器后，在中箱体内经滤袋外侧流进滤袋。这时粉尘被阻留在滤袋外侧，干净的气体从滤袋顶部流入上箱体，然后排出。当达到既定阻力或一定时间时，脉冲控制器即发出指令，通过控制阀使脉冲阀打开，让气包内的压缩空气由喷吹管上的各个小孔喷吹，在穿过文氏管时，又从周围吸引了几倍于喷出空气量的二次气体与之混合，而后冲进滤袋，使滤袋急剧膨胀，引起一次振幅不大的冲击振动。同时瞬间内产生由内向外的逆向气流，将积附在布袋外侧的粉尘粒振落下来。当控制器的信号消失时，脉冲阀关闭，清灰停止。各排滤袋的清灰顺序轮流进行。

这种除尘器不一定要离线清灰，因为喷吹气流可以在不到 1s 的瞬间隔断过滤气流，完成清灰，随即又恢复过滤。但是，有时为了增强清灰效果和减少清灰时的粉尘排放，仍采用离线清灰。这时要设置分室，清灰时将一个分室关闭，停止过滤，然后对这个分室内的各排滤袋顺序喷吹清灰，完毕后再打开分室，恢复过滤。由于只有喷吹气流，滤袋内外压差大，清灰作用强。另外，在线清灰当喷吹完毕后即恢复过滤，这时刚刚脱离滤袋的粉尘有相当一部分还没有落入灰斗，就被过滤气流带回滤袋或被吸附在相邻的滤袋上；离线清灰则在恢复工作后有一段静止时间，让脱离滤袋的粉尘向灰斗沉降，从而大大减少恢复过滤时返回滤袋的粉尘量。

大型脉冲喷吹布袋除尘器由若干相互隔离的相同分室组合而成。采用多分室既可在线清灰，也可离线清灰，维修方便，但滤袋多，设备体积大，初投资增加。

气动脉冲控制仪是脉冲宽度和周期可随意调节气动脉冲组合仪表。易于实现自动化，但周期和宽度在使用一段时间后就要变化，维修量大。

3. 清灰注意事项

（1）不能太频繁太剧烈清灰。有的锅炉除尘器由于运行中阻力不断加大，甚至超过 2000Pa，频繁喷吹，因汽包设计偏小，压力无法快速回升，造成喷吹失效。

（2）合理设定滤袋清灰的压差点。清灰方式对布袋式除尘器使用寿命非常重要，清灰不足阻力增大；清灰过度（频繁喷吹）缩短滤袋使用寿命，而且导致较高的排放浓度。

清灰过程中，一般认为喷吹时滤袋膨胀后收缩，达到清灰作用，从实验室喷吹过程的录波图和肉眼观察，脉冲气团冲向滤袋，使滤袋快速从上而下产生振动波形，将滤袋表面灰层振动下来，喷吹压力过大，产生振幅也大，形成粉尘飞扬，造成二次吸附，恰当的喷吹压力的振幅形成粉尘块状脱落为最佳。调整脉冲宽度，可调整振幅大小，达到最佳清灰效果。同时，振幅过大，滤袋疲劳，寿命缩短。振幅过小，不利清灰。

另外，是如何选用无水无油压缩空气机，气包大小要保证有足够的储气量，喷吹后压力很快回升，喷吹管要校正到正好吹到袋口中心后牢靠固定。所用的控制设备应灵活可靠。

八、多分室布袋除尘器

多分室布袋除尘器一般是将全部分室分为两行，列于除尘器的进气总管两侧。进气总管做成顶部为斜坡形（见图9-9），管道截面逐渐减小，以保持总管内的烟气流速大致恒定，使分部各室烟气量均匀。排气总管则放在进气总管上面，底部做成斜坡形，管道截面逐渐扩大，与进气总管形成互补。也有其他形式的进气总管，例如美国EEC公司根据实际经验和模拟试验，认为斜坡形总管内气流会产生严重的紊流和分离现象（见图9-9），所以把进气总管设计成阶梯形，目的是平衡各分室的烟气分布，同时尽量减少除尘器的机械压力损失，并减少烟尘在总管内的沉降。

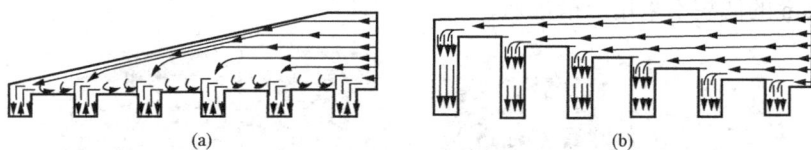

图9-9 进气总管
(a) 斜坡形进气总管；(b) 阶梯形进气总管

各分室的进气管道和排气管道内均设有开关阀门，进气管道一般用蝶阀，排气管道则用密封性好的提升阀。此外，还设置旁通管道和提升阀，以备烟气温度意外升高，为保护滤料而设定的极限值时自动开启旁通提升阀，使烟气不经滤袋，直接从旁通管道排出。除尘器烟气进口可设在中箱体上部靠近花板处，称为上进风，也可设在灰斗上部或中箱体下端，称为下进风。采用下进风时，有些较大的尘粒进入除尘器后可以立即落入灰斗，而不沉积在滤袋上，能延缓滤袋阻力上升的速度。但在线清灰，则下进风的烟气在中箱体内向上流动时，可能携带许多脱离滤袋的粉尘再次沉积在滤袋上；上进风时，向下流动烟气促使粉尘向灰斗降落，再次沉积于滤袋的粉尘少得多。

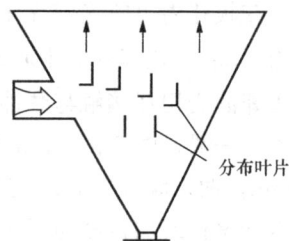

图9-10 灰斗内气流分布
（EEC公司）

从灰斗进气的除尘器往往在灰斗内设置长条平板或V形板作为气流分布装置（见图9-10），目的是使气流均匀分布于分室内的各条滤袋，避免分室各处的气流速度偏差，同时防止带走灰斗内残留的粉尘。

除上进风和下进风外，还有将进风口设在中箱体的中部，进风口内再设一层多孔板或其他气流分布装置，与电除尘器入口相似。

九、主要部件

1. 箱体

箱体一般由6~6mm的钢板焊接而成，以花板为界，花板以上称为上箱体，以下称为中箱体，中箱体下面是灰斗。上箱体是除尘后的烟气外排通道，内装喷吹管；中箱体内放置滤袋，悬挂在花板上。

上箱体的形式有步入式和顶盖式两种。操作人员可比较方便地进入步入式箱体内进行检修，但由于空间有限，装卸滤袋较困难。顶盖式的上箱体比步入式矮，可节省钢材，但需要揭开顶盖才能进行上箱体内部检修、装卸滤袋等工作。为了方便工作和减少泄漏的可能性，应尽量减少顶盖数量，采用大的盖板，一个分室只用一整块顶盖。顶盖式除尘器如果装在室外，需要设置防雨棚，以便在雨雪天检修揭盖检修工作。

箱体检修门由 9.6mm 厚的钢板制作，平整、密封性好。箱体外需用 100～160mm 的岩棉保温材料保温。

2. 花板

分隔上箱体与中箱体的花板上用激光切割等方法开有许多孔，供悬挂滤袋用。孔的排列有直线和交错的两种方式，如图 9-11 所示。在同样分室内，采用交错式排列能容纳的滤袋数量比采用直线式多，例如可从 270 条增加至 298 条。但是，在相同的滤袋长度和过滤速度下，交错排列的滤袋之间垂直气流速度较高，会增加滤袋的磨损，并影响在线清灰的效果，所以，长于 6m 的滤袋不采用交错排列。

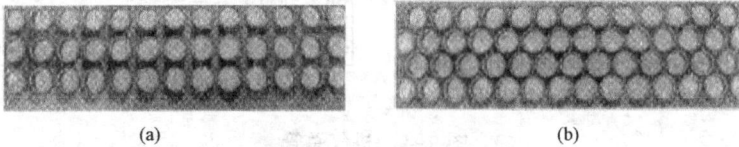

(a)　　　　　　　　　　(b)

图 9-11　滤袋排列方式

(a) 直线式；(b) 交错式

花板应平整光洁，不得有翘曲、凸凹不平等缺陷，直线排列的花板厚度不小于 6mm，交错排列的花板厚度不小于 9.6mm，若钢板太薄，会因焊接受热、花板承受负压和滤袋、粉尘与龙骨的重力等变形，影响口袋的密封性和滤袋的垂直性。

花板孔周边应光滑无毛刺，用弹性涨圈固定滤袋的，孔径公差为 $_0^{+0.8}$mm，其他孔径公差为 $_0^{+2}$mm。花板孔的中心距根据滤袋直径和滤袋间距确定。滤袋间距不能过小，否则会造成相邻滤袋相互接触与摩擦，并使滤袋间垂直气流速度过高；但也不能过大，以免设备体积扩大。一般长度 3m 左右的滤袋，间距取 60mm；近年来使用长度为 6～8m 的滤袋，间距取 76mm。两排滤袋中心线之间的行距，因为脉冲阀所占位置的关系，一般需 240mm 左右。除尘器壁板或加强筋与滤袋表面的间距至少 76mm。

3. 滤袋

(1) 滤袋长度。在处理烟气量、过滤速度及滤袋直径相同的情况下，增加滤袋长度可以减少滤袋数量，缩小占地面积，减少清灰用的电磁阀、脉冲阀、喷吹管等部件，节省投资，还可以缩短清灰周期。但是，滤袋加长除尘器相应也要向上延伸，其构件强度需加强，使设备投资提高；要使滤袋全长得到有效的清灰，喷吹压力增大，滤袋越长，喷吹压力越大，滤袋就越容易吹损；滤袋加长，滤袋支撑质量加大，张力也加大，如果滤袋张力太大，可能拉破滤袋；在线清灰时，滤袋越长，脱离滤袋的粉尘返回滤袋的可能性就越大；如果离线清灰，滤袋越长，清灰后暂停的时间要延长，清灰的分室恢复过滤就越慢。此外，滤袋太长，安装、检修、维护不便；除尘器如果装在室内，滤袋长度还要受到建筑高度的限制。所以滤袋长度一般为 3.6～8m。

(2) 滤袋直径。为了使滤料得到合理利用，滤袋直径主要由滤料宽度确定。例如，宽约 900mm 的织物，留下必要线缝搭头，可以做成两个直径 162mm 的滤袋。滤袋直径对除尘器的大小有一定影响。滤袋的粗细还与清灰压力及脉冲阀的排列有关。常用的脉冲除尘器中较长的滤袋直径一般为 162mm，短滤袋直径为 120～130mm。

由于滤袋是柔软的，尺寸不易准确，所以大型除尘器最好让滤袋供应商先做几条在龙骨上试装，改进后再做一、二百条，经检验合格后，再大批制作。

4. 龙骨

龙骨是插在滤袋内，支撑滤袋，以免过滤时滤袋被压瘪的框架。常用的龙骨如图 9-12 所示。它由若干围绕滤袋的纵轴平行排列的钢筋构成。钢筋由均匀间隔的钢环支撑。有的龙骨底部是敞开的，有的是有底盘的。它们被滤袋底部缝好的两层封口圆片包住。

滤袋和龙骨安装在花板上有多种方法。其中较简单的一种是在滤袋顶端缝入一个弹性胀圈，安装时先把胀圈捏扁，塞到花板孔内，然后让胀圈胀开，卡在花板上，再将此龙骨插入滤袋。安装时必须将胀圈卡好，否则可能泄漏粉尘。另外，在将龙骨推进滤袋时，不要使龙骨扭曲，以免损伤滤袋。

在滤袋和龙骨安装完毕后，应从灰斗内部进行目测检查，滤袋底部无相互接触，进行必要的微调，保持滤袋间距相等。

纤维布滤袋易因纤维过度屈曲而破损，所以，滤袋装在龙骨上必须有一定的紧力。如果安装时龙骨落入滤袋没有紧力，可能是滤袋过大或龙骨过小，应卸下调整。针刺毡滤袋则不易因过度弯曲而损坏，故其与龙骨装配不要太紧，这样可提高清灰效果。

滤袋和龙骨的长度也要配合恰当，安装后二者底部不应有大于 16mm 间隙。安装前抽查大约 10% 的滤袋和龙骨，看其长度是否正确。

图 9-12 常用的龙骨

增加龙骨的垂直钢筋数量可减少滤料的挠曲，减轻滤袋水平支撑环处的磨损，但滤袋的实际过滤面积减少，滤袋清灰加速度减弱，影响清灰效果。直径 162mm 的玻纤布滤袋一般是 20 根钢筋的龙骨，长度小于 4m 的滤袋，龙骨钢筋直径 2.8mm；长度大于 4m 的滤袋，龙骨钢筋直径 3mm。支撑圆环间距最小为 160mm。

龙骨从顶到底周长一致，不能做成锥形。纵向钢筋不能有弯曲处。

若龙骨太长，可做成两节或三节，在滤袋安装就位并将下一节龙骨放入滤袋后，借压力把两节龙骨连接起来。玻纤布滤袋在龙骨连接处应加一圈宽 76mm 的加强层。

龙骨材料采用 20 钢，使用龙骨生产线一次成型，保证龙骨的直线度和扭曲度，龙骨表面平滑光洁、无毛刺和凸凹不平处，不得有焊疤，并且有足够的强度不脱焊，无脱焊、虚焊和漏焊现象。龙骨采用电镀锌或有机硅喷塑处理，镀层厚度 40～60mm，镀层牢固、耐磨、耐腐。龙骨结构需方便布袋的更换。

5. 灰斗

除尘器中箱体下面连接灰斗，用于收集过滤和清灰时从滤袋上落下的粉尘。灰斗有锥形（见图 9-13）和槽形（见图 9-14）两种。灰斗在进气口以下的容积能储存 8h 的灰，但一般采用连续排出灰斗内的灰。灰斗还装有电加热器、振动器、料位计（高、低）、敲击板（2块）等附属设备（见图 9-15）。把灰斗进气口以下分为表面积相等的上、中、下三部分，下部 1/3 是安装加热器的部位，大约占垂直高度的一半（见图 9-16）。灰斗壁温度控制为 120～160℃。

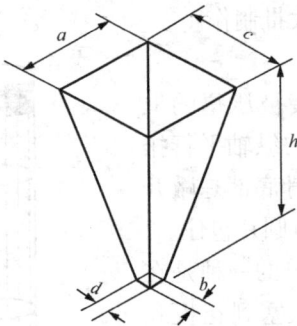

图 9-13　锥形

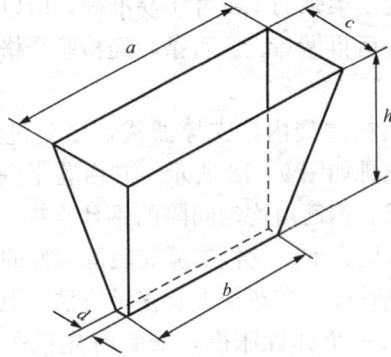

图 9-14　槽形

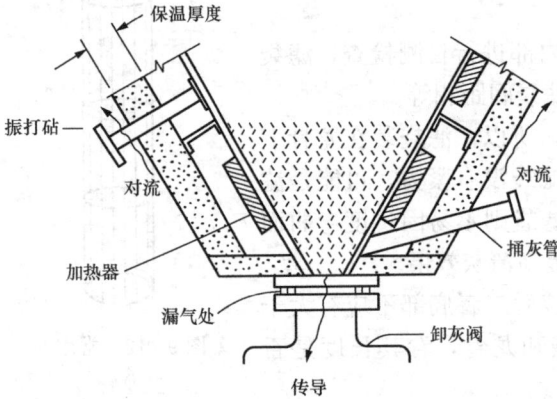

图 9-15　灰斗部分附属装置示意

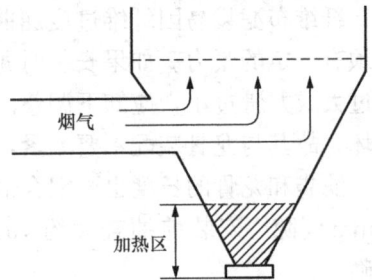

图 9-16　灰斗加热区

灰斗设计角度应根据粉尘性质确定，如粉尘粒径分布、安息角、含湿量、温度等，一般设计角度为 60°～66°。

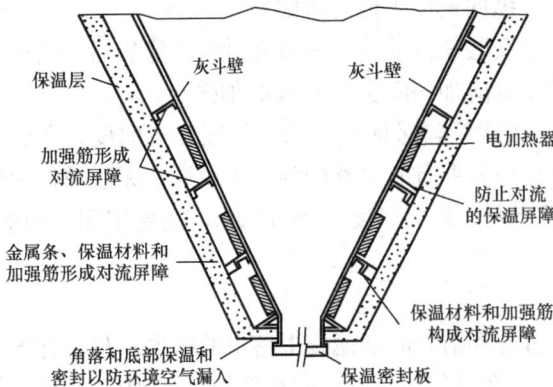

图 9-17　灰斗保温

灰斗的保温层设置如图 9-17 所示。保温板装在灰斗加强筋上，与灰斗壁之间形成一层空气层，使加热器背面产生对流传热，提高热效率和壁温的均匀性。保温的设计应使灰斗加热区的每条钢筋处（包括各个拐角）形成密封的对流通风屏障，以阻止热对流空气渗漏到灰斗上部。做好通风屏障后，安装保温板和护板，再用软的耐高温（160℃）防风雨密封胶将所有结合处和护板与各个灰斗附属装置之间的界面密封。为便于维护，在加热器外面是容易拿开的保温板。

十、滤袋及滤料

(一) 滤袋

滤袋是布袋除尘器的核心部件，决定了袋式除尘器的性能、成本和使用寿命。滤袋是用各种不同的织物滤料制成的。不同织物的区别，一是所用的纤维材料不同，二是其制作方法不同。

理想的滤料是捕尘能力强，容尘量大，透气性好，容易清灰，尺寸稳定，能在各种不良条件下工作，使用寿命长，造价低等。但目前还没有能全面满足这些要求的滤料。不同纤维、不同制作方法制成的滤料特性不同，根据要处理气体和粉尘的性质进行选择。对滤袋的要求如下：

(1) 滤袋质量。滤袋顶部、底部工艺均要求采用 100mm 长的加厚层，材料同滤袋相同，滤袋底部采用双层底。

(2) 滤袋的缝制。滤袋的缝制一般要求为：纵缝采用热熔技术或直接缝线技术；滤袋的缝线在 10cm 内的针数不少于 26±1 针；缝线材质为 PT-FE；滤袋的缝制不连续跳针且 1m 缝线内跳针不超过 1 针、1 线、1 处，且无浮线。

滤袋袋口的环状缝线牢固且不少于两条；滤袋袋底的环状缝线应缝制两圈以上。滤袋采用不锈钢弹簧胀圈与花板固定，在工作条件下的拉紧力保证滤袋不从花板上脱落。

做织物滤袋的纤维分为天然纤维（棉花、羊毛等）和非天然纤维，非天然纤维又可分为化学纤维（包括人造革和合成纤维）与无机纤维（包括玻璃纤维和金属纤维）。布袋除尘器的滤袋主要用合成纤维和玻璃纤维制作。下面分别介绍这两种纤维。

(二) 合成纤维

合成纤维是先将简单的化学物质用有机合成的方法制得合成高分子化合物，然后经纺丝加工而制成的。电厂用滤袋材料主要有以下几种。

(1) 聚丙烯 (polypropylene, PP)。商品名称为丙纶。它能在 90℃ 以下连续使用，短时可达 100℃；抗酸碱和溶剂腐蚀性能好；吸湿性极低；软化点低 (146～160℃)，有利于丙纶滤料的热轧光出来；黏附力弱，滤料易清灰。

(2) 偏芳族聚酰胺 (meta-aramide, m-AR)。商品名称为若梅克斯 (Nomex)、康纳克斯 (Conex)、凯美尔 (Kemel)、美塔斯 (metamax)。这些产品性能有不同之处，在耐热方面：Nomex 优于 Conex 和 Kemel；在化学稳定性方面：Nomex 和 Conex 的耐碱性好，耐酸性差，Kemel 与之相反；生产成本则以 Kemel 最低。Metamax 是 Nomex 的另一品牌。

(3) 聚酰亚胺 (polyimide, PI)。商品名称为 P84。奥地利 Lenzing 公司生产的 P84 纤维，经湿纺工艺成型后，便具有天然的不规则片状中空截面，用它做成的针刺毡捕尘性能好，粉尘不易渗入滤料内部。关于使用温度，根据德国 BWF 公司经验，虽然 P84 滤料在实验室条件下，连续使用温度可达 240℃，短时可达 260℃，但在实际处理烟气时，由于烟气化学成分的影响，如果要达到 2 年以上的使用寿命，则应在低于 180℃ 的环境下工作。另据日本 AMBIC 公司资料，P84 的长期使用最高温度为 200℃，短时间最高温度 240℃，若 P84 滤料的使用温度如果超过 140℃，再有一定的水气，就会出现水解问题。

(4) 聚苯硫醚 (polyphenylensulfide, PPS)。原为美国生产，商品名称为赖登 (Ryton)。后几经转手，现由日本的两家公司生产，商品名分别为特康 (Torcon)、普抗 (Procon)。PPS 化学稳定性好，在温度 200℃ 或低于 200℃ 时，它对有机溶剂、碱和大部分酸（除某些氧化剂，如浓硝酸）都保持稳定的化学抵抗性，但不耐氧化。在力学性能方面，其强度、拉伸与弹性都和聚酯差不多。关于使用温度，根据德国 BWF 公司经验，虽然 PPS 滤料在实验室条件下，连续使用温度可达 190℃，短时间可达 200℃，但在实际处理烟气时，如果要达到 2 年以上的使用寿命，则应在低于 160℃ 的环境工作，短时间可达 190℃。另据日本 AMBIC 公司资料，PPS 的长期使用最高温度为 170℃，短时间最高温度 190℃。

（5）聚四氟乙烯（polytetrafluoroethylene，PTEE）。商品名称为特氟隆（Teflon）、普罗菲纶（Porfilen）。化学稳定性极好，不老化；物理强度较差；在高温下的尺寸稳定性不够好。可在 240℃ 以下连续使用，短时间可达 260℃；价格昂贵。

表 9-2 是以上几种纤维理化特性的比较。

表 9-2　　　　　　　　　　　　合成纤维理化特性的比较

纤维名称代号	可连续使用的最高温度（℃）	力学性能		化学稳定性				水解稳定性	阻燃性
		抗拉	抗磨	酸	碱	氧化剂	有机溶剂		
PP	90	1	1	1	1	4	2	1	4
m-AR	200	2	1~2	3	2	2	3	3	2
PI	200	2	2	3	2	2	1	2	1
PPS	170	2	2	1	1	1	1	1	1
PTEE	240	3	3	1	1	1	1	1	1

注　表中 1、2、3、4 代表从优至劣的顺序。

（三）玻璃纤维

玻璃纤维是由熔融的玻璃液拉制而成的，有不同的化学成分。用于制造滤料的玻璃纤维有两类：一类是铝硼硅酸盐玻璃纤维，即无碱玻璃纤维；另一类是钠钙硅酸盐玻璃纤维，即中碱玻璃纤维。前者可做得更细。表 9-3 是两种玻璃纤维理化特性的比较。

表 9-3　　　　　　　　　　　　玻璃纤维理化特性比较

纤维	力学性能			化学稳定性					水解稳定性	阻燃性
	抗拉	抗磨	抗折	无机酸	无机碱	碱	氧化剂	有机溶剂		
无碱玻璃纤维	1	2	4	3	3	4	1	2	1	1
中碱玻璃纤维	1	2	4	1	2	2	1	2	2	1

注　表中 1、2、3、4 代表从优至劣的顺序。

通常，中碱玻璃纤维的单丝直径为 $8\mu m$ 左右，无碱玻璃纤维的单丝直径为 $6.6\mu m$ 左右。纤维直径大小与纱线的曲挠性、强度等性能密切相关，织成布后，有关性能也受其影响。无碱玻璃纤维有很高的强度，新生态单丝强度高达 360Pa；中碱玻璃纤维新生态单丝强度为 270Pa。在耐水性方面，无碱玻璃纤维有良好的耐水性，属一级水解级；中碱玻璃纤维有较好的耐水性，属二级水解级。目前，我国多用无碱 12.6tex 玻璃纤维纱和中碱 22.6tex 玻璃纤维纱制作玻璃纤维滤料。

（四）滤料的选择

选择滤料要考虑的使用条件主要有下面几个。

1. 除尘器处理的含尘气体的特性

（1）烟气温度。不同原料制成的滤袋所能长期连续运行的温度不同。若使用温度超过滤料的最高使用温度，滤料就会损坏。通常把小于130℃的含尘气体称为常温气体。大于130℃的含尘气体称为高温气体。所以将滤料分为两大类，即低于130℃的常温滤料和高于130℃的高温滤料。

滤料的耐温分为连续长期使用温度和瞬间最高温度。连续长期使用温度是指滤料可适用的长期连续运行的温度，主要以此依据来选择滤料；瞬间最高温度是指滤料所处的每天不超过10min的最高温度，如果温度持续时间过长，滤料就会老化或软化变形。

当烟气温度超过260℃时，只能选用玻璃纤维滤料、PTFE或不锈钢纤维滤料。

（2）烟气湿度。气体含湿量与其露点温度有关。含湿量高，露点温度也高，容易在布袋除尘器内结露，导致粉尘黏结在滤袋上，影响清灰效果。如果除尘器经常在露点上下运行，温度有时高于露点，有时低于露点，滤料也容易损坏。布袋除尘器如果在高温、多水气并有酸性或碱性环境下运行，滤料很容易因水解作用而损坏。

除尘器入口烟气温度应高于露点温度10～30℃。

（3）烟气化学性质。布袋除尘器处理含尘烟气应选用耐氧化、抗酸腐蚀的滤料。

对于燃煤电厂，烟气中主要含有SO_2、SO_3，脱硫后烟气中主要含有CaO、$Ca(OH)_2$等碱性物质，所以在选择滤料时，应考虑滤料的耐酸性、耐碱性问题。例如PPS纤维具有耐高温和耐酸耐碱腐蚀的良好性能，适用于火电厂燃煤烟气除尘，但抗氧化剂能力差。

（4）可燃性和爆炸性。含尘气体中有可燃物质，应选用阻燃性、能消除静电的滤料。

2. 粉尘特性

（1）粉尘的黏性。粉尘的黏性强，不易清灰，除尘器阻力大。

（2）粉尘的湿润性。湿润性强的粉尘在吸收了空气中的水分后，容易黏附、板结于滤袋表面；有些粉尘吸湿后会发生化学反应，糊在滤袋表面。出现这些情况，会使滤袋清灰失效。

对湿润性、潮解性粉尘，在选用滤料时应注意滤料的光滑和憎水性，其中覆膜滤料和塑烧板最好。在选用针刺毡滤料时，滤料表面要进行烧毛、压光、镜面、浸渍、覆膜处理。

（3）粉尘的可燃性和荷电性。某些粉尘（如煤粉、面粉）在特定的浓度状态下，在空气中遇到火花会发生燃烧或爆炸。粉尘可燃性与其粒径、成分、浓度、燃点等多种因素有关，粒径越小、比表面积就越大、燃点就越低，越易点燃。粉尘爆炸的条件是密闭空间。在这个空间，其爆炸浓度极限一般为每立方米几十克到几百克，粉尘的燃点越低，燃烧速度越快，其爆炸威力就越大。电厂燃煤的输送和磨制过程中，使用袋式除尘器时要注意防燃防爆。

粉尘的燃烧或爆炸火源通常是由摩擦火花、静电火花、炙热颗粒物等引起的，其中静电火花危害最大。因为化学纤维通常是容易荷电的，如粉尘同时荷电则极易产生火花，引起爆炸。所以，可燃性和易荷电的粉尘如煤粉、焦粉、氧化铝和镁粉等，宜采用阻燃性、导电性强的滤料。

通常氧化指数大于30的纤维织造的滤料，如PVC、PPS、P84、PTFE等是安全的；而对于氧化指数小于30的纤维，如丙纶、锦纶、涤纶、亚酰胺等滤料应采用阻燃剂浸渍处理。

防静电滤料是在滤料纤维中混入导电性能好的纤维，改善滤料的导电性能，使滤料电阻小于$10^9\Omega$。通常的导电纤维有不锈钢纤维和改性（渗碳）化学纤维。两者相比，前者导电性能稳定可靠，后者用过一定时间后导电性能易衰退。导电纤维的混入量为2%～6%。

（4）粉尘的流动性和磨损性。表面粗糙、棱角不规则的粒子比表面光滑、球形粒子的磨损性大10倍。粒径为90μm的尘粒磨损性最大，而粒径为6～10μm的粒子磨损性微弱。磨损性与气体流速的2～3次方及粒径的1.6次方成正比。因而在对磨损性强的烟气除尘时，气流速度及其均匀性一定要严格控制。常见的粉尘中，铝粉、硅粉、碳粉属高磨损性粉尘。对磨损性粉尘宜选用耐磨性好的滤料。

根据经验，滤袋磨损大多在下部，这是因为滤袋上部滤速较低，含尘浓度又小。所以在制作滤袋时袋底要加强。

对于收集磨损性强的粉尘，在选择滤料时应考虑以下几点：①化学纤维优于玻璃纤维，膨化玻璃纤维优于一般玻璃纤维，细、短、卷曲型纤维优于粗、长、光滑纤维。②毡料中宜用针刺方式加强纤维的交络性、织物中以缎纹最优。拉绒也是提高滤料耐磨性的措施，但一定程度上提高了滤料的阻力。③普通滤料表面涂覆、压光后也能提高耐磨性。玻璃纤维经过硅油、石墨、聚四氟乙烯树脂处理后可以改善其耐磨、抗折性能，但覆膜滤料在用于磨损性强的工况时，膜会过早磨坏，失去覆膜作用。

3. 除尘器的清灰方式

（1）属高动能清灰的有脉冲喷吹清灰，宜选用厚实、耐磨、抗张力强的滤料。

（2）属中动能清灰的有回转反吹清灰，可选用柔软、结构稳定、耐磨性好的中等厚度的针刺毡滤料。

（3）属低动能清灰的有分室粉尘清灰、机械清灰，宜选用薄的轻软的滤料。

1）机械振打清灰使滤料产生振动而清灰。此种清灰方式施加于滤袋的动能较少，而次数较多，因而滤料要求质地柔软，抗折性能好，有利于传递振动波。所以宜选用化学纤维斜纹或缎纹的滤料或化学纤维针刺毡滤料。

2）分室、喷吹类反吹清灰。分室类清灰除尘器采用分室结构，利用阀门逐室切换，形成逆向气流反吹，使滤袋缩瘪或鼓胀清灰。清灰动力来自于除尘器本身的自用压差，在某些特殊场合，要用反吹风机，此种方式属于弱清灰。分室反吹袋式除尘器有内滤和外滤之分，滤料的选择没有差异，对大型除尘器常采用圆形袋，无框架；滤袋长径比（16～40）：1，优先选择缎纹（或斜纹）机织滤料；在特殊场合可选用基布加强的薄型针刺毡滤料，厚1.0～1.6mm，单位面积质量为300～400g/m²。对于小型除尘器常用扁袋和菱形或蜂窝形滤袋，必须带支撑架；应优先选用耐磨、透气性好的薄形针刺毡滤料，单位面积质量360～400g/m²。也可选用双重织物滤料。

喷嘴反吹是利用风机做反吹动力，除尘器在过滤状态时，通过移动喷嘴依次对滤袋喷吹，形成强力反向气流。此种清灰形式是中等的清灰力度，有回转式反吹和往复式反吹两种。

回转式和往复式反吹袋式除尘器采用带框架的外滤扁袋，结构紧凑。此类除尘器要求选用柔软、结构稳定，耐磨性好的滤料。故优先选用中等厚度的针刺毡滤料，单位面积质量为300～600g/m²。

3）脉冲喷吹清灰。此种清灰以压缩空气为动力，用脉冲机构在瞬间释放压缩气流，诱导数倍的二次开启高速射入滤袋使其急速运动，依靠冲击振动和反向气流使尘饼及灰尘从滤袋上脱落。该类袋式除尘器也有回转式和管式之分，属高能强清灰形式。脉冲除尘器常采用带框架的外滤圆袋或扁袋。此种清灰方式应优先选用厚实、耐磨、抗张力强的滤料，所以优先采用化纤针刺毡，单位面积质量为 $600\sim660\mathrm{g/m^2}$。电厂过滤上一般采用 PPS 或其改性材料制作滤袋。

总之，布袋除尘器处理燃煤锅炉烟气时，重点考虑的是温度和酸点。

十一、工艺系统设计

燃煤电厂袋式除尘器工艺系统包括三大部分：脉冲清灰供气系统、预涂灰系统、喷水降温系统。三部分相对独立，共同实现袋式除尘器的稳定、可靠、安全运行。

1. 脉冲清灰供气系统

燃煤电厂袋式除尘器脉冲清灰的方式不同，脉冲清灰的压缩空气压力、耗气量等技术参数也不同。低压旋转喷吹袋式除尘器采用低压、大气量的压缩空气脉冲清灰。清灰压力为 $0.076\sim0.1\mathrm{MPa}$；固定行喷吹袋式除尘器采用中压、中气量压缩空气脉冲清灰，清灰压力为 $0.2\sim0.4\mathrm{MPa}$。

由于脉冲清灰方式不同，因而清灰压力要相应不同，旋转清灰袋式除尘器清灰压力为 $0.076\sim0.1\mathrm{MPa}$，既可采用罗茨风机供气，也可以用空气压缩机供气；固定喷吹袋式除尘器清灰压力要求相对较高，只有用空气压缩机。

下面对罗茨风机及空气压缩机供气系统工艺分别介绍。

(1) 罗茨风机供气工艺系统。罗茨风机供气工艺系统见图 9-18。罗茨风机产生的压缩空气通过罗茨风机出口的弹性接头、出口消声器、单向阀、闸阀至除尘器顶部的储气罐，等待脉冲清灰信号。供气主管道旁路配置闸阀、电动球阀、消声器，主要是因为罗茨风机出口风量恒定，除尘器底部不配置储气罐，当清灰系统不需要多余的压缩空气时，不能频繁启动罗茨风机。因而在供气主管道旁路设置排放阀，排放多余的压缩空气，排放气量根据袋式除尘器的压差控制系统自动设定电动球阀的开度。

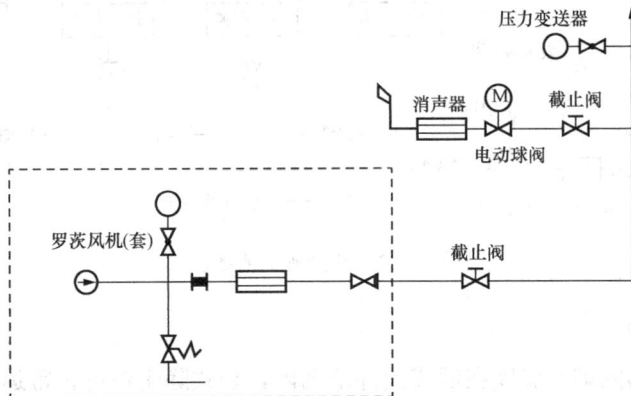

图 9-18　罗茨风机供气工艺系统

(2) 空气压缩机供气工艺系统。空气压缩机供气工艺系统见图 9-19。空气压缩机传输的压缩空气经过两级过滤、干燥机干燥后送至除尘器底部储气罐，在进入除尘器脉冲清灰系统前压缩空气再次经过过滤，并将压缩空气减压至清灰系统所需压力，再输送至除尘器顶部储气罐或气包，等待脉冲清灰信号。

供气主管路配置压力变送器，将管道内压缩空气以 $4\sim20\mathrm{mA}$ 的信号传输至 PLC 系统及

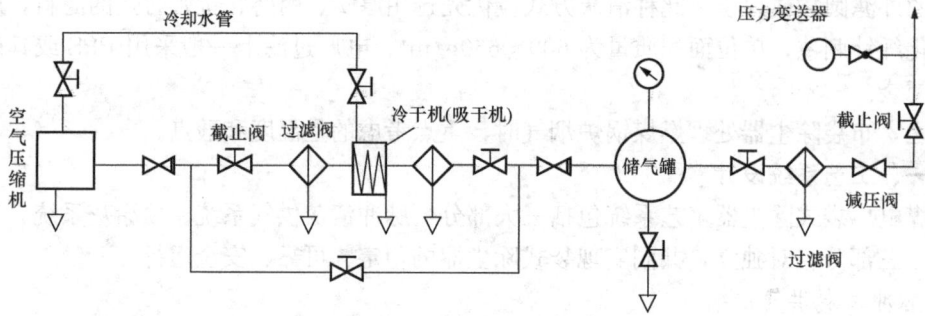

图 9-19　空气压缩机供气工艺系统

上位机，参与清灰系统程控。

空气压缩机出口后的压缩空气经过处理后一般需达到工艺用气标准，方能进入脉冲清灰系统进行清灰。

2. 预涂灰系统

在电厂燃煤机组启动和低负荷稳燃时需要燃油，为了避免油烟对滤袋造成损坏，在袋式除尘器投用前，应对新滤袋进行预涂灰。机组长期停运后再启动，同样需要对滤袋进行预涂灰处理。预涂灰是非常关键的一项措施，预涂灰的好坏直接影响袋式除尘器以后的运行阻力、滤袋寿命等。

预涂灰工艺系统见图 9-20。加灰点设置除尘器前的水平烟道上，滤袋预涂灰处理可逐室进行，袋式除尘器可采用气力输送或罐装车发送方式进行预涂灰。

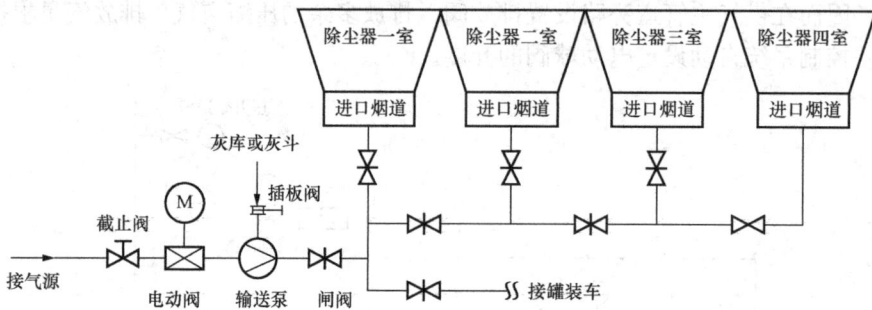

图 9-20　预涂灰工艺系统

3. 喷水降温系统

进入袋式除尘器的烟气温度在滤袋允许范围内，袋式除尘器可正常运行，当除尘器进口烟气温度超过滤袋的允许温度范围，如无必要的降温措施，高温烟气会对滤袋造成很大的伤害，降低滤袋使用寿命，严重时滤袋会立即失效，因而有必要配置烟气紧急喷水降温系统。

紧急喷水降温在袋式除尘器正常运行时不投入运行。当袋式除尘器进口烟气温度超过滤袋使用上限时，紧急喷水降温系统要立即投入运行，该系统的降温能力不小于 30℃。

紧急喷水降温系统安装在空气预热器出口烟道上，离滤袋安装部位有足够距离，雾化效果良好，但降温水在到达滤袋之前必须完全蒸发，才不影响滤袋寿命。

紧急喷水降温系统的枪身布置在烟道中，正常使用时，烟气中的粉尘对其有一定的磨损，在系统设计中枪身部位应加设套管防止粉尘磨损。

紧急喷水降温系统见图 9-21。紧急喷水降温喷枪采用两相流喷枪，雾化效果更好。水压、气压一般要求为 0.4～0.6MPa，水量、气量根据烟气流量、温度计算确定。紧急喷水降温系统只需作为暂时应急措施，不作为保护滤袋寿命的常规手段。

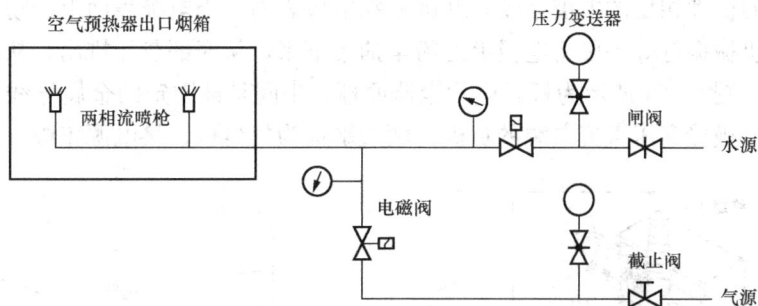

图 9-21　紧急喷水降温系统

第三节　静　电　除　尘　器

一、电除尘器工作原理

电除尘器是利用直流高压电源产生的电场使气体电离，产生电晕放电，进而使含尘气体中的粉尘微粒荷电，荷电粉尘在电场力的作用下向极性相反的电极运动，并被吸附到极板表面上，再经振打力的作用，使成片状的粉尘落入储灰装置中，从而实现气固分离的设备，如图 9-22 所示。

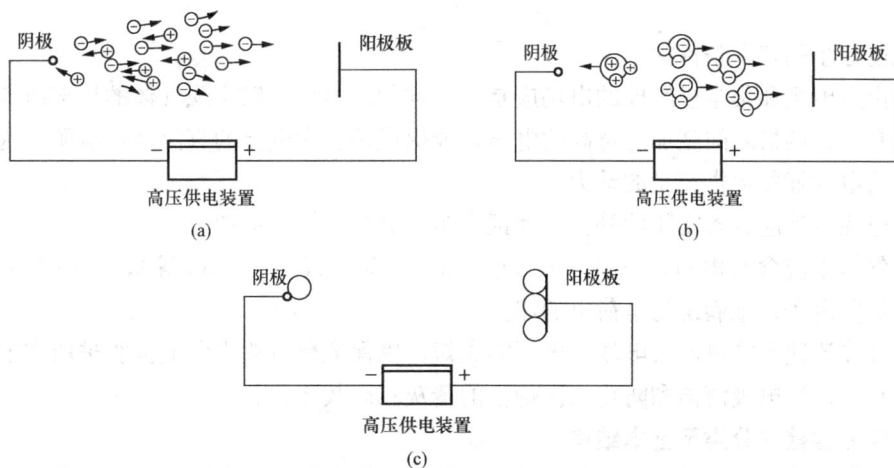

图 9-22　悬浮粉尘荷电捕集过程示意
（a）电晕放电；（b）粉尘荷电；（c）电场捕集

图 9-23 所示为管式电除尘器工作原理示意。图中的接地金属圆管称为集尘极，与直流高压电源输出端相连的金属线称为放电极。放电极置于圆管中心，靠下端的重锤张紧。在两个曲率半径相差较大的放电极和集尘极之间施加足够高的直流电压，两极之间产生极不均匀

的强电场，放电极附近的电场强度最高，使放电极周围的气体电离，产生电晕放电。电压越高，电晕放电就越强烈。在电晕外区由于自由离子电子动能的降低，不足以使气体发生碰撞电离而附着在气体分子上形成大量负离子。当含尘气体从除尘器下部进气管引入电场后，电晕区的正离子和电晕外区的负离子与粉尘碰撞并附着其上，实现了粉尘的荷电。荷电粉尘在电场力作用下向极性相反的电极运动，并沉积在电极表面，当电极表面上的粉尘沉积到一定厚度时，通过机械振打等手段将电极上的粉尘捕集下来，从底部灰斗排出，从而达到净化含尘气体的目的。图 9-24 所示为板式电除尘器原理，中间是被固定的金属导线，作为放电极（电晕极），放电极接高压直流电源的负极，两边平板为集尘极，接电源正极。

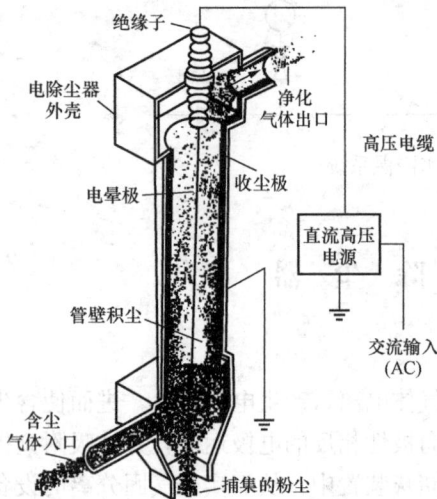

图 9-23　管式电除尘器工作原理示意

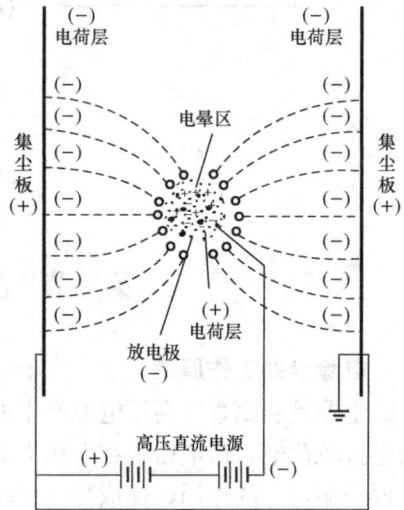

图 9-24　板式电除尘器工作原理示意

实现电除尘的基本条件如下：

（1）由放电极和集尘极组成的电场应是极不均匀的电场，以实现气体的局部电离。

（2）具有在两极之间施加足够高的电压，能提供足够大电流的直流高压电源，为电晕放电、粉尘荷电和捕集提供充足的动力。

（3）电除尘器应具备密闭的外壳，保证含尘气流从电场内部通过。

（4）气体中应含有电负性气体（如 O_2、SO_2、Cl_2、NH_3、H_2O 等），以便在电场中产生足够多的负离子，来满足粉尘荷电的需要。

（5）气体流速不能过高或电场长度不能太短，以保证荷电粉尘向电极驱进所需的时间。

（6）具备保证电极清洁和防止二次扬尘的清灰和卸灰装置。

二、电除尘器的分类及基本结构

由于烟气性质不同，粉尘特性各异，对电除尘器提出的要求不同。因此，出现了不同类型的电除尘器，下面分别介绍各类除尘器的特点。

1. 按对集尘极上沉降粉尘的清灰方式不同分为湿式和干式

（1）湿式电除尘器。集尘极捕集的粉尘，采用水喷淋或适当的方法在集尘极表面形成一层水膜，使沉积在集尘极上的粉尘和水一起流到除尘器的下部而排出。这种清灰方式运行较稳定，能避免二次扬尘，除尘效率高。但是净化后的烟气含湿量较高，会对管道和设备造成腐蚀，且清灰排出的浆液会造成二次污染。

（2）干式电除尘器。在干燥状态下捕集烟气中的粉尘，沉积在集尘极上的粉尘通过机械振打清灰的称为干式电除尘器。这种清灰方式比湿式清灰方式简单，回收干灰可综合利用。但振打清灰时易引起二次扬尘，使效率有所下降。振打清灰是电除尘器最常用的一种清灰方式。

2. 按气流在电场内的流动方向不同分为立式和卧式电除尘器

（1）立式电除尘器。立式电除尘器本体一般做成管状，垂直安置，含尘气体通常自下而上流过除尘器的电场，可正压运行也可负压运行。这类电除尘器多用于烟气量小，粉尘易于捕获的场合。

（2）卧式电除尘器。卧式电除尘器的本体为水平布置，含尘气体在除尘器的电场内水平流动，沿气流方向每隔数米可划分为若干单独的电场（一般分成 2～6 个电场），依次为第一电场、第二电场……，这样可延长粉尘在电场内通过的时间，提高除尘效率。卧式电除尘器安装灵活，维修方便，通常负压运行，适用于处理烟气量大的场合。

3. 按集尘电极的结构形状不同分为管式和板式电除尘器

（1）管式电除尘器。这种除尘器的集尘极由一根或一组呈圆管形或六角形的管子组成，管径以 200～300mm，管长 3～6m 为宜。截面呈圆形或星形的电晕线（放电极）安装在管子中心，含尘气体自下而上从管内通过。管式电除尘器多制成立式，且处理烟气量小，多用于中小型水泥厂、化工厂、高炉烟气净化。

（2）板式电除尘器。这种电除尘器的集尘极由若干块平板组成，为了减少粉尘的二次飞扬和增强极板的刚度，极板一般要轧制成各种不同断面形状，放电极呈线状设置在一排排平行极板之间，极板间距一般为 260～400mm。板式电除尘器多制成卧式，结构和布置较灵活，可以组装成各种大小不同的规格。因此，在各个行业得到广泛应用。

4. 按电除尘器内部集尘极（收尘极）和放电极的不同配置分为单区和双区电除尘器

（1）单区电除尘器。这种电除尘器的集尘极和放电极装在同一区域内，所以粉尘的荷电和捕集在同一区域内完成，如图 9-25 所示。单区电除尘器结构简单，是各个工业部门广泛采用的电除尘装置。

（2）双区电除尘器。如图 9-26 所示，这种电除尘器的集尘极系统和放电极系统分别装在两个不同的区域内。前区内安置电晕极（放电极），粉尘在此区域内进行荷电，这一区为电离区。后区安装收尘极（集尘极），粉尘在此区域内被捕集。由于粉尘的荷电和捕集分别在两个不同的区域中进行，所以既可把电晕极电压由单区的几万伏降到一万余伏，又可采用多块收尘极板，增大收尘面积，缩小极板间距。因而收尘极可以用几千伏较低的电压。这样运行也更安全。双区电除尘器主要用于空气净化方面。

三、电除尘器主要特点

1. 电除尘器的优点

（1）除尘效率高。电除尘器可以通过加长电场长度、增大电场面积、提高供电质量等手段来提高除尘效率，以满足任何所要求的除尘效率。对于常规电除尘器，在正常运行时其除尘效率大于 90% 是极为普遍的。对于粒径小于 $0.1\mu m$ 的微细粉尘，电除尘器仍有较高的除尘效率高。

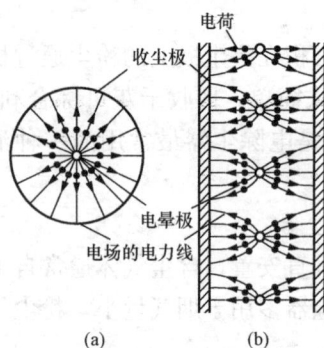

图 9 - 25　单区电除尘器的断面
(a) 管式；(b) 板式

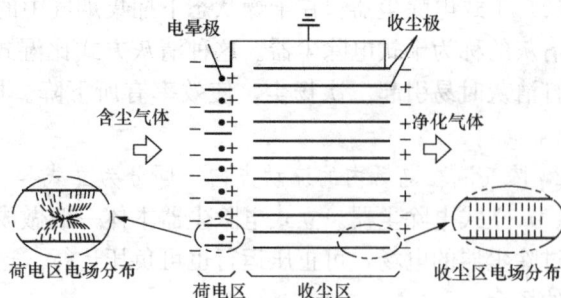

图 9 - 26　双区电除尘器示意

（2）设备阻力小，总能耗低。电除尘器的总能耗是由设备阻力损失、供电装置、加热装置、振打和卸灰电动机等能耗组成的。电除尘器的阻力损失一般为 160～300Pa，约为布袋式除尘器的 1/6，在总能耗中占的份额较低。处理 1000m³/h 烟气量一般需消耗电能 0.2～0.8kW·h。

（3）处理烟气量大。电除尘器由于结构上易于模块化，因此可实现装置大型化。目前单台电除尘器最大电场截面积达到了 400m²，处理烟气量高达 200 万 m³/h。

（4）耐高温，能捕集腐蚀性大、黏附性强的气溶胶颗粒。一般常规电除尘器用于处理 260℃以下的烟气，进行特殊设计，可处理 360℃以上的高温烟气。对于硫酸雾和沥青雾等腐蚀性大和黏附性强的气溶胶颗粒，采用湿式电除尘器仍能保持良好的捕集性能。

（5）对不同粒径的粉尘可分类捕集。自身的多电场收尘结构具有对干灰进行粒径分级的特点，可以实现粗、中、细灰分除、分储和分用。对烟尘浓度及粒径分散度的适应性都比较好。电除尘器入口粉尘浓度范围为 10～30g/m³（标准状态下），处理飞灰粒度为 0.06～20μm，如遇粉尘浓度很高的场合，可用特殊设计解决。

2. 电除尘器的缺点

（1）一次性投资和钢材消耗量较大。据统计，常规电除尘器（一般设置 4～6 个电场），平均消耗钢材 3.0～3.6t/m²。例如，与一台 600MW 火电机组配套的 2×449m²、6 个电场的电除尘器总质量为 3426.6t，一次性设备投资约为 2066.3 万元，与布袋式除尘器的投资费用相当。但是，由于电除尘器的运行费用较低，通常运行数年后就可得到补偿。

（2）占地面积和占用空间体积较大。例如，与一台 600MW 火电机组配套的 2×449m²、6 个电场的电除尘器处理烟气量为 306.74 万 m³/h，需占地面积约 2600m²，占用空间体积约 80 000m³。因此，老式除尘器改建电除尘器时，可能会受到场地限制，需要合理布置。

（3）对设备的制造、安装、检修及运行维护的技术要求较高。由于电除尘器结构复杂、体积庞大、控制点多和自动化程度高，因此，对制造质量、安装精度、检修及运行水平都有严格要求，否则就不能达到预期的除尘效果。

（4）易受工况条件的影响。虽然电除尘器对烟气性质和粉尘特性有较宽的适应范围，但当某些工况偏离设计值较多时，电除尘器性能会发生相应的变化。对粉尘比电阻最为敏感，粉尘比电阻过高或过低，都会降低除尘效率，最适宜的粉尘比电阻范围为 $1 \times 10^6 \sim 6 \times$

$10^{10}\,\Omega\cdot cm$。

四、电除尘器的基本结构

电除尘器有许多类型和结构，但它们都是由机械本体系统和供电控制系统两部分组成。机械本体系统主要包括放电极（电晕极或阴极）、集尘极（收尘极或阳极）、槽板、清灰设备、外壳、进出口烟箱、储灰系统等部件组成，其功能是完成烟气的除尘净化。供电控制系统包括中央控制器、高压供电设备、低压控制设备和各种检测设备组成的集散型智能控制系统，其功能是向电除尘器提供动力和实施控制。

每台锅炉装有 2～4 组电气除尘器，各组有单独的烟气通道。下面介绍卧式电除尘器（干清灰方式）的基本结构、主要技术参数和性能。S3F-220 电除尘器如图 9-27 所示，主要技术参数和性能见表 9-4。

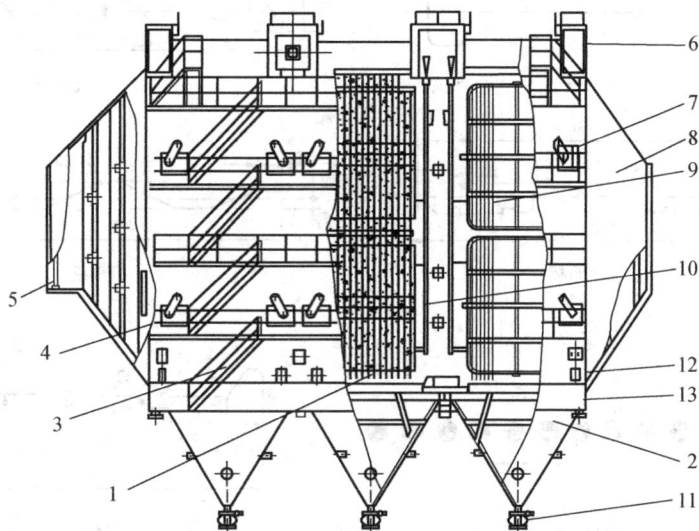

图 9-27　S3F-220 电除尘器的结构

1—正极板（集尘极板）；2—灰斗；3—梯子平台；4—正极振打装置；5—进气烟箱；6—顶盖；7—负极振打传动装置；8—出气烟箱；9—星形负极线；10—负极振打装置；11—卸灰装置；12—正极振打传动装置；13—底盘

表 9-4　　　　　　　　　　S3F-220 电除尘器主要技术参数和性能

序号	项目	主要参数	序号	项目	主要参数
1	型号	2FAA4×38-2×88-126	9	有效电场高度	12 600mm
2	台数	2 台/炉	10	有效电场长度	3600mm×4mm
3	电场型式	双室四电场	11	同极间距	400mm
4	处理烟气量	862 206m³/h	12	阳极板型式	480c
5	工作温度	约 140℃	13	阴极板型式	新 RS 管形芒刺线
6	电除尘器最大负压	−6000Pa	14	总收尘面积	16 400m²
7	电除尘器漏风率	≤3%	15	除尘效率	99.2%
8	阻力损失	≤200Pa			

1. 集尘极系统（收尘极或阳极系统）

集尘极系统由集尘极板、极板悬吊和极板振打装置等组成。它与放电极共同构成电除尘器的空间电场，是电除尘器的重要组成部分。其功能是：协助尘粒荷电，捕捉荷电尘粒，并通过振打等手段，将极板表面附着的粉尘成片状或团状剥离极板落入灰斗中，达到防止二次扬尘和净化烟气的目的。

（1）集尘极板的特点。随着电除尘器技术的发展，电除尘器应用的领域和范围在逐渐扩大，为适应不同工况的需要，在卧式电除尘器中出现了多种集尘极形式，常见的几种集尘极板的形式见图 9-28。

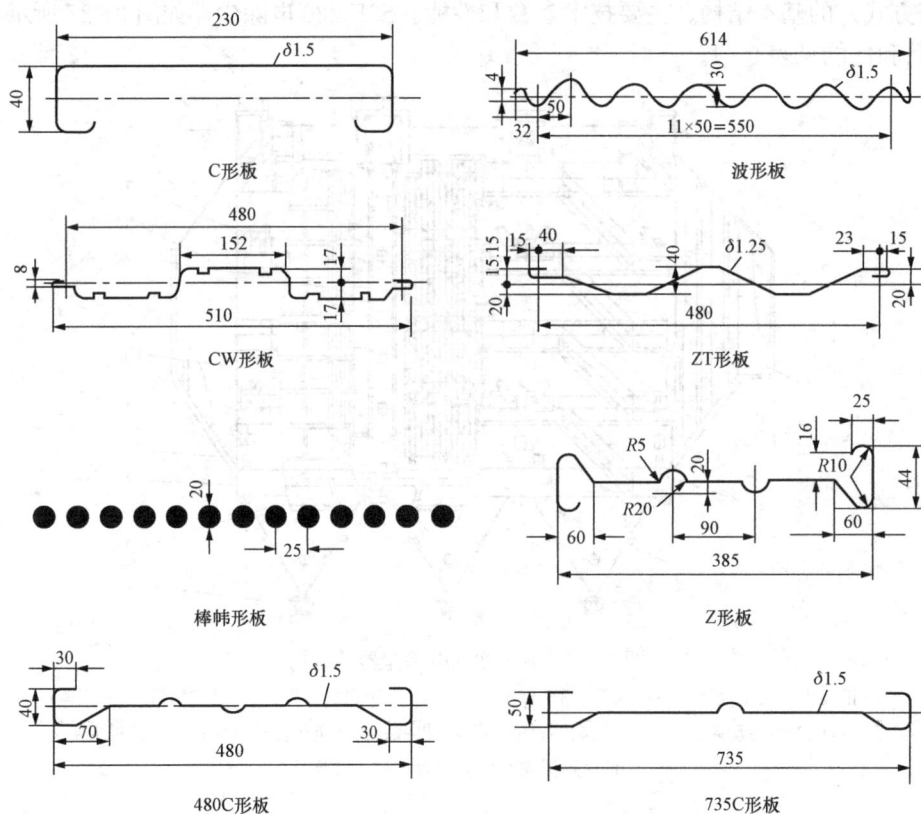

图 9-28　卧式电除尘器集尘电极板的形式

这些均属型板式电极，其中 C 形极板被广泛应用于大型电除尘器中。C 形极板是用薄钢板在专用轧机上将板的断面轧成 C 形状的极板。C 形极板按宽度方向的大小可分为 480C 形板和 736C 形板两种。C 形板从其断面形状来看，基本上由两部分组成，中间的凹凸条槽较小，平直的部分较大，两边做成弯沟槽（通称防风沟），防风沟能避免气流直接冲刷极板表面，这样可减少粉尘的二次飞扬，提高除尘效率，同时这种极板的电气性能较好，有足够的刚度，极板振打加速度分布较为均匀。材料一般是普通碳素钢板，厚度为 1.2～1.6mm 的卷板轧制，质量较小，耗钢量少。

（2）对集尘极板的要求。

1）较好的电性能。极板电流密度和附近的电场强度分布均匀。

2）良好的电晕放电性能。极板无锐边、毛刺，不易产生局部放电，运行时异极间的火花电压高。

3）良好的振打传递性能。极板表面振打加速度分布较均匀，清灰容易、清灰效果好。

4）良好的防止粉尘二次飞扬的性能。

5）机械强度大，刚性高，热稳定性好，不易变形。

6）制造、安装和检修方便，钢耗少、质量小。

（3）极板悬挂和振打。阳极板排是由若干块长条形集尘极板拼装而成的。图 9-29 所示为 C 形极板的拼装方式。考虑到电除尘器运行时，阳极板排会受热膨胀，因此，阳极板排是自由悬挂在电除尘器壳体内的。根据振打机理不同，阳极极板排有紧固型悬挂和自由悬挂两种方式。

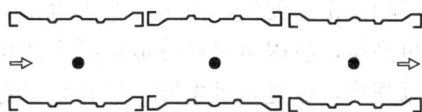

图 9-29 C 形极板的拼装方式

紧固型悬挂方式如图 9-30 所示，极板上、下两端均用螺栓加以固定，使板排组成一个整体。紧固型悬挂的一种方式是采用组装成排后以悬吊的方式固定在电除尘器内。每一组板排用紧固螺丝固定在悬挂梁上，借助垂直于极板表面的法向振打加速度，使粉尘层与极板分离。这种悬吊方式的极板振打位移小、板面能获得较大的振打加速度，固有频率高，振打力从振打杆到极板的传递性能好。由于阳极板顶部是固定的，极板上端部分的振打加速度将很快衰减，若振打力选择不当，容易使极板上部局部区域得不到清灰所需的足够的振打加速度，影响极板的清灰效果。

紧固型悬挂的另一种方式是将极板的悬杆固定在一根弹性梁上，如图 9-31 所示。弹性梁是由两片薄钢板压制而成的柔性结构，其下端可随极板振打而振动，传递冲击振打时允许有轻微的弹性变形。采用这种结构能提高极板顶端的振打加速度，并使振打加速度值分布较均匀。

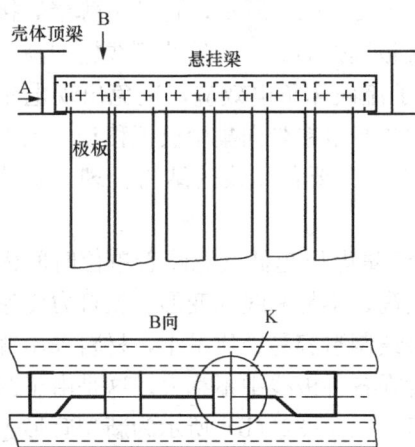

图 9-30 紧固型极板悬挂方式

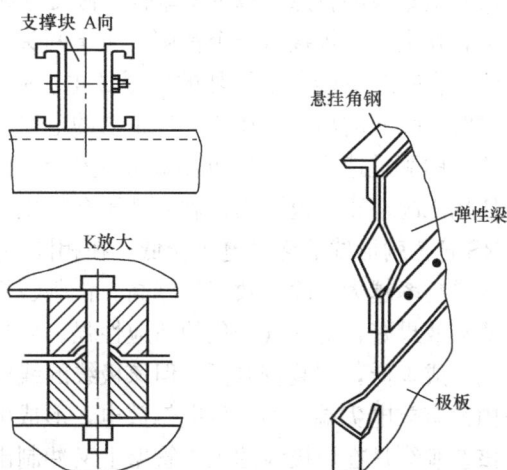

图 9-31 弹性梁结构

为了清除极板板面的粉尘，极板需要进行恰当的周期性振打，通过振打使黏附于极板上的粉尘落入灰斗并及时排出，振打装置的任务是定期清除黏附在极板上的粉尘，保证电除尘器的效率。

目前采用较多的是侧向传动旋转挠臂锤振打装置。安装在集尘极板的下部，从侧面振打。该振打机构由传动装置、振打轴、锤头和轴承四部分组成。

2. 放电极系统（电晕极系统、阴极系统）

放电极系统由电晕线、电晕线小框架、电晕线大框架、框架吊挂装置、振打装置、绝缘套管和保温箱等组成。它与集尘极共同构成电除尘器极不均匀电场，它是电除尘器的心脏部分。其功能是：使气体电离，产生电晕放电，使尘粒荷电，并协助收尘。由于电晕极在工作时带负高压，所以电晕极除能实现上述功能外，还要与集尘极及壳体之间有足够的绝缘距离和绝缘强度，这是保证电除尘器长期稳定运行的重要条件。

电除尘器的电晕线形状很多，如图 9 - 32 所示。每一种电晕线各有其特点，应根据不同的烟气性质和除尘器结构来选择不同形式的电晕线。

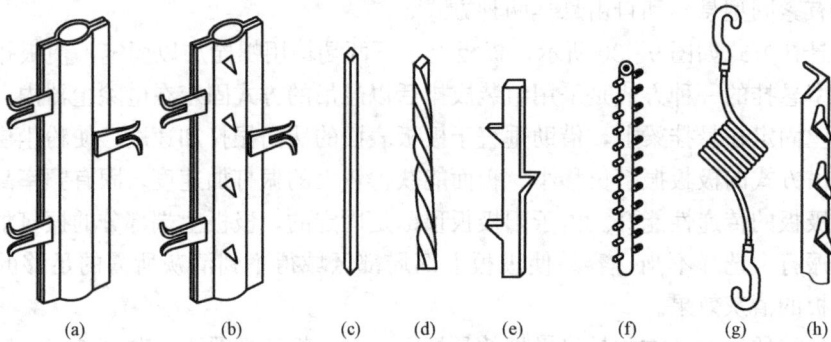

图 9 - 32　电晕线形状

(a) RS 管形芒刺线；(b) 新型管形芒刺线；(c) 星形线；(d) 麻花线；(e) 锯齿线；

(f) 鱼骨针刺线；(g) 螺旋线；(h) 角钢芒刺线

(1) 电晕线的特点。以 RS 管形芒刺线为例。如图 9 - 32 (a) 所示，它是用薄壁焊接管作主干，在主干上焊接若干个芒刺，主干两头加装连接板制作而成，当给芒刺线施加高压直流电时，在芒刺尖端产生强烈的电晕放电。强烈的离子流破坏负电效应，避免出现电晕闭塞。同时，强烈的离子流还能产生很快的电风，电风促进带电粉尘向集尘极板移动，大大提高了粉尘的驱进速度，因此可提高除尘效率。实践证明，只要芒刺线的结构合理、安装正确，使用工况在正常范围内，刺尖就不会产生结瘤。

RS 管芒刺形线的起晕电压较低。在相同条件下，起晕电压越低就意味着单位时间内的有效电晕功率越大，除尘效率就越高。芒刺线机械强度高、不易断线和变形、振打力传递均匀、清灰效果好，对烟气变化的适应性强。此外，该极线制造容易、质量小，材料采用普通碳素钢，成本低，安装较方便。但该极线的线电流密度在各种极线中不算大。这是由于圆管区域内没有放电尖端，不产生电晕放电，形成电流死区。图 9 - 32 (b) 所示为新型管形芒刺线。该芒刺线是在原极线的主干管壁上又冲制出若干个三角刺，从而使该极线的线电流密度比原极线大，并且提高了集尘极板的电流密度均匀性，在不改变原极间距情况下，配以该极线能提高除尘效率。RS 管形芒刺线是目前国内应用最广泛的一种极线。

(2) 对电晕线的基本要求。

1) 龙骨可靠、机械强度高、不断线。

2）振打力传递均匀，有良好的清灰效果。

3）结构简单、制造容易、成本低、安装和维护方便。

（3）电晕线的固定和吊挂。电晕线的固定分为重锤悬吊固定、用笼式阴极框架固定和用单元式阴极吊架固定三种方式。单元式阴极小框架一般由 $\phi30$ 左右钢管焊成。其作用是：固定电晕线，并对电晕线进行振打清灰。框架上还装有阴极承击砧和支架，承击砧用来承受阴极振打锤的冲击力，支架则用来把小框架固定在阴极大框架上。

用阴极小框架将电晕线固定好后，就需将一片片的阴极的框架安装在阴极大框架（也称为侧架）上，并通过 4 根吊杆把整个阴极系统（包括振打装置）吊挂在壳体顶部的绝缘支柱上，图 9-33 所示为电除尘器的阴极吊挂系统。这种吊挂方式由瓷支柱承担电晕极的重量，其承载能力大、绝缘性能好，因此应用广泛。图 9-34 所示为阴极绝缘支柱。

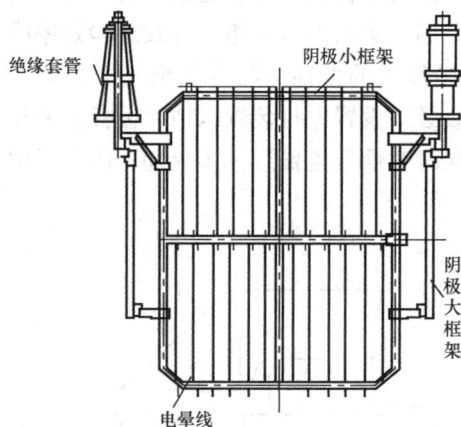

图 9-33 阴极吊挂系统

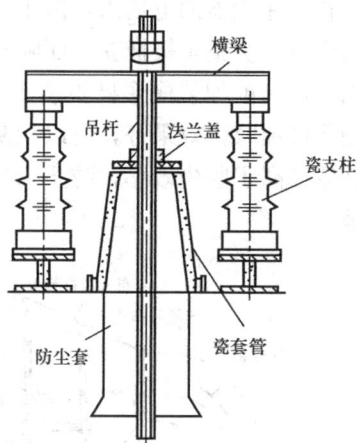

图 9-34 支柱型阴极吊挂装置

阴极吊挂起两方面作用：①承担电场内阴极系统的荷重及经受振打时产生的机械负荷；②使阴极系统与阳极系统及壳体之间绝缘，并使阴极系统处于高电压工作状态。

300MW 及以上机组电除尘器常采用框架式固定方式，电晕线垂直张紧在框架中，多根电晕线平行布置，与框架一起形成一片一片的结构。由于电场尺寸较大，自上而下采用两片或多片，同时将每根电晕线分成若干段，以控制单根电晕线长度（小于 3m），避免因电晕线晃动而引起电场工作电压的波动。

电晕极振打装置主要包括绝缘瓷轴、密封板、减速机、保险片、叉式轴承和拨叉等。其作用是为电晕极清灰提供动力。

五、烟箱系统及气流均布装置

电除尘器的烟箱系统由进、出气烟箱、气流均布装置和槽形极板组成。其主要功能是过渡电场与烟道的连接，使电场中气流分布均匀，防止局部高速气流冲刷产生二次扬尘，并可利用槽形极板协助收尘，达到充分利用烟箱空间和提高除尘效率的目的。

烟箱包括进气烟箱和出气烟箱两部分。电除尘器通过烟箱与烟气系统连接。为防止粉尘在烟道内沉降，并考虑烟气的流动阻力损失，通常烟气在除尘器前、后烟道中的流速为 8～10m/s，然而为使荷电尘粒在当场中有足够的停留时间和保证电除尘器的捕集效率，又要求烟气在除尘器电场内的流速为 0.8～1.6m/s。因此，进口是通过渐扩截面将前部烟道与除尘器外壳连接起来，使烟气较为均匀地扩散在壳体内整个流通截面上。小口以法兰形式与烟道相连，大口则以焊接的方式与本体框架（外壳）连接。在烟道入口处设导流板、气流分布板和气流分布板的振打装置，其主要作用是对烟气流进一步疏理，提高电场中气流分布的均匀性，防止产生涡流、回流等现象，如图 9-35 所示。

气流分布板有多种形式，如方格板、多孔板、垂直偏转板及锯齿形板等。

出口烟箱是通过渐缩截面将除尘器壳体与后部烟道相连。大口与壳体相焊接，小口以法兰与烟道相连接。由于出口烟道的下壁经常发生积灰现象，故将下壁制成较陡的斜面，以利于粉尘的滑落。有些制造厂家在出口烟道内装设槽形极板收集这些粉尘，该方法在实际应用中取得了良好的效果。

常用的槽形极板装置如图 9-36 所示，它由电除尘器出气烟箱前平行安装的两排槽形极板组成。在电除尘器的电场内，由于气流涡流现象的存在和振打引起粉尘的二次飞扬，使部分细小粉尘不能被集尘极捕获，而随气流离开电场，流向出口烟箱，导致除尘效率降低。为此，在出口烟箱前加装槽形极板装置，利用粉尘较大的惯性力将其从烟气中分离并捕捉下来。因槽形极板收尘效果好，所以积灰较多，故必须设置振打装置以清除极板上的积灰。槽形极板装置提高了收尘效率，防止二次扬尘，同时对烟气流作进一步疏理，改善了引风机的工作环境。

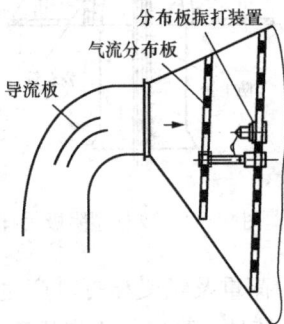

图 9-35　气流均布装置的组成　　　　图 9-36　电除尘器槽形极板装置

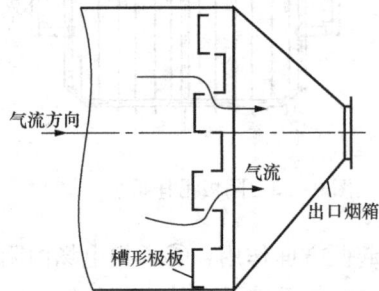

六、储排灰系统

储排灰系统包括灰斗、阻流板、插板箱和卸灰器等。以实现捕集粉尘的储存、防止灰斗漏风和窜气、适时卸灰和防止堵灰等作用。

灰斗有四棱台形和棱柱形两种，由钢板焊接而成，图 9-37（a）为灰斗外形结构图，图 9-37（b）为灰斗内部结构图。灰斗上口与本体底梁焊接相连，下部连接有排灰阀。为确保灰斗内不积灰，灰斗内壁与水平面夹角一般为 60°～66°，甚至更大。灰斗内部垂直于气流方向装有三块阻流板，以防烟气短路和因烟气短路在灰斗中造成二次扬尘。灰斗阻流板在安装时直接或通过一条角钢间接焊在灰斗壁上。灰斗外壁焊有螺旋状蒸汽加热管，其作用是维持灰斗内温度防止粉尘受潮结块而造成堵灰。另外，为实现定时卸灰控制，在灰斗上安装料位检测装置，排放料位信号控制排灰系统（排灰阀等）工作。

插板箱是连接灰斗和卸灰阀的一个中间设备。正常工作时插板箱处于开启位置，当卸灰器故障需检修时，将插板箱关闭，就可打开卸灰阀处理故障，同时不影响电除尘器的运行。

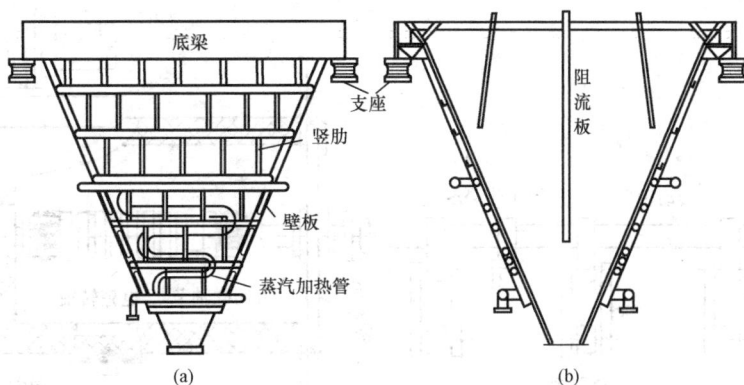

图 9-37 灰斗
(a) 灰斗外形结构；(b) 灰斗内部结构

电除尘器灰斗下部的卸灰器主要作用是将灰斗落下的干灰连续均匀地卸入输灰系统。回转式卸灰器应用最广泛，图 9-38 所示为改进型回转式卸灰器示意。它靠回转叶轮在壳体内的转动完成卸灰动作。叶轮转速为 20r/min，连续卸灰量约 40t/h。为保持气密性，叶片端部镶嵌橡胶条，并使进灰口到卸灰口之间经常保持两片以上叶片与壳体内壁接触。为了改善叶轮格腔的装料情况，装设均压管，使叶轮接受料格腔的气压与灰斗内的气压均衡，以利于灰料卸入，提高格腔的装满系数。回转式卸灰器的优点是结构紧凑、气密性好、能连续卸灰。缺点是使用一段时间后有漏风现象。

七、振打机构

集尘极板和电晕线上聚集的粉尘，必须定期予以清除，才能保证电除尘器正常工作。由于极板断面形式不同，连接方式和悬挂方式也不同。因此，

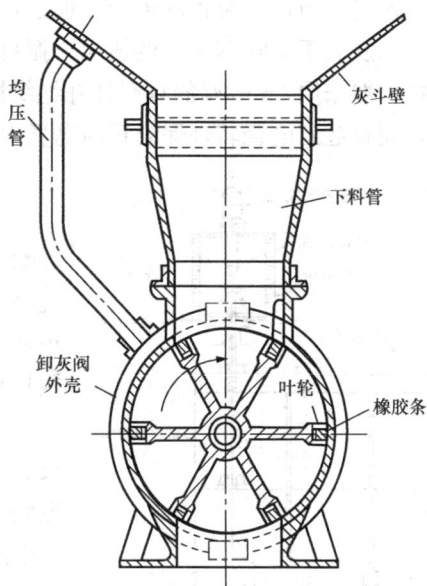

图 9-38 改进型回转式卸灰器示意

振打机构的形式、振打的位置也是多种多样的，如弹簧凸轮振打、顶部电磁振打和底部侧向传动旋转挠臂锤振打等。

1. 侧向传动旋转挠臂锤振打

S3F-220 电除尘器采用底部侧向传动旋转挠臂锤振打机构，如图 9-39 所示。

振打机构的动力装置一般布置在电除尘器壳体外，通过传动轴伸入壳体内，将动力传给锤头。动力装置主要由电动机和减速器组成。该振打装置是在每个电场或供电分区的阴极大框架上安装一根或两根水平振打轴，在振打轴上安装了若干个振打锤，使每个阴极小框架对应一个锤头。采用行星摆线针轮减速机作为传动装置，通过链轮、万向联轴节、电磁转轴与振打轴连接。由于振打轴和阴极大框架在电场内会受热伸长，为防止出现锤头错位和轴转动卡死现象，用万向联轴节或有径向位移的柱销联轴节来补偿热膨胀位移，使传动装置正常工

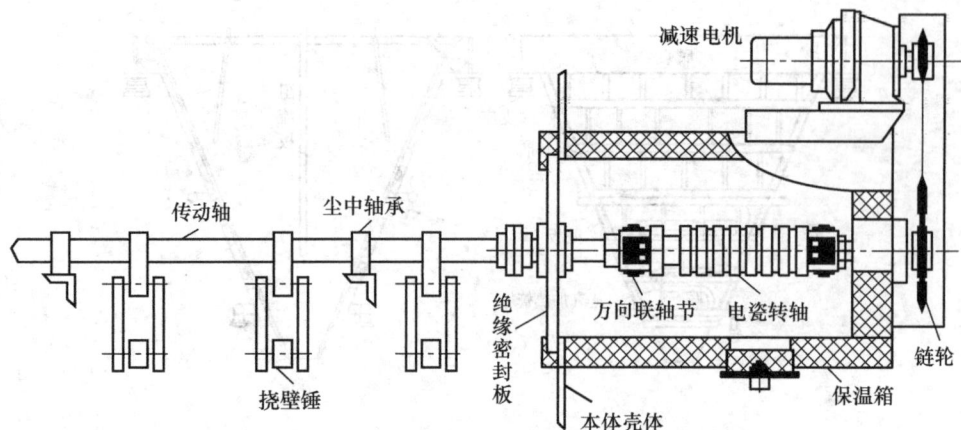

图 9-39　侧向传动旋转挠臂锤振打机构

作。振打轴与传动装置的绝缘是通过电瓷转轴来实现的。电瓷装置应能承受 100kV 的直流电压以及大于 1000N·m 的扭矩。振打轴与外壳的绝缘是通过绝缘密封板来实现的，绝缘密封板一般采用 6mm 厚的具有良好绝缘性能的聚四氟乙烯制成，它不仅起到与壳体绝缘的作用，而且起到电瓷转轴保温箱与电场内含尘气体隔绝的作用。

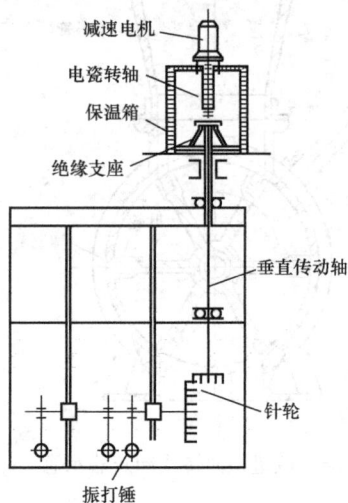

图 9-40　顶部传动旋转
挠臂振打装置

2. 顶部传动旋转挠臂锤振打

为了改善电瓷转轴的工作条件，可将传动装置布置在电除尘器顶部大梁上，结构如图 9-40 所示。这种传动装置是通过针轮啮合来传递动力的，通过一对 90°交叉的大小针轮将垂直回转变成水平回转，带动带有振打锤的水平振打轴回转，从而实现旋转挠壁锤振打。

顶部传动装置补偿框架受热变形和垂直传动轴受热伸长的方法与侧向传动装置相同，也是通过万向联轴节或有径向位移的柱销联轴节来实现的。垂直传动轴的重量由一止推滚动轴承来承担。

由于传动装置放在顶部，电瓷转轴易于保温。因顶部大梁受高温烟气的烘烤、温度较高，只要对保温箱少许加热即可达到电瓷转轴保温之目的。

由于应用了垂直轴传递动力，这样在竖轴上可安装两组针轮，与侧向传动相比减少了传动装置。因此，顶部传动装置运行费用和制造成本较低，且减少了安装、维护及检修工作量。这种阴极振打装置目前在国内外应用日趋普遍。

八、影响电除尘器性能的因素

影响电除尘器性能的因素大致归纳为四类。

1. 粉尘特性

粉尘特性主要包括粉尘的化学成分、尘粒的物相结构、粉尘的比电阻、粉尘的粒径分布、粉尘的比表面积、粉尘的真密度、堆积密度和粉尘的黏附性等。

（1）粉尘的比电阻。粉尘比电阻是指用面积为 $1cm^2$ 的圆盘将粉尘自然堆至 $1cm$ 高，沿高度方向测得的电阻值，单位为 $\Omega \cdot cm$。在通用的单区板式电除尘器中，电晕电流必须通过板极上的粉尘层传导到接地的集尘极上。若粉尘比电阻 $R_b < 1 \times 10^4 \Omega \cdot cm$ 时，则粉尘在集尘极板上会产生跳跃现象，粉尘不易黏附在集尘极板上，重新被烟气带走，使除尘效率降低。若粉尘比电阻 R_b 超过临界值 $1 \times 10^{10} \Omega \cdot cm$ 时，则电晕电流通过粉尘层就会受到限制，这将影响粉尘粒子的荷电量、荷电率和电场强度等，严重时会产生反电晕现象，最终将导致除尘效率大幅度下降。另外，粉尘比电阻对粉尘的黏附力有较大的影响，高比电阻导致粉尘的黏附力相当大，以致清除电极上的粉尘要增大振打强度，这将导致比正常情况下二次扬尘大。最终也导致除尘效率大幅度下降。比电阻在 $1 \times 10^6 \sim 1 \times 10^{10} \Omega \cdot cm$ 范围内的中比电阻粉尘最适合于电除尘器捕集，如图 9 - 41 所示。

（2）粉尘的粒径。荷电粉尘的驱进速度与粉尘粒径的大小成正比，粒径越大，驱进速度就越大，除尘效率就越高。

（3）粉尘密度。粉尘密度对电除尘器的影响虽然不像靠重力和离心力进行分离的机械除尘器那样重要，但是已经分离出来的粉尘在落入灰斗时也要依靠重力。所以，粉尘的密度对电除尘器的性能也有一定影响。粉尘的真密度是指单位体积粉尘的质量，粉尘堆积密度是指包括粒子间气

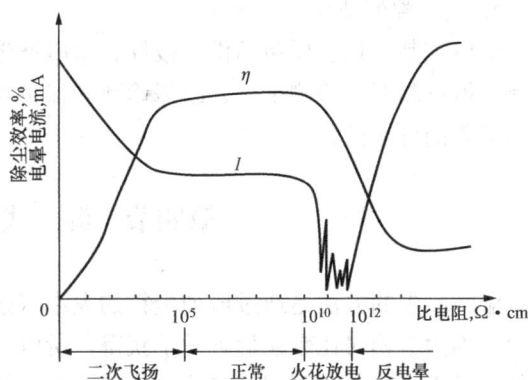

图 9 - 41　除尘效率与粉尘的比电阻的关系
η—除尘效率；I—电晕电流

体空间在内的单位体积粒子的质量。粒子的空间体积与包括粒子群在内的全部体积之比，通常称为空隙率。

（4）粉尘的黏附性。由于粉尘有黏附性，可使细微粉尘粒子凝聚成较大的粒子，这对粉尘的捕集是有利的。但是粉尘在除尘器壁上会堆积起来，这是造成除尘器堵塞的主要原因。在电除尘器中，若粉尘的黏附性强，粉尘会黏附在电极上，即使加强振打力，也不容易将粉尘振打下来，会出现电晕线肥大和集尘极板粉尘堆积的情况，影响正常的电晕放电和极板收尘，致使除尘效率下降。

粉尘的受潮或干燥，粉尘的几何形状、粒径分布等对黏附性也有影响，粉尘粒径越小，其比表面积就越大，黏附性就越强。

2. 烟气性质

烟气性质主要包括烟气温度、烟气成分、烟气湿度和烟气含尘浓度等。

（1）烟气温度和压力对电除尘器的影响可通过烟气密度 ρ_g 的变化来进行分析。烟气密度随温度的升高和压力的降低而减少。当烟气密度降低时，起始电晕电压、电场强度和火花放电电压等都要降低。

（2）烟气成分。烟气成分对电除尘器的伏安特性和火花放电电压有很大影响。不同的烟气成分会导致在电晕放电中电荷载体有不同的有效迁移率。

（3）烟气湿度。一般烟气中水分多，除尘效率就高。如果烟气中水分过多，虽然对电除尘的性能不会有不利影响，但是，如果电除尘器的保温不好，烟气湿度达到露点，会引起绝

缘子爬闪放电，也会腐蚀电除尘器的电极系统以及壳体。

（4）烟气含尘浓度。烟气中含尘浓度增加，荷电尘粒的数量也增多，以致由于荷电尘粒形成的电晕电流虽然不大，但形成的空间电荷却很大，严重抑制电晕电流的产生，使尘粒不能获得足够电荷，导致除尘效率下降。

3. 本体结构参数及性能

本体结构参数主要包括设定的电场烟气流速、比收尘面积、驱进速度、电场高长比、电极形式、几何间距、电场截面积、振打方式、气流分布的均匀性、壳体的严密性和保温性。影响电除尘器性能的因素还包括防止窜气、防止二次扬尘、防止结露腐蚀、防止灰斗堵灰、防止电极积灰和防止电极变形的措施等。

4. 供电控制质量

供电控制质量主要包括供电极性、供电波形、阻抗匹配、自动控制方式、自动监视管理水平、振打制度、检测手段、故障诊断和保护功能，以及供电控制设备的绝缘性能、接地性能和运行的可靠性。

第四节　湿 式 除 尘 器

湿式除尘的方法是通过增加尘粒的大小（通过把尘粒吸收进小水珠里），以便易于沉降除尘。因为水相对比较廉价且易于获得，所以用于这一过程的洗涤液通常是水。湿式除尘器不仅适用于固体，还可用于气体。为了改进气体沉降，可以给水里添加酸或碱。

具体的做法是，先使气体中的有毒有害物质附着在水膜或水滴上，然后从气流中除掉水分，最后彻底处理被污染的水。

1. 空心式洗涤塔

一座空心式洗涤塔可以高达30m。气流速度约1m/s。液气比为（1~6L）水：$1m^3$ 气。气压损失 $10~20mmH_2O$（$100~200N/m^2$）。这种洗涤塔适合于对有毒有害气体的去除，或洗涤水里含有固体时的沉淀。这些固体物有可能是大的尘粒或化学反应物，如含硫的石灰沉降后形成的石膏，这一类物质有可能堵塞水管。

这种洗涤塔的除尘程度不是很高。小水珠和尘粒速度差别很小，这使得单个粒子的沉降不大可能。一滴小水珠的碰撞沉降是指一颗尘粒在小水珠表面上的碰撞并黏附。当小水珠和尘粒速度差别很大时，碰撞会更频繁地发生，如图9-42所示。由于其惯性，尘粒并不是沿小水珠周围的流线流动，而是与小水珠的表面发生碰撞并黏附在水珠上。

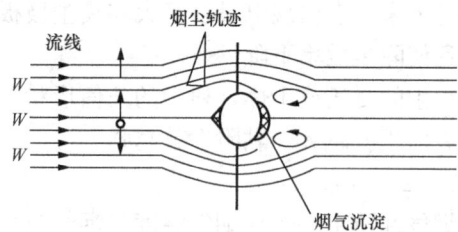

图9-42　在流体中粒子与一个球体碰撞的效果

洗涤塔使有毒有害气体达到了适当的吸收率。吸收程度取决于气体中所含小水珠的不同类型和密度。其他作用的因素还包括烟气与洗涤液之间接触的面积大小以及有毒有害物质在洗涤液中易溶程度。图9-43反映了HCl在水里的可溶性（根据其在烟气中的浓度和周围的温度），表9-5表示洗涤液的pH值与HCl浓度的关系。

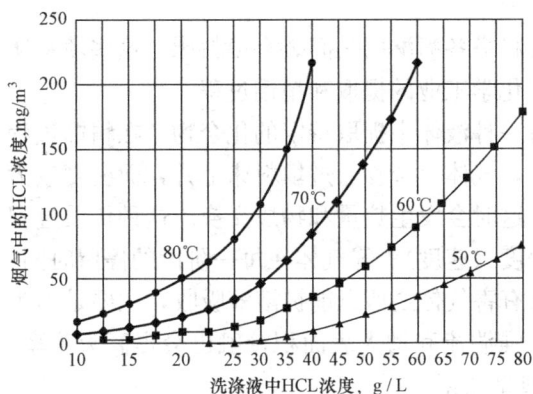

图 9 - 43 洗涤液中的 HCl 浓度

表 9 - 5 洗涤液的 pH 值与 HCl 浓度关系

溶液的 pH 值	溶液中 HCl 浓度	
	mol/L	g/L
−0.3	—	—
0.0	1.00	36.6
0.1	0.80	29.2
0.6	0.31	11.3
1.6	0.03	1.1
7.0	0.000 000 1	0.000 004

洗涤液 pH 值取决于 HCl 的摩尔浓度或质量浓度（1molHCl＝36.6gHCl）。从图 9 - 43 中可以看出，用来去除洗涤塔里 HCl 的洗涤水的 pH 值明显低于零。

SO_2 在洗涤液中的溶解性与 HCl 的不同，在 60℃，100mg/m³（标准状态下）有毒有害烟气中，洗涤液可以吸收的 HCl 为 100g/L，而在同样条件下能吸收的 SO_2 要少于 0.06g/L（见图 9 - 44）。对于 60℃，SO_2 浓度约 600mg 的有毒有害气体，洗涤水理论吸收能力是约每 1L 洗涤水 64mgSO_2，这一浓度的 pH 值约 3.0（溶液的 pH 值与 H_2SO_3 浓度关系见表 9 - 6）。

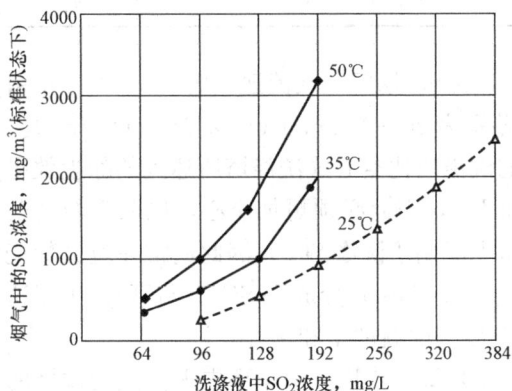

图 9 - 44 洗涤液中的 SO_2 浓度

表 9 - 6 洗涤液的 pH 值与 H_2SO_3 浓度关系

溶液的 pH 值	溶液中 H_2SO_3 浓度	
	mol/L	mg/L
0.0	1.00	82 000
1.0	0.1	8200
2.0	0.01	820
4.0	0.000 1	8.2
6.0	0.000 001	0.082
7.0	0.000 000 1	0.008 2

从运行的洗涤设备所反映的数据来看，在 60℃条件下，已净化的气体含约 270mg/m³（标准状态下）的 SO_2。在这一比率下，洗涤水的 pH 值约为 3，这意味着洗涤水中 SO_2 浓度小于 64mg/L（注意，洗涤液中还有其他酸性物质如 HCl 和 HF 存在于溶液中）。

在洗涤过程的各个不同阶段，还可以使用一些中和剂和辅助性物质，以提高洗涤塔的 SO_2 吸收和沉降能力。辅助性物质可以是苛性钠、石灰水或氨水。当使用中和剂时，会产生一些副产物，主要是一些盐类，如悬浮物和形成的硬渣层以及其他可能导致堵塞的沉淀物。这一现象将在后面有关废水处理的章节里详细讨论。

2. 填料塔

填料塔的结构类似于洗涤塔，其区别是在填料塔各喷淋层之间装有填料床。这些填料床增加了烟气和洗涤液的接触面。填料床早先用于化学工业的提取和精馏过程。

在提取过程中，使用某种液体（溶液）从另一种液体中提取特定的化合物。在精馏过程中，一种液体化合物被分成自身各个组分，这样，气体化合物通过填料床上升，而密度较大的化合物停留在填料床里，作为冷凝液而落下。这时会发生热量和物质交换。这种传质过程取决于：①有效表面积；②表面面积上的湍流程度（速度）；③气体在每一阶段的停留时间。

有毒有害气体的吸收是一种传质过程。有毒有害气体之所以能被溶液吸收，主要是因为其在气相和液相中的分压不同而引起的。同样，强湍流和增大表面积接触也会提高吸收率。表 9-7 显示了吸收有毒有害气体填料塔的一些典型数据。

使用填料床时需要考虑的一个重要因素是，水是顺着填料床的两侧先下流，而不是流经填料床的主体。为了充分发挥填料床的能力，必须采用一种分布板来隔断水流。该分布板把水先集中起来，然后再均匀地重新分布于整个填料床。理想的构造是每隔 1.6～2.0m 填料床有一个分布板。

表 9-7　　　　　　　　　　　　　填料塔典型数据

材质	密度 (g/cm³)	体积 (cm³/个)	质量 (g/个)	个数 (个/m³)	填充质量 (kg/m³)	空隙率 (%)	表面积 (cm²/个)	填料比表面积 (m²/m³)	持液率 (kgH₂O/m³)
聚丙烯	0.906	6.96	6.3	20 600	130	86	163	316	约80
聚乙烯	0.906	6.96	6.3	20 600	130	86	163	316	约80

填料塔的典型运行数据是：洗液数量为 1.6LH₂O/m³ 烟气；气流速度为 1.7～2.0m/s；洗液流量为 9～36m³H₂O/(m²·h)；气相中分压差别为 20～80mmH₂O（200～800N/m²）。

填料塔的主要问题是堆积和阻塞。有填料床的洗涤塔比空心式洗涤塔所达到的除尘效果要高得多（由于洗涤过程的强湍流和增大了接触面积），因此必须更加小心，以防颗粒物落入填料塔和防止生成盐类渣壳。在填料塔中石灰水不能用于洗涤 SO₂，因此通常在垃圾焚烧厂的烟气中有 10％～11％体积浓度的氧气，这很容易使 CaSO₃ 变成 CaSO₄（石膏）。由于这一原因，垃圾焚烧厂的填料塔都宜投加 NaOH 作为废气除硫的中和剂。

垃圾焚烧过程中有毒有害气体吸收是由于 Na₂CO₃ 缓冲作用。由于事先无法预测垃圾的组成成分，焚烧时所产生的有毒有害气体的浓度和成分都会有很大的不同。烟气净化系统中的一个最基本的前提条件是净化系统千万不要超过设计临界值，即使输送进来的气体含有大量有毒有害物质。Na₂CO₃ 缓冲作用可以使排出气体保持清洁。

吸收 SO₂ 的原理是把 NaOH 添加到洗涤液中以保持其 pH 值稳定在 5.5～6.5 范围之间。被吸收的 SO₂ 冷凝并很快与 NaOH 发生化学反应，形成 Na₂SO₄，反应式为

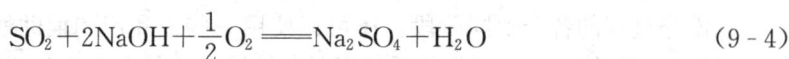

$$SO_2 + 2NaOH + \frac{1}{2}O_2 \Longrightarrow Na_2SO_4 + H_2O \tag{9-4}$$

这符合 pH 值约为 6 的范围要求。溶液中也含有浓度很低的自由 Na⁺。

实际上，NaOH 不适合于吸收烟气中微量的 SO₂。当烟区中 SO₂ 含量增加时，不可能把碱添加到洗涤过程中并使其迅速均匀分布在整个洗涤液里，这就是为什么需要缓冲的

原因。

许多拥有湿气洗涤系统的垃圾焚烧厂实验数据调查表明，在 pH 值为 5～6 的 SO_2 吸收阶段，NaOH 所溶解的 SO_2 要比预期的多得多。这种现象是由以下原因引起：中性溶液也吸收 CO_2，化学反应生成了 Na_2CO_3 或 $NaHCO_3$，碳酸（H_2CO_3）比亚硫酸（H_2SO_3）的酸性弱，随着烟气中 SO_2 含量的上升，更多的 Na^+ 被释放出来并生成亚硫酸钠。随着缓冲减少，SO_2 溢出加快。在使用这一技术时，随着缓冲物的降低，需要逐步投加 NaOH，如图 9-45 所示。

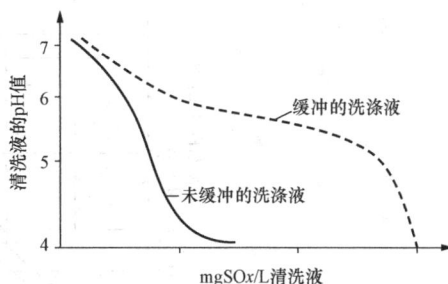

图 9-45　吸收 SO_2 过程中的缓冲作用

3. 文丘里洗涤器

文丘里洗涤器广泛用于除尘系统，特别是直径小于 $1\mu m$ 的细小尘粒。其目的是要把微小粒子与较大的水珠结合起来。文丘里洗涤器含有一根轴向的气流管子，该管子有一个汇聚区段，充满尘粒的烟气在这里得以加速。洗涤液从管子的"瓶颈"注入，气体在这里达到最高速度。气体的能量把液体驱散成分散的小滴如图 9-46、图 9-47 所示。

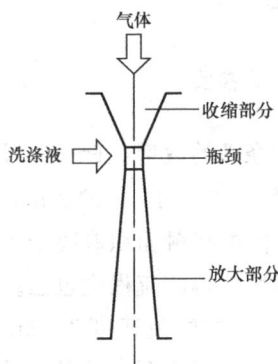

图 9-46　文丘里管

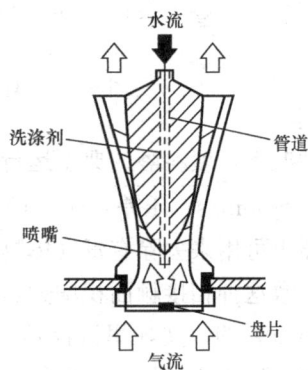

图 9-47　环形喷嘴

在扩散阶段，管径又逐渐变大了。随着速度放慢，气体的压力增加。粒子与水珠之间的碰撞取决于气流中喷入的未加速的小水珠和快速的尘粒之间的速度差，通过碰撞达到沉降除尘。由于惯性，特别小的尘粒随层流而去，不会沉降。这些未沉降的细小尘粒在下一步流动中由于诸如布朗运动、热泳或电泳的扩散过程而发生碰撞，进而沉降。凝结过程（通过与凝结水结合使尘粒变大）也有利于非常细小尘粒的沉降。

文丘里洗涤器组通常并联设置，以适应烟气量的变化。垃圾焚烧后使用文丘里洗涤器的一个典型例子是 Giba Geigy AG Basel 生产的"环形喷嘴"模型，如图 9-48 所示。

洗涤液通过平衡调节器上的一个中心管被强行逆流进入气流，期间洗涤液流经一个向盘面喷射的喷嘴阀，在这个盘上，尘粒被驱散且改变方向进入气流。烟气由下而上流经"环形喷嘴"，在最窄处（刚好在喷嘴上端），其速度为 20～60m/s。

气/水系统的测量：并流，20℃，97.3mg/m³，NH_4Cl 气溶液，含量 300mg/m³（标准状态下）。

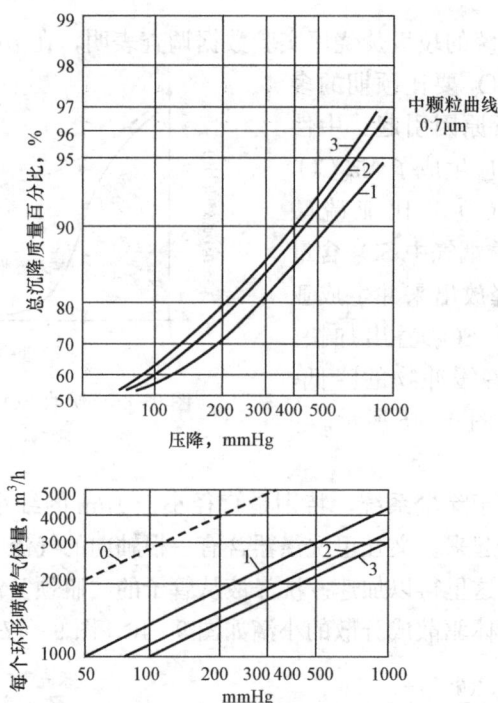

图 9-48　环形喷嘴是技术参数

在一般操作情况下，填料塔的典型运行数据为洗涤液的数量：$1 \sim 3L\ H_2O/m^3$ 烟气；气流速度横截面：$20 \sim 60m/s$；压差：$60 \sim 1000mmH_2O$（$500 \sim 10\ 000N/m^2$）。

文丘里洗涤器也可用来去除有毒气体物质。各相间的接触面积取决于小水珠的大小分布范围。压差也会导致这种相接触面积增大。气流速度快使得湍流程度也强。洗涤液和烟气之间的接触时间是很短暂的。文丘里洗涤器长 $1 \sim 3m$，平均气流速度为 $26m/s$，接触时间为 $0.04 \sim 0.12s$。尽管接触时间很短，文丘里洗涤器在除去有毒有害气体方面仍是很有效的。它们非常适合与焚烧设备一起使用。

4. 冷凝洗涤器

与气体相反，极微小粒子不能通过分压差别分离出来，尽管它们的特性在其他方面与气体物质相似。微小粒子既可以通过洗涤塔也可以由文丘里洗涤器分离出来。把小固体粒子从烟气中除掉的一种极为有效的方法是使用冷凝洗涤器。气体阶段的冷凝是由烟气中的水蒸气过饱和引起的，通过混合两种气体就可达到过饱和状态，至少一种（或两种）必须被蒸汽饱和。绝热膨胀（烟气冷却、热泵原理）和冷却（冷表面、冷却介质的注入）也可以引起冷凝。

蒸汽的冷凝引出了一系列影响粒子沉降的机理：

背负式扩散：前往冷凝点的蒸汽分子以肩背式方式携带着粒子。

湍流式凝聚：在蒸汽冷凝过程中已湿润的粒子比干粒子更容易凝聚。

通过与冷凝物结合，粒子增大；还没有完全证实，是较浅表面弯曲的大粒子还是小粒子充当冷凝核。

瑞士 Lenzburg 的 Symalit 公司已开发出一套使用冷凝原理、分为多段的去除悬浮物的设备，如图 9-49 所示。

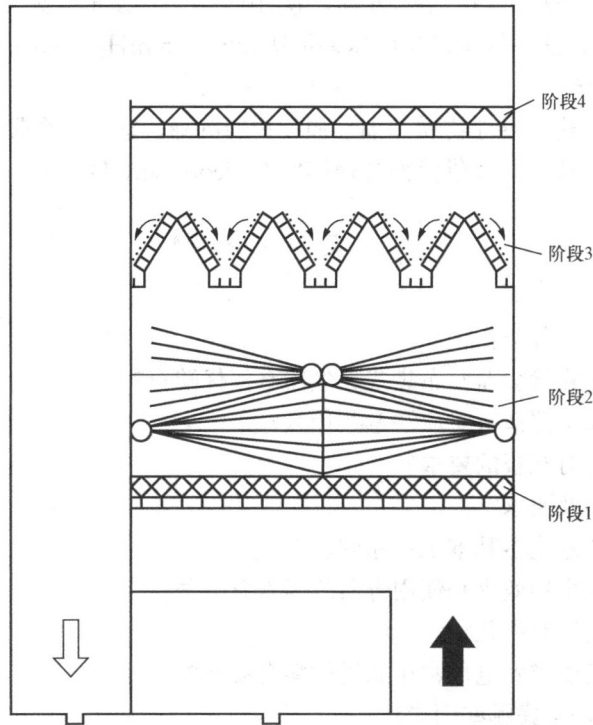

图 9-49 使用冷凝去除悬浮物工艺原理

阶段 1：悬浮物、颗粒的初始沉降，颗粒直径 $d>3\mu m$ 的沉降效率 $\eta>99\%$。

阶段 2：水、蒸汽或空气的喷洒系统操作参数：水 3.6t/h、0.6MPa；蒸汽 2.6t/h、0.6MPa；悬浮物从 $0.1\mu m$ 增加到 $0.8\sim1.0\mu m$。

阶段 3：在洒水下的凝聚阶段，悬浮物的聚集粒径 $d=0.8\sim1.0\mu m$。

阶段 4：颗粒的最终沉降，所有粒径大于 $10\sim12\mu m$ 的颗粒去除率 $\eta>99.9\%$。

第五节 组 合 除 尘 装 置

某些除尘系列采用了多种除尘原理，由一系列不同的除尘装置构成。

1. 湿静电除尘器

湿静电除尘器主要用于悬浮物的去除。烟气首先被水蒸气饱和，然后再进入过滤器。在这一阶段，温度达 $60\sim70℃$，过滤前冷却烟气（通过喷水或使电极冷却）可使粒子增大。冷凝过程还有一个作用：它去除了沉降在管道电极上的悬浮颗粒。不需要设置干静电除尘器用来去除沉降电极的那种敲打装置。

德国公司 Lurgi 和 Bischoff 以及其他一些公司都是湿静电除尘器的主要供应商。

2. 电动文丘里洗涤器

德国里昂 LAB 公司生产的电动文丘里洗涤器是专门用来去除细小颗粒物和悬浮颗粒的。

一个电离子化的高压区在洗涤器之前的一个步骤就已预先配置，它使得沉粒带负电荷。这提高了随后的粒子和水珠之间的碰撞效果，进而也提高了洗涤器内的沉降率。这套设备以较低的压差产生较好的除尘效果。在气体方面，使 $1000m^3/h$ 烟气电离子化所需要的能量为 $0.1\sim0.3kW$；反过来，这一能量产生的压差可达 $30\sim90mmH_2O$（$300\sim900/m^2$）。

3. 离子湿式洗涤器

这套设备进一步促进了悬浮物质和细小颗粒物的沉降。它由一个带有预先配置高压电离子化的填充式洗涤器组成，主要供货商是德国的 Celicote GmbH 公司。

复习思考题

9-1　除尘器作用及分类？

9-2　什么是布袋式除尘器？布袋式除尘器有何优缺点？

9-3　脉冲布袋除尘器清灰时应注意些什么？

9-4　花板作用及对花板的要求？

9-5　龙骨的作用及要求？

9-6　试述布袋式除尘器基本工作原理。

9-7　影响袋式除尘器效率和使用寿命的因素有哪些？

9-8　烟气均流装置有哪几种？

9-9　对滤袋有何要求？电厂常用滤袋材料有哪些？

9-10　选择滤料需考虑哪些因素？

9-11　解释下列概念：①除尘器；②粉尘比电阻；③电晕。

9-12　简述电除尘器的工作原理以及除尘过程。

9-13　试述粉尘比电阻对除尘效率有何影响。

9-14　简述电除尘器的结构。

9-15　何为湿式除尘？其具体做法是什么？

9-16　试述填料洗涤塔的洗涤过程及存在的问题。

9-17　试述文丘里洗涤器的工作原理。

9-18　试述冷凝洗涤器的洗涤过程及粒子沉降机理。

9-19　湿式静电除尘器的工作原理。

9-20　电动文丘里洗涤器的工作原理。

参 考 文 献

［1］徐文龙，卢英方，Rudolf Walder，等. 城市生活垃圾管理与处理技术. 北京：中国建筑工业出版社，2006.

［2］住房和城乡建设部标准定额研究所. 生活垃圾焚烧厂安全性评价技术指导. 北京：中国建筑工业出版社，2010.

［3］张衍国，李清海，康建斌. 垃圾清洁焚烧发电技术. 北京：中国水利水电出版社，2004.

［4］周菊华. 电厂锅炉. 2版. 北京：中国电力出版社，2010.

［5］嵇敬文，陈安琪. 锅炉袋式除尘技术. 北京：中国电力出版社，2006.

［6］南京龙源环保技术工程有限公司. 袋式除尘技术在燃煤电站上的应用. 北京：中国电力出版社，2008.

［7］胡志光. 电除尘器运行及维修. 北京：中国电力出版社，2004.

［8］宋长华，张友利. 热工基础学习指导与习题集. 北京：中国电力出版社，2008.

［9］牛勇，张立华. 循环流化床锅炉设备. 北京：中国电力出版社，2007.

［10］于建国. 浅析旋回流式循环流化床焚烧炉结焦. 黑龙江科技信息，2009，27.

［11］郭铁生. 垃圾焚烧炉工艺概述——TIF型流化床焚烧炉. 黑龙江科技信息，2004，10.

［12］纪松江. 流化床垃圾焚烧炉简介——哈尔滨垃圾焚烧发电厂. 黑龙江科技信息，2008，14.